校企合作机电类专业系列丛书
互联网+创新型"十四五"精品教材

金属切削原理及刀具

（微课版）

主　编◎韦应琴　刘焕伟　冯艳红
副主编◎朱云辉　郭哲毅　尤祥明
水昱斐　刘　源　韩　然
陈思晶　张欣欣

哈爾濱工程大學出版社
Harbin Engineering University Press

内 容 简 介

本书主要针对金属切削原理及刀具课程教学的需求编写而成。全书共10个项目，主要包括金属切削基本知识、金属切削刀具材料、车刀、成形车刀、孔加工刀具、铣刀、拉刀、磨削、齿轮刀具、数控刀具与工具系统方面的内容。

本书既可作为应用型本科、职业院校电气自动化技术、机电一体化技术专业的教材，也可供对金属切削感兴趣的人员参考。

图书在版编目（CIP）数据

金属切削原理及刀具 : 微课版 / 韦应琴，刘焕伟，冯艳红主编. -- 哈尔滨 : 哈尔滨工程大学出版社，2025. 8. -- ISBN 978-7-5661-4833-9

Ⅰ. TG

中国国家版本馆 CIP 数据核字第 2025NJ0343 号

金属切削原理及刀具（微课版）

JINSHU QIEXIAO YUANLI JI DAOJU（WEIKE BAN）

选题策划 张林峰

责任编辑 马佳佳

出版发行 哈尔滨工程大学出版社
社　　址 哈尔滨市南岗区南通大街 145 号
邮政编码 150001
电　　话 0451-82519989
经　　销 新华书店
印　　刷 唐山唐文印刷有限公司
开　　本 787 mm×1 092 mm　1/16
印　　张 15.5
字　　数 397 千字
版　　次 2025 年 8 月第 1 版
印　　次 2025 年 8 月第 1 次印刷
书　　号 ISBN 978-7-5661-4833-9
定　　价 49.80 元

http://www.hrbeupress.com
E-mail:heupress@hrbeu.edu.cn

前　言

党的二十大报告指出，“坚持尊重劳动、尊重知识、尊重人才、尊重创造，实施更加积极、更加开放、更加有效的人才政策”“着力形成人才国际竞争的比较优势”“加快建设国家战略人才力量”“深化人才发展体制机制改革……把各方面优秀人才集聚到党和人民事业中来”。

随着机加工技术的发展，切削刀具也以各种各样的形式发展起来。金属切削刀具作为切削加工的主流刀具，其工作原理及设计理论已成为机械制造领域的学者，以及科研和工程技术人员必不可少的基础知识。本书以金属切削过程的一般现象和基本规律为主线，着重阐述了基本定义、切屑形成、切削力、切削热和切削温度、刀具磨损和耐用度，使学生能够初步解决生产中的一些实际问题。本书具有以下特点。

（1）高度的实践性。本书不仅仅是一系列理论知识的堆砌，也包含大量的实践步骤，让学生在实际操作中理解和掌握金属切削技能。

（2）系统性和完整性。本书涵盖了金属切削原理及刀具课程所需的绝大多数知识点，从基本理论到实际操作，从单一技能到综合应用，形成了一个完整的知识体系。这有助于学生全面掌握金属切削技能，为日后的学习和工作打下坚实的基础。

（3）新颖性和时代性。本书紧跟时代步伐，引入新的技术和工艺，使学生能够接触到最新的金属切削原理知识和技术。同时，本书语言风格简洁明了，易于理解，使得学生能够快速掌握知识要点。

本书由韦应琴（白银矿冶职业技术学院）、刘焕伟（泰山科技学院）、冯艳红（济南市技师学院）担任主编，由朱云辉（杭州第一技师学院）、郭哲毅（浙江建设职业技术学院）、尤祥明（云南工业技师学院）、水昱斐（新乡工程学院）、刘源（赣州职业技术学院）、韩然（周口理工职业学院）、陈思晶（广西南宁技师学院）、张欣欣（菏泽工程技师学院）担任副主编。本书相关资料可扫封底二维码或登录 www.bjzzwh.com 下载获得。

编者在编写本书的过程中参考了大量资料，在此向相关人员表示感谢。由于编者水平有限，书中难免存在不足之处，恳请广大读者批评指正并提出宝贵意见。

编　者

前言

目　录

CONTENTS

项目1 金属切削基本知识

项目导读

本项目旨在深入探讨金属切削加工的基本原理和技术，涵盖了切削运动与切削用量的基础知识、刀具的定义及其理论角度的详细分析，以及切削层参数和切削方式的理解与应用。通过本项目的学习，学生将能够掌握金属切削加工的核心概念，理解刀具的设计与选择原理，并能够根据具体的加工需求制定合理的切削策略。

学习目标

知识目标

1. 理解切削运动与切削用量的基本概念，掌握切削运动的类型、工件上的加工表面的形成过程，以及切削用量的定义和计算方法。

2. 掌握刀具的组成和理论角度，学习刀具角度参考系、刀具结构和几何参数的定义，理解刀具角度的具体含义。

3. 熟悉切削层参数与切削方式，掌握切削层参数的定义及其在切削过程中的作用，理解不同切削方式的特点和应用场景。

能力目标

1. 具备分析和计算切削用量的能力。能够根据工件材料和加工要求，准确计算切削速度、进给量和切削深度等参数。

2. 具备设计和选择刀具的能力。能够根据加工需求，合理选择和设计刀具的几何参数与角度，以提高加工效率和质量。

3. 具备制定切削策略的能力。能够根据具体的加工任务，选择合适的切削方式，并制定合理的切削策略。

素质目标

1. 培养学生在使用科学方法进行实验和分析时的严谨态度，确保数据和结论的准确性。

2. 鼓励学生在理解和应用基本原理的基础上，提出创新的加工方法和刀具设计。

3. 通过项目合作，培养学生的团队合作精神，使其能够与团队其他成员进行有效沟通和协作。

思政目标

强调在工业生产中的诚信和责任，培养学生良好的职业道德。通过项目实践，培养学生精益求精、追求卓越的工匠精神。强化学生在工作环境中的安全意识，确保其在实际操作中的安全。

任务 1.1　切削运动与切削用量

任务描述

在一个繁忙的机械加工车间，新来的实习生小王刚刚接触到实际的金属切削操作。负责指导他的老张是一位经验丰富的技师。一天，老张带着小王来到一台正在加工的车床前，指着旋转的工件和移动的刀具说："小王，你看，这就是切削运动，它们是金属加工中的核心。"老张详细讲解了主运动和进给运动的区别，并让小王观察工件上正在形成的三个不同表面：待加工表面、已加工表面和过渡表面。老张还用工具测量了切削速度、进给量和切削深度，并解释这些参数如何影响加工效率和质量。

任务分析

任务的核心是理解切削运动的基本概念及其在实际加工中的应用。通过学习，小王将能够识别和分析切削运动的主要形式，了解工件上的加工表面的形成过程，并掌握切削用量的确定方法，为后续的刀具设计和工艺优化奠定基础。

任务实施

金属切削过程是工件和刀具相互作用的过程。刀具要从工件上切去一部分金属，并在保证高生产率和低成本的前提下，使工件得到符合技术要求的形状、尺寸精度和表面质量。为了实现这一切削过程，必须具备三个条件：（1）工件与刀具之间要有相对运动，如切削运动等；（2）刀具材料必须具有一定的切削性能；（3）刀具必须具有适当的几何参数，如切削角度等。接下来的内容主要是阐明与切削运动及刀具切削角度有关的基本概念和定义，为后续学习和研究切削过程基本理论及其应用做准备。

切削运动

1.1.1　切削运动

外圆车削和平面刨削是金属切削加工中常见的加工方法，现以它们为例来分析工件与刀具间的切削运动。图 1-1 为外圆车削时的情况，工件旋转，车刀连续纵向直线进给，于是形成工件的外圆柱表面。图 1-2 为在牛头刨床上刨平面时的情况，刀具做直线往复运动，工件做间歇的直线进给运动。

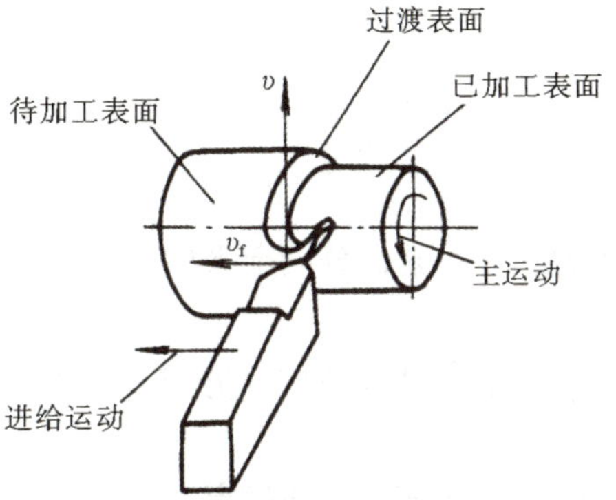

图 1-1　外圆车削的切削运动与加工表面

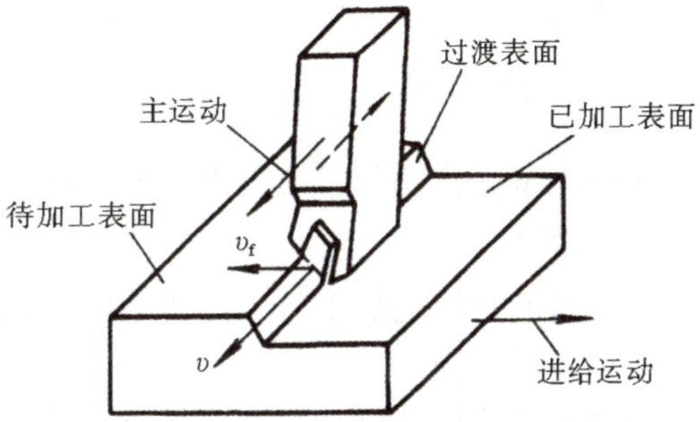

图 1-2　平面刨削的切削运动与加工表面

在其他各种切削加工方法中，刀具或工件同样必须完成一定的切削运动。通常切削运动按其所起作用可分为主运动和进给运动两种。

1. 主运动

使工件与刀具产生相对运动以进行切削的最基本的运动，称为主运动。这个运动的速度最高，消耗功率最大。例如，外圆车削时的工件旋转运动和平面刨削时的刀具直线往复运动（图 1-1 和图 1-2），都是主运动。其他切削加工方法中的主运动也同样是由工件或刀具来完成的，其形式可以是旋转运动或直线运动，但每种切削加工方法的主运动通常只有一个。

2. 进给运动

使主运动能够继续切除工件上多余的金属，以便形成工件表面所需的运动，称为进给运动。例如，外圆车削时车刀的纵向连续直线进给运动（图 1-1），以及平面刨削时工件的间歇直线进给运动（图 1-2）。其他切削加工方法也是由工件或由刀具来完成进给运动的，但进给运动可能不止一个。它的运动形式可以是直线运动、旋转运动或两者的组合，但无论哪种形式的进给运动，它消耗的功率都比主运动要小。

总之，任何切削加工方法都必须有一个主运动，可以有一个或几个进给运动。主运动和进给运动可以由工件或刀具分别完成，也可以由刀具单独完成（例如在钻床上钻孔或铰孔）。

1.1.2　工件上的加工表面

在切削过程中，通常工件上存在三个表面，下文以图 1-1 的外圆车削和图 1-2 的平面刨削为例，分别介绍如下。

1. 待加工表面

待加工表面是工件上即将被切去的表面，随着切削过程的进行，它将逐渐减小，直至被全部切去。

2. 已加工表面

已加工表面是刀具切削后在工件上形成的新表面，并随着切削的继续进行而逐渐扩大。

3. 过渡表面

过渡表面是刀刃正切削着的表面，并且是切削过程中不断改变着的表面，它总是处在待加工表面与已加工表面之间。

上述这些定义也适用于其他类型的切削加工。

1.1.3 切削用量

切削用量是指切削速度、进给量和背吃刀量三者的总称。它们分别定义如下。

1. 切削速度 v

切削速度是切削加工时，刀刃上选定点相对于工件的主运动的速度。刀刃上各点的切削速度可能是不同的。

当主运动为旋转运动时，刀具或工件最大直径处的切削速度由下式确定

$$v = \frac{\pi d n}{1\ 000}$$

式中 d——完成主运动的刀具或工件的最大直径，mm；

n——主运动的转速，r/s 或 r/min。

2. 进给量 f

进给量是工件或刀具的主运动每转或每一行程时，工件和刀具两者在进给运动方向上的相对位移量。例如外圆车削时的进给量 f 是工件每转一转时车刀相对于工件在进给运动方向上的位移量，其单位为 mm/r；又如在牛头刨床上刨削平面时，进给量 f 是刨刀每往复一次，工件在进给运动方向上相对于刨刀的位移量，其单位为 mm/双行程。

在切削加工中，也有用进给速度 v_f 来表示进给运动的。所谓进给速度是刀刃上选定点相对于工件的进给运动的速度，其单位为 mm/s。若进给运动为直线运动，则刀刃上各点的进给速度是相同的。

3. 背吃刀量 a_p

对外圆车削和平面刨削而言，背吃刀量 a_p 等于工件已加工表面与待加工表面间的垂直距离。其中，外圆车削的背吃刀量

$$a_p = \frac{d_w - d_m}{2}$$

式中 d_w——工件待加工表面的直径，mm；

d_m——工件已加工表面的直径，mm。

任务 1.2　刀具定义及理论角度

任务描述

在学习了切削运动后，小王对刀具的构成产生了浓厚兴趣。老张拿出一把常见的车刀，向小王介绍了刀具的各个组成部分，包括刀头、刀柄和刀片。老张解释了刀具角度参考系的重要性，并展示了一个详细的刀具几何参数图，讲解了切削角、前角、后角等的定义及其对切削性能的影响。小王仔细记录了这些内容，并亲自操作了几次刀具的角度调整。

任务分析

任务的重点是理解刀具的组成和刀具角度的理论基础。通过学习，小王将能够掌握刀具的基本结构，理解刀具角度参考系及其几何参数，并能够根据实际需要调整刀具角度，以优化切削性能和加工质量。

任务实施

金属切削刀具种类繁多，结构各异，但各种刀具的切削部分的几何形状和参数都有共同特征。外圆车刀是最基本、最典型的刀具。下面将以车刀为例介绍刀具切削部分的基本定义。

1.2.1　刀具的组成

普通车刀由切削部分和刀柄两部分组成。切削部分用于切削，又称刀头；刀柄用于装夹。刀具切削部分由刀面、切削刃及刀尖组成，简称“三面两刃一尖”，如图 1-3 所示。

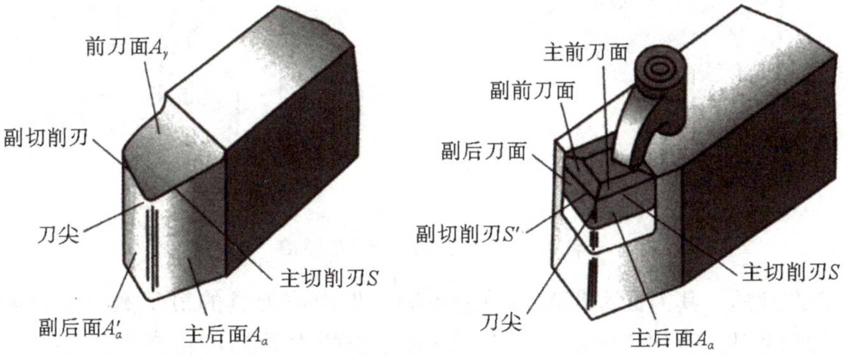

图 1-3　车刀切削部分的组成

1. 刀面

（1）前刀面 A_γ：刀具上切屑流过的表面，称为前刀面（前面）。

（2）后面、主后面 A_α：与工件上切削中产生的表面相对的表面，称为后面；与工件上过渡表面相对并相互作用的表面，称为主后面。

（3）副后面 A'_{α}：与工件已加工表面相对的表面，称为副后面。

2. 切削刃

（1）主切削刃 S：前刀面与主后面的交线，称为主切削刃。

（2）副切削刃 S'：前刀面与副后面的交线，称为副切削刃。

3. 刀尖

主切削刃和副切削刃汇交的一小段切削刃，称为刀尖。它通常以圆弧或短直线出现，以提高刀具的寿命。

由于切削刃不可能刃磨得很锋利，总有一些刃口圆弧，例如刀楔的放大部分，如图 1-4（a）所示。刃口的锋利程度用在主切削刃上的法平面 p_n-p_n 中切削刃钝圆半径 r_n 来表示，一般高速钢刀具的 r_n 为 0.01~0.02 mm，硬质合金刀具的 r_n 为 0.02~0.04 mm。

为了提高刃口强度以满足不同加工要求，在前刀面和后刀面上均可磨出倒棱面 $A_{\gamma1}$、$A_{\alpha1}$，如图 1-4（a）所示。$b_{\gamma1}$ 是前刀面 $A_{\gamma1}$ 的倒棱宽度；$b_{\alpha1}$ 是后刀面 $A_{\alpha1}$ 的倒棱宽度。

为了改善刀尖的切削性能，常将刀尖做成修圆刀尖或倒角刀尖，如图 1-4（b）所示。其参数包括刀尖圆弧半径 r_{ε}（基面上测量的刀尖倒圆的公称半径）、刀尖倒角长度 b_{ε} 和刀尖倒角偏角 κ_{r1}。

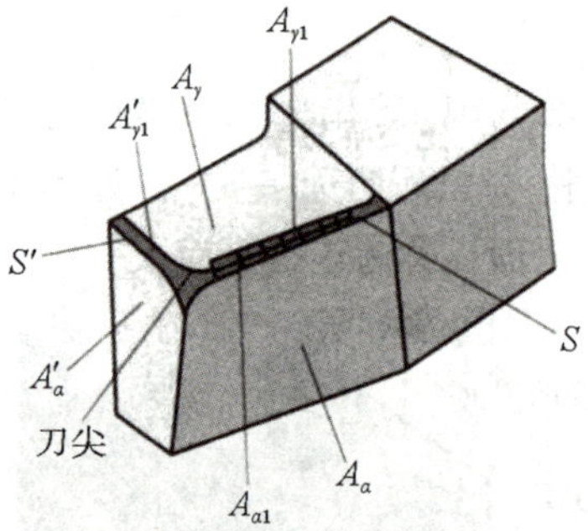

（a）刀楔剖面形状

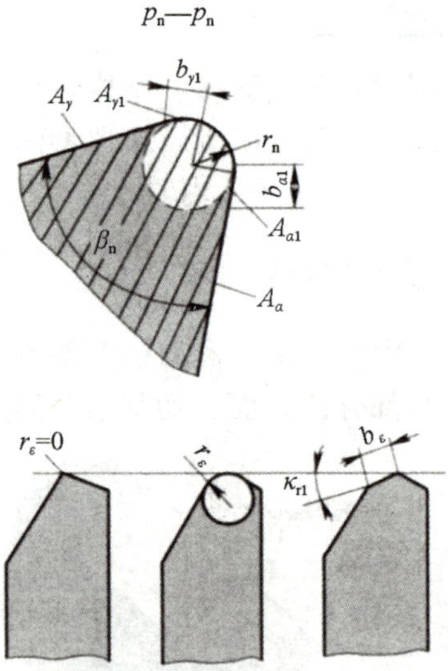

（b）刀尖形状

图 1-4　刀楔和刀尖形状参数

不同类型的刀具，其刀面和切削刃数量不同，但组成刀具的最基本单元是两个刀面交汇形成的一个切削刃，简称“两面一刃”。任何复杂的刀具都可将其作为一个基本单元进行分析。

1.2.2　刀具角度参考系、刀具结构和几何参数

为了确定刀具切削部分的几何形状和角度，即确定各刀面和切削刃的空间位置，必须建立一个空间坐标系。ISO 标准推荐参考系有三种，即正交平面参考系、法平面参考系、假定工作平面与背平面参考系，如图 1-5 所示。

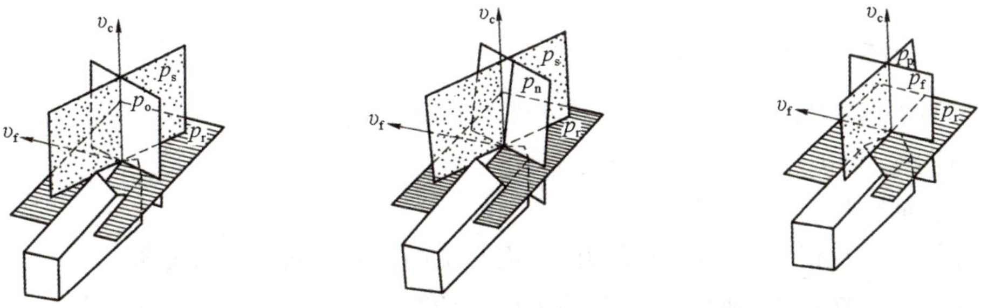

（a）正交平面参考系　　（b）法平面参考系　　（a）假定工作平面与背平面参考系

图 1-5　刀具标注角度参考系

1. 正交平面参考系

正交平面参考系由以下三个平面组成。

（1）基面 p_r。通过切削刃上所选定的点，平行或垂直于刀具上的安装面（或轴线）的平面，称为基面。车刀切削刃上各点的基面可理解为平行刀具底面的平面。

（2）切削平面 p_s。通过切削刃上所选定的点与切削刃相切，并垂直于基面的平面，称为切削平面。

（3）正交平面 p_o。通过切削刃上所选定的点，同时垂直于切削平面与基面的平面，称为正交平面。

2. 法平面参考系

法平面参考系由 p_r、p_s、p_n 三个平面组成。

p_r、p_s 与正交平面参考系定义的一样，法平面 p_n 为通过切削刃上某选定的点，并垂直于切削刃的平面，如图 1-6 所示。

3. 假定工作平面与背平面参考系

假定工作平面与背平面参考系由 p_r、p_f、p_p 三个平面组成。

（1）基面 p_r。过切削刃上选定的点，一般来说，其方位要垂直于假定的主运动方向。

（2）假定工作平面 p_f。通过切削刃上选定的点，平行于假定进给运动方向并垂直于基面的平面，称为假定工作平面，如图 1-7 所示。

（3）背平面 p_p。通过切削刃上选定的点，既垂直于假定工作平面又垂直于基面的平面，称为背平面，如图 1-7 所示。

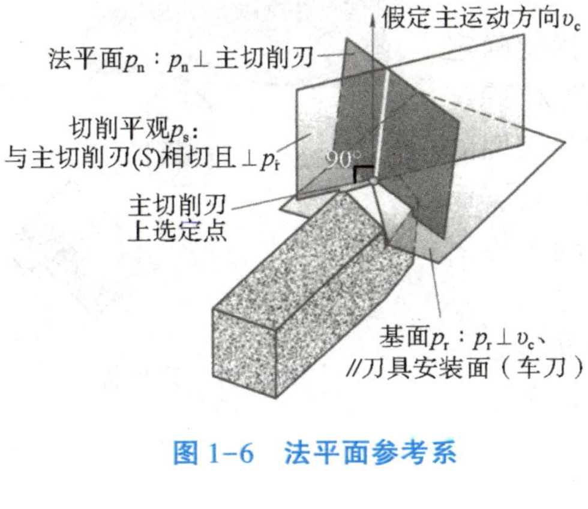

图 1-6　法平面参考系

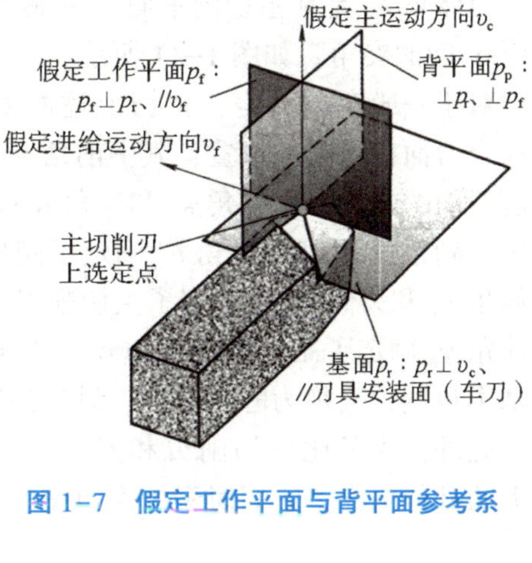

图 1-7　假定工作平面与背平面参考系

1.2.3 刀具角度定义

描述刀具的几何形状，除了必要的尺寸外都采用刀具角度。在各类参考系中最基本的刀具角度有四种，即前角、后角、偏角、倾角。

1. 正交平面参考系刀具角度

（1）前角 γ_o。在正交平面中测量的前刀面与基面间的夹角，称为前角。

（2）后角 α_o。在正交平面中测量的后刀面与切削平面间的夹角，称为后角。

（3）副后角 α_o'。在正交平面中测量的副后刀面与副切削平面间的夹角，称为副后角。

（4）主偏角 κ_r。在基面中测量的主切削平面与假定工作平面间的夹角，称为主偏角。

（5）副偏角 κ_r'。在基面中测量的副切削平面与假定工作平面间的夹角，称为副偏角。

（6）刃倾角 λ_s。在主切削平面中测量的主切削刃与基面间的夹角，称为刃倾角。

刀具角度标注符号下标所用的英语小写字母，应与测量该角度用的参考系平面符号下标一致。例如 r 就表示 p_r 平面，s 就表示 p_s 平面，o 表示在 p_o 平面，n 表示在 p_n 平面，f 表示在 p_f 平面，p 表示在 p_p 平面。副切削刃的角度或所在平面在右上角加一撇以示区别。

前角 γ_o 是在正交平面 p_o-p_o 中测量的前刀面 A_γ 和基面 p_r 间的夹角，如图 1-8 所示。

后角 α_o 是在正交平面 p_o-p_o 中测量的后刀面 A_α 和切削平面 p_s 间的夹角，如图 1-9 所示。

主偏角 κ_r 是在基面 p_r 中测量的主切削平面 p_s 和假定工作平面 p_f 间的夹角，如图 1-10 所示。副偏角 κ_r' 是在基面 p_r 中测量的副切削刃平面 p_s' 和假定工作平面 p_f 间的夹角，如图 1-10 所示。

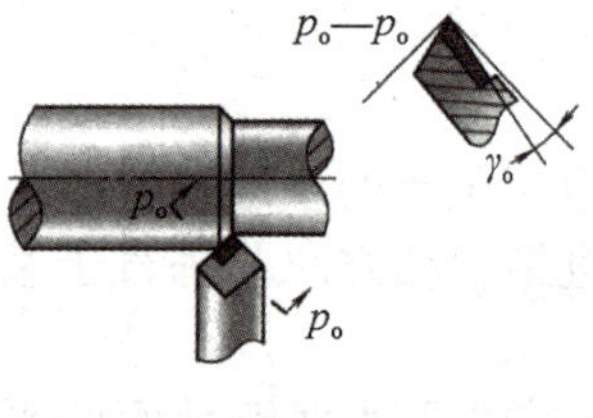

图 1-8 前角

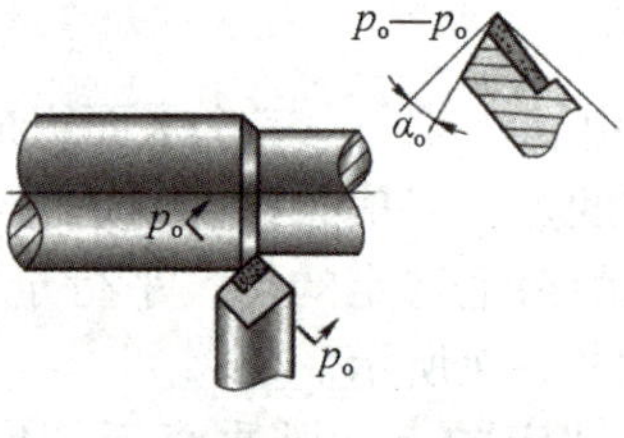

图 1-9 后角

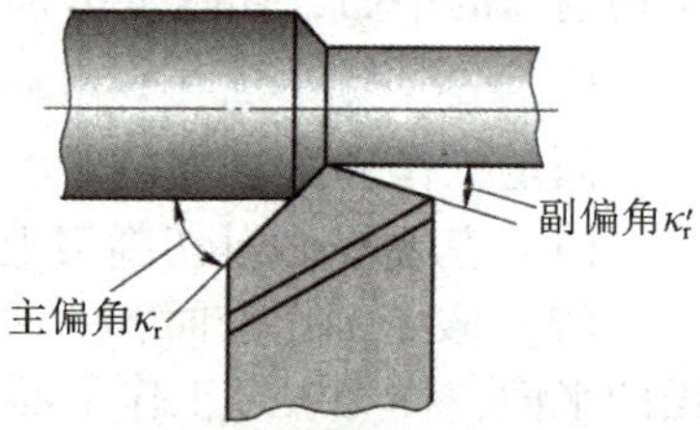

图 1-10 主偏角和副偏角

刃倾角 λ_s 是在主切削平面 p_s 中测量的主切削刃 S 与基面 p_r 间的夹角，如图 1-11 所示。

对于一般车刀而言，依据上述的刀具角度就能确定其三个刀面在空间的位置，其中前角 γ_o 和刃倾角 λ_s 确定了前刀面的方位，主偏角 κ_r 和后角 α_o 确定了主后刀面的方位，副偏角 κ_r' 和副后角 α_o' 确定了副后刀面的方位，而主偏角 κ_r 和刃倾角 λ_s 确定了主切削刃的方位，副偏角 κ_r' 和前角 γ_o 确定了副切削刃的方位。以上我们称之为刀具的基本角度，又称为静止角度、设计角度或标准角度。

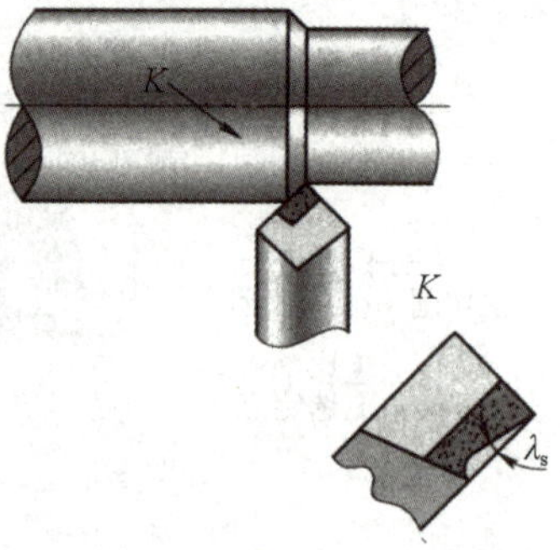

图 1-11 刃倾角

此外，为了比较切削刃和刀尖的强度，还定义了刀具上的其他角度，它们属于派生角度。

（1）楔角 β_o。在正交平面内测量的前刀面和后刀面间的夹角，称为楔角，如图 1-12 所示。其计算公式为

$$\beta_o = 90° - (\gamma_o + \alpha_o) \tag{1-1}$$

（2）刀尖角 ε_r。在基面投影中，主切削刃和副切削刃间的夹角称为刀尖角，如图 1-12 所示。其计算公式为

$$\varepsilon_r = 180° - (\kappa_r + \kappa'_r) \tag{1-2}$$

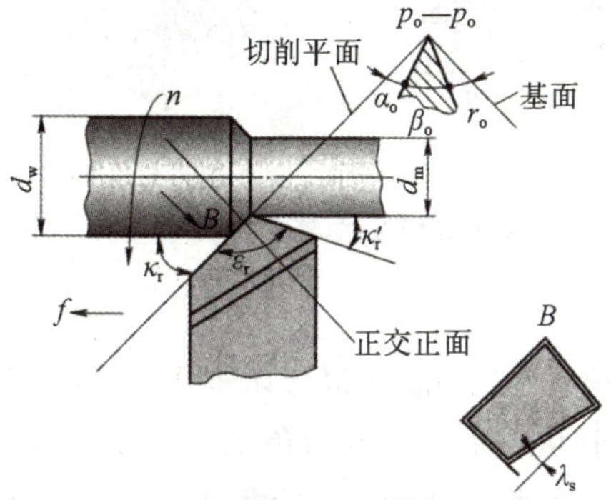

图 1-12　车刀的标注角度

2. 刀具在其他参考系的标注角度

刀具几何形状除用正交平面参考系表示之外，还可以根据设计和工艺的需要选用其他参考系，其标注角度通过换算可得到。

（1）刀具在法平面参考系中的标注角度。刀具在法平面参考系中的标注角度基本上和正交平面参考系类似，在基面和切削平面内测量的角度 ε_r、λ_s、κ_r 是相同的，只需将主剖面的角度 γ_o、α_o、β_o 改为法平面内的法前角 γ_n、法后角 α_n 和法楔角 β_n，如图 1-13 所示。

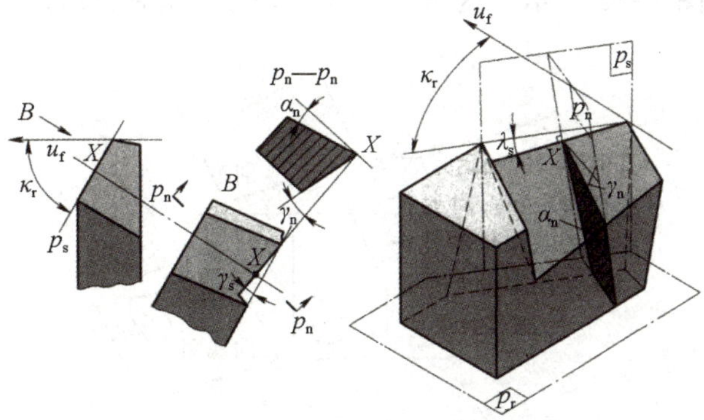

图 1-13　法平面参考系刀具角度

车刀主切削刃在正交平面和法平面内的角度有以下换算关系

$$\tan\gamma_n = \tan\gamma_o \cos\lambda_s \tag{1-3}$$

$$\cot\alpha_n = \cot\alpha_o \cos\lambda_s \tag{1-4}$$

（2）刀具在假定工作平面与背平面参考系中的标注角度。除在基面上测量的角度与上述相同之外，前角、后角和楔角分别在假定工作平面内和背平面中测量，故有侧前角 γ_f、

侧后角 α_f、背前角 γ_p、背后角 α_p，如图 1-14 所示。

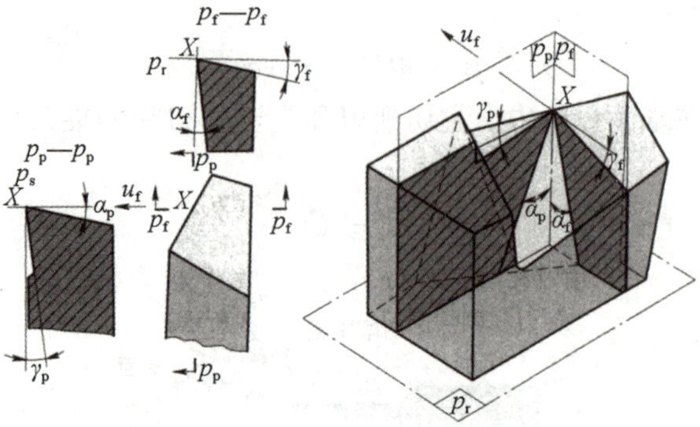

图 1-14　假定工作平面与背平面参考系刀具角度

3. 刀具角度正负值的规定

前刀面与基面平行时前角为 0°；前刀面与切削平面间夹角小于 90°时，前角为正值；前刀面与切削平面间夹角大于 90°时，前角为负值。后刀面与基面间夹角小于 90°时，后角为正值；后刀面与基面间夹角大于 90°时，后角为负值。刃倾角是主切削刃与基面间的夹角，是在切削平面中测量的，其正负的判断方法与前角类似。切削刃与基面（车刀底平面）平行时，刃倾角为 0°；刀尖相对车刀的底平面处于最高点时，刃倾角为正值；处于最低点时，刃倾角为负值。

4. 车刀切削部分几何形状的图示方法

绘制刀具的方法有两种。第一种是投影作图法，即严格按投影关系来绘制几何形状，它是认识和分析刀具切削部分几何形状的重要方法，但是该方法绘制过程烦琐，一般较少使用；第二种是简单画法，使用该方法绘制时，视图间大致符合投影关系，但角度与尺寸必须按比例绘制，如图 1-15 所示，这是一种常用的刀具绘制方法。

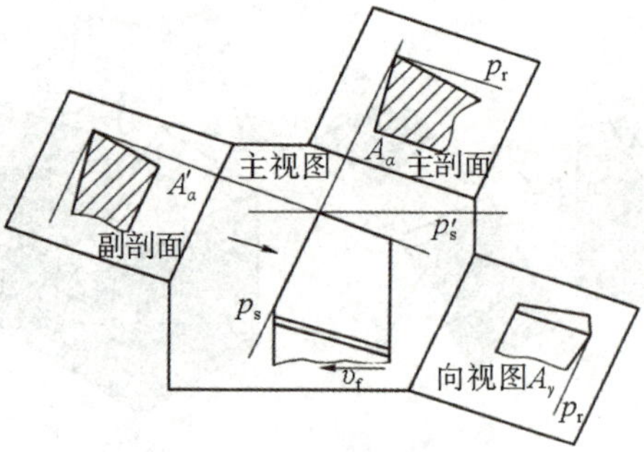

图 1-15　车刀几何角度图示方法

（1）主视图。通常采用刀具在基面（p_r）中的投影作为主视图。同时必须标注进给运动方向，以确定或判断主切削刃和副切削刃，如图 1-15 所示。

（2）向视图。通常取刀具在切削平面（p_s）中的投影作为向视图，此处要注意其放置位置。

（3）剖面图。包括正交平面（p_o）和副正交平面（p'_o）。

任务 1.3　切削层参数与切削方式

任务描述

在掌握了刀具的基本知识后，小王对切削过程中的细节产生了兴趣。老张带着小王来到加工中心，详细讲解了切削层参数的概念，包括切削层厚度、切削层宽度和切削层面积。老张还演示了几种常见的切削方式，如车削、铣削和钻削，并让小王亲自操作，观察不同切削方式下的切削层变化。同时，老张还强调了选择合适的切削方式对提高加工效率和质量的重要性。

任务分析

任务的目标是理解切削层参数的定义和切削方式的基本原理。通过学习，小王将能够掌握切削层参数的计算方法，理解不同切削方式的特点和应用场景，并能够在实际操作中选择合适的切削方式，以提高加工效率和质量；小王对金属切削的基本理论有了全面而深入的认识，为实际的切削加工实践奠定了坚实的基础。

任务实施

1.3.1　切削层参数

在切削过程中，刀具的刀刃在一次走刀中从工件待加工表面切下的金属层，称为切削层。切削层参数就是指这个切削层的截面尺寸，它决定了刀具切削部分所承受的负荷和切屑的尺寸大小。现以外圆车削为例来说明切削层参数的定义。如图 1-16 所示，车外圆时，车刀主切削刃上任意一点相对于工件的运动轨迹是一条螺旋线，整个主切削刃切出一个螺旋面。工件每转一周，车刀沿工件轴线移动一个进给量 f 的距离，主切削刃及其对应的工件过渡表面也在连续移动中由位置Ⅰ移至相邻位置Ⅱ，因而Ⅰ、Ⅱ之间的一层金属被切下；这一切削层的参数，通常都在过切削刃上选定点并与该点主运动方向垂直的平面内，即不考虑进给运动影响的基面内观察和度量。

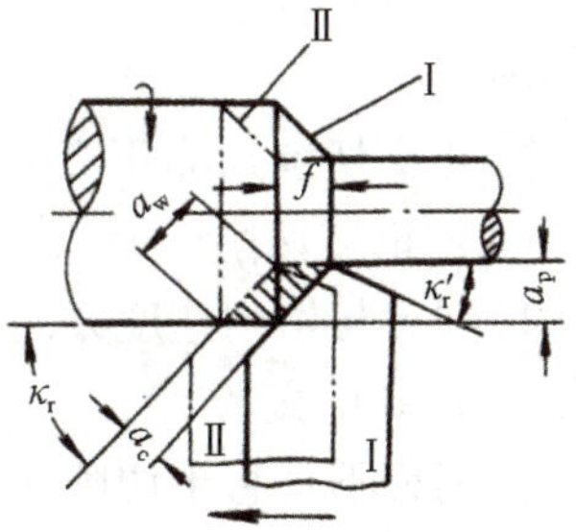

图 1-16　切削层参数

1. 切削厚度（国家标准为“切削层公称厚度”）a_c（国家标准为 h_D）

在主切削刃选定点的基面内，垂直于过渡表面度量的切削层尺寸，称为切削厚度 a_c。车外圆时，若车刀主切削刃为直线，则切削层截面的切削厚度为

$$a_c = f\sin\kappa_r$$

由此可见，当 f 或 κ_r 增大时，a_c 变厚。

若车刀主切削刃为圆弧或任意曲线（图 1-17），则对应于主切削刃上各点的切削厚度是不相等的。

2. 切削宽度（国家标准为“切削层公称宽度”）a_w（国家标准为 b_D）

在主切削刃选定点的基面内，沿过渡表面度量的切削层尺寸，称为切削宽度 a_w。当车刀主切削刃为直线时，外圆车削的切削宽度（图 1-16）为

$$a_w=\frac{a_p}{\sin\kappa_r}$$

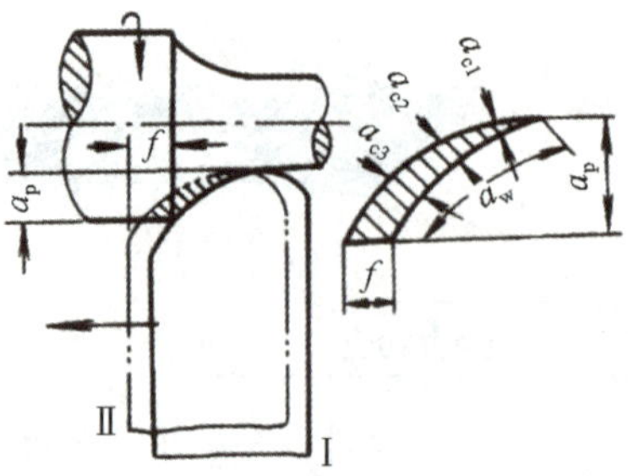

图 1-17 曲线刃工作时的 a_c 与 a_w

由此可见，当 a_p 减小或 κ_r 增大时，a_w 变小。

3. 切削面积（国家标准为“切削层公称横截面积”）A_c（国家标准为 A_D）

在主切削刃选定点的基面内的切削层截面面积，称为切削面积 A_c，车削时

$$A_c=a_c a_w=fa_p$$

1.3.2 切削方式

1. 自由切削与非自由切削

(1) 自由切削

只有一个主切削刃参加切削的情况，称为自由切削。自由切削时切削变形过程比较简单，它是进行切削试验研究常用的方法。

(2) 非自由切削

主、副切削刃同时参加切削的情况，称为非自由切削。在实际切削中，通常都是非自由切削。

2. 正交切削与非正交切削

(1) 正交切削

切削刃与切削速度方向垂直的切削，称为正交切削，也称为直角切削。

(2) 非正交切削

切削刃不垂直于切削速度方向的切削称为非正交切削，也称为斜角切削。因此，刃倾角不等于零的刀具均属于斜角切削刀具。斜角切削具有刃口锋利、排屑快等特点。

3. 实际前角

切削过程中实际起作用的前角，称为实际前角。它是包含切屑流出的方向并在与基面垂直的平面中测量的前刀面与基面的夹角。斜角切削时切屑流出方向有较大的偏转，实际前角有明显的增大。图 1-18 所示为斜角切削的情况，图中△OAD 是过主切削刃 OO' 上点 O 所作的基面 p_r，△OAB 是过主切削刃 OO' 上点 O 所作的法平面 p_n。

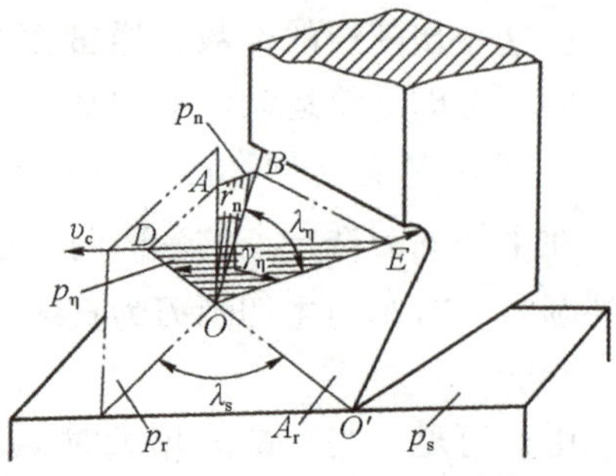

图 1-18 斜角切削与实际前角

△ODE 是包含切屑流出方向 OE 与切削速度方向 ED 的排屑平面，用符号 p_η 表示。在 p_η 内测量的

前角（OE 与 OD 间夹角）为实际前角，记作 γ_η。由实验可证明流屑角 $\lambda_\eta \approx \lambda_s$，从几何关系可推证如下公式：

$$\sin\gamma_\eta = \sin\gamma_n \cos 2\lambda_s + \sin 2\lambda_s \tag{1-5}$$

分析式（1-5）可知：当 λ_s 较小时，γ_η 主要由法前角 γ_n 决定；当 λ_s 很大时，γ_η 主要由 λ_s 决定；当 λ_s>75°时，不论 γ_n 多小，γ_η 都与 λ_s 接近。这就是大刃斜角薄层加工刀具的原理之一。

项目小结

本项目首先介绍了切削运动与切削用量的概念，包括切削运动的形式、工件上的加工表面及切削用量的确定。其次介绍了刀具的定义及其理论角度，从刀具的组成到刀具角度参考系、刀具结构和几何参数，深入解析了刀具角度定义在切削过程中的重要性。通过本项目的学习，读者能够了解金属切削的基本定义与理论知识，掌握切削层参数的定义和切削方式的基本原理，为后续的刀具设计和切削工艺优化奠定了基础。

项目工单

1. 项目实施记录

根据本项目的学习过程，完成表 1-1。

表 1-1　项目实施记录表

姓名		学号	
班级		指导教师	
遇到的难点			
学到的重点			
新的发现			

2. 考核评价

根据任务完成情况，填写表 1-2。

表 1-2 考核评价表

<table>
<tr><th rowspan="2">项目名称</th><th rowspan="2" colspan="2">评价内容</th><th rowspan="2">满分/分</th><th colspan="3">评分/分</th></tr>
<tr><th>自评</th><th>互评</th><th>师评</th></tr>
<tr><td rowspan="5">职业素养
考核项目 40%</td><td colspan="2">穿戴规范、整洁</td><td>8</td><td></td><td></td><td></td></tr>
<tr><td colspan="2">安全意识、责任意识及服从意识强</td><td>8</td><td></td><td></td><td></td></tr>
<tr><td colspan="2">积极参加教学活动，按时完成任务工单</td><td>8</td><td></td><td></td><td></td></tr>
<tr><td colspan="2">团队合作、沟通能力强</td><td>8</td><td></td><td></td><td></td></tr>
<tr><td colspan="2">劳动纪律良好</td><td>8</td><td></td><td></td><td></td></tr>
<tr><td rowspan="4">专业能力
考核项目 60%</td><td colspan="2">专业知识查找及时、准确</td><td>12</td><td></td><td></td><td></td></tr>
<tr><td colspan="2">操作符合规范</td><td>18</td><td></td><td></td><td></td></tr>
<tr><td colspan="2">态度认真，学习效率高</td><td>12</td><td></td><td></td><td></td></tr>
<tr><td colspan="2">充分理解金属切削与刀具的相关定义</td><td>18</td><td></td><td></td><td></td></tr>
<tr><td colspan="3">合计</td><td>100</td><td></td><td></td><td></td></tr>
<tr><td rowspan="2">总评</td><td rowspan="2">自评（20%）+互评（20%）+师评（60%）=</td><td>综合等级</td><td colspan="4" rowspan="2">指导教师（签名）：</td></tr>
<tr><td></td></tr>
</table>

课后练习

一、填空题

1. 任何切削加工方法都必须有一个________，可以有一个或几个________。主运动和进给运动可以由工件或刀具________，也可以由刀具________。

2. 切削速度是切削加工时，刀刃上________相对于________的主运动的速度。刀刃上各点的切削速度可能是不同的。

3. 在各类参考系中最基本的刀具角度有四种，即________、________、________和________。

4. 为了比较切削刃和刀尖的强度，还定义了刀具上的其他角度，它们属于________。

5. 在主切削刃选定点的基面内，垂直于过渡表面度量的切削层尺寸，称为________。

二、简答题

1. 在切削过程中，通常工件上存在哪些面？

2. 简述一下什么是刀面。

3. 刀具角度正负值是如何规定的？

项目2　金属切削刀具材料

项目导读

金属切削刀具是现代制造工业中不可或缺的关键工具，其材料的选择直接影响加工效率、工件质量和刀具寿命。本项目将深入探讨金属切削刀具材料的性能要求、种类及其在实际应用中的特点。通过学习工具钢、硬质合金、陶瓷、金刚石、立方氮化硼等不同类型刀具材料的组成、性能和应用，学生将能够理解刀具材料的基本原理，掌握不同材料的优缺点，并能够根据具体的加工需求选择合适的刀具材料。

学习目标

知识目标

1. 掌握刀具材料应具备的硬度、韧性、耐磨性、耐热性等基本性能指标。

2. 了解工具钢、硬质合金、陶瓷、金刚石、立方氮化硼等不同类型刀具材料的组成、性能和应用特点。

3. 学习碳素工具钢、合金工具钢、高速钢的性能和应用。

4. 掌握硬质合金的组成成分、普通硬质合金的分类、牌号与使用性能，了解细晶粒合金、超细晶粒合金、涂层硬质合金和钢结硬质合金的特点。

5. 关注陶瓷、金刚石、立方氮化硼等新型刀具材料的发展趋势。

能力目标

1. 能够根据具体的加工需求，选择合适的刀具材料，并了解其使用性能。

2. 能够分析不同刀具材料的性能特点，评估其在实际应用中的表现。

3. 在理解基本原理的基础上，能够提出创新的刀具设计方案，提高加工效率和质量。

素质目标

1. 培养学生在进行材料性能分析和实验时的严谨态度，确保数据和结论的准确性。

2. 鼓励学生在理解和应用基本原理的基础上，提出创新的刀具材料选择和设计方案。

3. 通过项目合作，培养学生的团队合作精神，使其能够与团队其他成员进行有效沟通和协作。

思政目标

强调在工业生产中的诚信和责任，培养学生良好的职业道德。通过项目实践，培养学生精益求精、追求卓越的工匠精神。强化学生在材料选择和使用过程中的安全意识，确保其在实际操作中的安全。引导学生关注新型刀具材料的发展方向，培养其对可持续发展的认识和责任感。

任务 2.1　刀具材料应具备的性能和种类

任务描述

在机械加工车间，新来的实习生小李对刀具材料充满了好奇。他的师傅张师傅注意到这一点，于是决定给他上了一堂关于刀具材料的课。张师傅首先问道："你知道一把好的切削刀具应该具备哪些性能吗？"小李思考了一下，回答说："应该是硬度高、耐磨性好，对吧？"张师傅点头表示同意，并进一步解释说："除了硬度和耐磨性，刀具材料还应该具有足够的强度和韧性，良好的红硬性，以及良好的工艺性和经济性。"接着，张师傅介绍了几种常见的刀具材料，包括工具钢、硬质合金、陶瓷、金刚石和立方氮化硼等。

任务分析

任务的重点在于理解刀具材料应具备的性能，以及不同种类的刀具材料。通过学习，小李将能够识别刀具材料的关键性能指标，并了解各种刀具材料的类型，为后续选择合适的刀具材料打下基础。

任务实施

2.1.1　刀具材料应具备的性能

在切削过程中，刀具和工件直接接触的切削部分要承受极大的切削力，尤其是切削刃及紧邻的前、后刀面长期处在切削高温环境中工作，并且切削过程中的各种不均匀和不稳定因素还将对刀具切削部分造成不同程度的冲击和振动。例如，切削钢材时，切屑对前刀面的挤压应力高达 2~3 MPa；高速切削钢材时，切屑与前刀面接触区的温度常保持在 800~900 ℃，中心区甚至超过 1 000 ℃。为了适应如此繁重的切削负荷和恶劣的工作条件，刀具材料应具备以下性能。

1. 足够的硬度和耐磨性

硬度是刀具材料应具备的基本性能。刀具的硬度应高于工件材料的硬度，其常温硬度一般要求在 60 HRC 以上。

耐磨性是指材料抵抗磨损的能力。它与材料的硬度、强度和组织结构有关。材料硬度越高，耐磨性越好；若组织中碳化物和氮化物等硬质点的硬度越高、颗粒越小、数量越多且分布越均匀，则耐磨性越好。

2. 足够的强度与韧性

切削时刀具要承受较大的切削力、冲击力和振动。为避免崩刀和折断，刀具材料应具有足够的强度和韧性。材料的强度和韧性通常用抗弯强度和冲击韧度表示。

3. 较高的耐热性和传热性

耐热性是指刀具材料在高温下保持足够的硬度、耐磨性、强度和韧性、抗氧化性、抗黏结性和抗扩散性的能力（也称为热稳定性）。通常把材料在高温下仍保持高硬度的能力称为热硬性（也称为高温硬度），它是刀具材料保持切削性能的必备条件。刀具材料的高温硬度越高，耐热性越好，允许的切削速度就越高。

刀具材料的传热系数大，有利于将切削区的热量传出，降低切削温度。

4. 较好的工艺性和经济性

为了便于刀具的加工与制造，刀具材料要有良好的工艺性能，如热轧、锻造、焊接、热处理和机械加工等性能。刀具材料的选用应立足于本国资源，注意经济效益，力求价格低廉。

应当指出，上述几项性能之间可能相互矛盾（如硬度高的刀具材料，其强度和韧性较低）。没有一种刀具材料能具备所有性能的最佳指标，而是各有所长。因此，在实际应用中，应根据具体的加工对象合理选用刀具材料。

2.1.2　刀具材料的类型

刀具材料的类型

1. 刀体材料

一般刀体均用普通碳钢或合金钢制作。例如，焊接车刀和镗刀的刀柄，以及钻头和铰刀的刀体常用 45 钢或 40Cr 钢制造。尺寸较小的刀具或切削负荷较大的刀具宜采用合金钢或高速工具钢制成，如螺纹刀具、成形铣刀和拉刀等；尺寸较小的精密刀具，如小镗刀和小铰刀，也可用硬质合金制成。

机夹、可转位硬质合金刀具，镶硬质合金钻头，可转位铣刀等可用合金工具钢（如9SiCr或GCr15等）制成刀体。

2. 切削部分材料

常用的刀具材料分三大类：工具钢（包括碳素工具钢、合金工具钢、高速钢）、硬质合金和超硬刀具材料。一般机加工使用最多的是高速钢与硬质合金。各类刀具材料的硬度与韧性如图2-1所示。一般情况下，硬度越高者可允许的切削速度越高；而韧性越高者，其抗冲击能力越强。

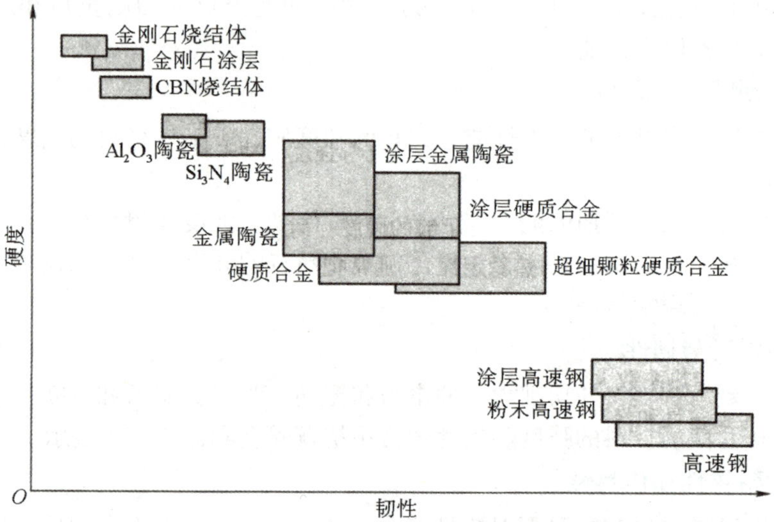

图2-1 各类刀具材料的硬度与韧性

工具钢耐热性差，但抗弯强度高，价格低廉，焊接与刃磨性能好，故广泛用于制作中、低速切削的复杂刀具或成形刀具，但不宜用于制作高速切削刀具。硬质合金耐热性好，切削效率高，但其强度和韧性不及工具钢，焊接与刃磨性能也比工具钢差，多用于制作车刀、铣刀及各种高效切削刀具。

国际标准ISO 513：2004对应我国的国家标准为《切削加工用硬切削材料的分类和用途 大组和用途小组的分类代号》（GB/T 2075—2007），该标准对切削加工用硬质合金及一些新型刀具材料采用不同颜色进行了标示，见表2-1。

表2-1 硬切削材料的分类和用途

字母符号	识别颜色	被加工材料
P	蓝色	钢：除不锈钢外所有带奥氏体结构的钢和铸钢
M	黄色	不锈钢：不锈奥氏体钢或铁素体钢，铸钢
K	红色	铸铁：灰铸铁，球状石墨铸铁，可锻铸铁
N	绿色	非铁金属：铝，其他非铁金属，非金属材料
S	褐色	超级合金和钛：基于铁的耐热特种合金，镍，钴，钛，钛合金
H	灰色	硬材料：硬化钢，硬化铸铁材料，冷硬铸铁

任务 2.2　工　具　钢

任务描述

张师傅继续向小李介绍工具钢，这是刀具材料中最基础的一种钢。他解释说，工具钢主要分为碳素工具钢、合金工具钢和高速钢三大类。张师傅拿出几块不同类型的钢块，分别介绍了它们的成分和特性。他告诉小李，碳素工具钢含有较高的碳，硬度高但脆性大；合金工具钢加入了其他合金元素，性能高；而高速钢则具有更高的硬度和红硬性，适用于高速切削。张师傅还强调了预热和退火处理的重要性，它们可以改善工具钢的切削加工性能。

任务分析

任务的目的是深入了解工具钢的种类及其特性。通过学习，小李将能够区分碳素工具钢、合金工具钢和高速钢，并了解它们在刀具制造中的应用和局限性，从而能够在实际生产中选择合适的工具钢。

任务实施

2.2.1　碳素工具钢

碳素工具钢是碳的质量分数为 0.65%～1.3%的优质碳素钢，常用牌号有 T7A、T8A、T10A、T12A 等。这类钢工艺性能良好，经适当热处理后硬度可达 60～64 HRC，有较高的耐磨性，价格低廉。其缺点是热硬性差，在温度为 200～300 ℃时其硬度开始降低，故允许的切削速度较低（5～10 m/min）。因此，其只能用于制造手用刀具、低速及小进给量的机用刀具。

2.2.2　合金工具钢

合金工具钢是在碳素工具钢中加入适当的合金元素铬（Cr）、硅（Si）、钨（W）、锰（Mn）、钒（V）等炼制而成的（合金元素总含量不超过 3%～5%），能够提高刀具材料的韧性、耐磨性和耐热性，切削温度为 325～400 ℃，因此切削速度（10～15 m/min）较碳素工具钢有所提高。合金工具钢可用于制造细长的或横截面积大、刃形复杂的刀具，例如铰刀、丝锥和板牙等。

2.2.3　高速钢

高速钢是在碳素工具钢中加入较多的钨（W）、钼（Mo）、铬（Cr）、钒（V）等合金元素的高合金工具钢。它具有较高的强度、韧性和耐热性，是目前应用较为广泛的刀具材料。因其在刃磨时易获得锋利的刃口，故又称为锋钢。

高速钢的强度高，其抗弯强度为一般硬质合金的 2~3 倍；韧性也好，冲击韧度比硬质合金高几十倍；硬度为 63~69 HRC；热处理变形较小。更主要的是，高速钢有较高的耐热性，在温度为 500~650 ℃时，仍能进行切削。与碳素工具钢和合金工具钢相比，高速钢能将切削速度提高 1~3 倍，刀具寿命延长 10~40 倍。用于切削中碳钢时，切削速度一般不大于 30 mm/min，被加工材料的硬度一般不大于 30 HRC。高速钢的加工性能良好，目前是制造各种复杂刀具（如钻头、拉刀、成形刀具、丝锥、齿轮刀具等）的主要材料，可以加工从非铁合金到高温合金的各种材料。

高速钢按用途不同，可分为通用型高速钢和高性能高速钢。

常用高速钢的牌号及力学性能见表 2-2。

表 2-2　常用高速钢的牌号及力学性能

类别		牌号	常温硬度 /HRC	抗弯强度 /GPa	冲击韧度 /（MJ/m^2）	高温（600 ℃）硬度/HRC
通用型高速钢		W18Cr4V	63~66	2.94~3.33	0.18~0.32	48.5
		W6Mo5Cr4V2	63~66	3.43~3.92	0.30~0.40	47~48
		W9Mo3Cr4V	65~66.5	4~4.5	0.34~0.39	—
高性能高速钢	钴高速钢	W2Mo9Cr4VCo8	67~70	2.65~3.72	0.23~0.30	55
	铝高速钢	W6Mo5Cr4V2Al	67~69	2.84~3.82	0.23~0.30	55

1. 通用型高速钢

通用型高速钢应用较为广泛，约占高速钢总量的 75%。其碳的质量分数为 0.7%~0.9%。按钨、钼质量分数的不同，通用型高速钢可分为钨系和钨钼系两类。主要牌号有以下三种。

（1）W18Cr4V 钨系高速钢。W18Cr4V 钨系高速钢具有较好的综合性能。因含钒量少，故其刃磨工艺性好；淬火时过热倾向小，热处理控制较容易。其缺点是碳化物分布不均匀，不宜用于制造大截面的刀具；热塑性较差。W18Cr4V 钨系高速钢因钨的价格高，国内使用逐渐减少，国外也已很少采用。

（2）W6Mo5Cr4V2 钨钼系高速钢。W6Mo5Cr4V2 钨钼系高速钢是国内外普遍应用的牌号。因一份钼可代替两份钨，能减少钢中的合金元素含量，降低钢中碳化物的数量及分布的不均匀性，有利于提高热塑性、抗弯强度与韧度。加入 3%~5%（质量分数）的钼，即可改善刃磨工艺性。因此，W6Mo5Cr4V2 钨钼系高速钢的高温塑性及韧性优于钨系高速钢，可用于制造热轧刀具，如扭槽麻花钻等。其缺点是淬火温度范围窄，脱碳和过热敏感性大。

（3）W9Mo3Cr4V 钨钼系高速钢。W9Mo3Cr4V 钨钼系高速钢的抗弯强度高、韧性和高温热塑性好，而且淬火过热倾向性和脱碳敏感性小，有良好的加工性能。

2. 高性能高速钢

高性能高速钢是指在通用型高速钢中增加碳、钒，并添加钴或铝等合金元素的新钢种。其常温硬度可达 67~70 HRC，耐磨性与耐热性高，能用于不锈钢、耐热钢和高强度钢的加工。

高碳高速钢的含碳量提高，使钢中的合金元素能全部形成碳化物，从而提高钢的硬度与耐磨性，但其强度与韧性略有下降，目前已很少使用。

高钒高速钢是将钢中的钒的质量分数增加到 3%~5%。由于碳化钒的硬度较高，可达到 2 800 HV，比普通钢高，所以一方面增加了钢的耐磨性，另一方面也增加了此钢种的刃磨难度。

钴高速钢的典型牌号是 W2Mo9Cr4VCo8。钢中加入钴可提高高速钢的高温硬度和抗氧化能力，因此能用于较高的切削速度。钴在钢中能促进钢在回火时从马氏体中析出钨、钼的碳化物，提高回火硬度。钴的热导率较高，对提高刀具的切削性能是有利的。钢中加入钴还可降低摩擦系数，改善其磨削加工性能。

铝高速钢是我国研发的超硬高速钢，典型的牌号是 W6Mo5Cr4V2Al。铝不是碳化物的形成元素，但它能提高钨、钼等元素在钢中的溶解度，并可阻止晶粒长大。因此铝高速钢的高温硬度、热塑性与韧性均有所提高。在切削温度的作用下，铝高速钢刀具表面可形成氧化铝薄膜，减轻了与切屑的黏结。W6Mo5Cr4V2Al 高速钢的力学性能和切削性能与 W2Mo9Cr4VCo8 相当，且价格较低廉，但其热处理工艺要求较高。

3. 粉末冶金高速钢

粉末冶金高速钢是通过高压惰性气体或高压水雾化高速钢水而得到的细小的高速钢粉末，然后将其压制或热压成形，再经烧结而成的高速钢。粉末冶金高速钢在 20 世纪 60 年代由瑞典首先研制成功。20 世纪 70 年代，国产的粉末冶金高速钢也已得到应用。由于其使用性能好，故应用范围日益增加。

粉末冶金高速钢与熔炼高速钢相比有如下优点。

（1）由于可获得细小均匀的结晶组织，完全避免了碳化物的偏析，从而提高了钢的硬度与强度，硬度能达到 65~70 HRC，抗弯强度可达 2. 73~3. 43 GPa。

（2）由于力学性能各向同性，可减少热处理变形与应力，所以可用于制造精密刀具。

（3）由于钢中的碳化物细小均匀，使其磨削加工性能得到显著改善。含钒量多者，改善程度就更显著。这一独特的优点，使得粉末冶金高速钢能用于制造新型的增加合金元素的、加入大量碳化物的超硬高速钢，而不降低其刃磨工艺性。

（4）粉末冶金高速钢提高了材料的利用率。粉末冶金高速钢目前应用尚少的原因是成本较高，其价格与硬质合金相差无几。因此，粉末冶金高速钢的主要使用范围是制造成形复杂刀具，如精密螺纹车刀、拉刀、切齿刀等，以及加工高强度钢、镍基合金、钛合金等难加工材料用的刨刀、钻头、铣刀等刀具。

4. 高速钢刀具的表面涂层

高速钢刀具的表面涂层是采用物理气相沉积（physical vapor deposition，PVD）法，在刀具表面涂覆 TiN 系列超硬膜，以提高刀具性能的新工艺。这种工艺要求在高真空、500 ℃ 环境下进行，气化的钛离子与氮反应，在阳极刀具表面上生成 TiN，一般厚度为 2 μm，对刀具的尺寸精度影响不大。

涂覆涂层的高速钢是一种复合材料，基体是强度和韧性较好的高速钢，而表层是高硬度、高耐磨的材料。TiN 有较高的热稳定性，与钢的摩擦系数较低，而且与高速钢结合牢固，表面硬度可达 2 200 HV，呈金黄色。

涂层高速钢刀具的切削力和切削温度约下降 25%，切削速度和进给量可提高一倍左右，刀具寿命显著提高。即使刀具重磨后，其性能仍优于普通高速钢刀具。目前，涂层高速钢已广泛应用于制作钻头、丝锥、成形铣刀、切齿刀。除 TiN 涂层外，新开发的 TiC 和 TiAlN 涂层在切削不锈钢、铸铁时性能更好。

任务 2.3 硬质合金

任务描述

接下来，张师傅向小李介绍硬质合金。他解释说，硬质合金是由碳化钨、碳化钛等硬质相和钴等黏结剂通过粉末冶金方法制成的。张师傅展示了不同类型的硬质合金样品，并解释了它们的组成和性能特点。他提到了普通硬质合金的分类和牌号，以及细晶粒和超细晶粒合金的优势。此外，张师傅还介绍了涂层硬质合金和钢结硬质合金，强调了这些先进材料在提高刀具性能方面的贡献。

任务分析

任务聚焦于硬质合金的组成、分类和性能。通过学习，小李将能够理解硬质合金的制造过程，熟悉不同类型的硬质合金及其应用，以及涂层技术和新型硬质合金的发展趋势。

任务实施

硬质合金是由硬度和熔点很高的碳化物（硬质相）和起黏结作用的金属（黏结相）通过粉末冶金工艺制成的。硬质合金刀具（图 2-2）中常用的碳化物有 WC、TiC、TaC、NbC 等。常用的黏结剂是 Co，碳化钛基的黏结剂是 Mo、Ni。

图 2-2　各类硬质合金刀具

2.3.1　硬质合金的组成与性能

硬质合金的力学性能取决于合金的成分、粉末颗粒的粗细及合金的烧结工艺。含高硬度、高熔点的硬质相越多，合金的硬度与高温硬度越高。含黏结剂越多，强度越高。

常用的硬质合金中含有大量的 WC、TiC，因此其硬度、耐磨性、耐热性均高于工具钢。常温硬度可达 89~94 HRA，耐热温度可达 800~1 000 ℃。切削钢时，切削速度可达 220 m/min。

在合金中加入熔点更高的 TaC、NbC，有利于细化晶粒，可使耐热温度提高到 1 000~1 100 ℃。切削钢时，切削速度可进一步提高到 200~300 m/min。

常用硬质合金各组别的基本成分、被加工材料及性能提高方向见表 2-3。

表 2-3　常用硬质合金各组别的基本成分、被加工材料及性能提高方向

组别		基本成分	被加工材料	性能提高方向			
类别	分组号			切削性能		合金性能	
P	01	以 TiC、WC 为基，以 Co（Ni + Mo、Ni+Co）作黏结剂的合金/涂层合金	钢、铸钢	切削速度↑	进给量↓	耐磨性↑	韧性↓
	10		钢、铸钢				
	20		铸铁、冷硬铸铁、短屑可锻铸铁				
	30		钢、铸钢、长切屑可锻铸铁				
	40		钢、含砂眼和气孔的铸钢件				
M	01	以 WC 为基，以 Co 作黏结剂，或添加少量 TiC（TaC、NbC）的合金/涂层合金	不锈钢、铁素体钢、铸钢	切削速度↑	进给量↓	耐磨性↑	韧性↓
	10		不锈钢、铸钢、锰钢、合金钢、合金铸铁、可锻铸铁				
	20		不锈钢、铸钢、锰钢、合金钢、合金铸铁、可锻铸铁				
	30		不锈钢、铸钢、锰钢、合金钢、合金铸铁、可锻铸铁				
	40		不锈钢、铸钢、锰钢、合金钢、合金铸铁、可锻铸铁				
K	01	以 WC 为基，以 Co 作黏结剂，或添加少量 TiC、NbC 的合金/涂层合金	铸铁、冷硬铸铁、短屑可锻铸铁	切削速度↑	进给量↓	耐磨性↑	韧性↓
	10		布氏硬度高于 220 的铸铁、短切屑的可锻铸铁				
	20		布氏硬度低于 220 的灰口铸铁、短切屑的可锻铸铁				
	30		铸铁、短切屑的可锻铸铁				
	40		铸铁、短切屑的可锻铸铁				
N	01	以 WC 为基，以 Co 作黏结剂，或添加少量 TaC、NbC 或 CrC 的合金/涂层合金	有色金属、塑料、木材、玻璃	切削速度↑	进给量↓	耐磨性↑	韧性↓
	10						
	20		有色金属、塑料				
	30						
S	01	以 WC 为基，以 Co 作黏结剂，或添加少量 TaC、NbC 或 TiC 的合金/涂层合金	耐热和优质合金：含镍、钴、钛的各类合金材料	切削速度↑	进给量↓	耐磨性↑	韧性↓
	10						
	20						
	30						
H	01	以 WC 为基，以 Co 作黏结剂，或添加少量 TaC、NbC 或 TiC 的合金/涂层合金	淬硬钢、冷硬铸铁	切削速度↑	进给量↓	耐磨性↑	韧性↓
	10						
	20						
	30						

2.3.2 普通硬质合金分类、牌号与使用性能

普通硬质合金按其化学成分与使用性能分为三类：P 类，即钨钴钛类（WC+TiC+Co）；K 类，即钨钴类（WC+Co）；M 类，即添加稀有金属碳化物类［WC+Co+TiC+TaC（NbC）］。

1. P 类硬质合金（曾用代号 YT）

P 类硬质合金有较高的硬度，特别是有较高的耐热性，以及较好的抗黏结、抗氧化能力。主要用于加工以钢为代表的塑性材料。加工钢时，塑性变形大、摩擦剧烈，切削温度较高。P 类硬质合金磨损慢，刀具寿命较长。

硬质合金中 TiC 含量较多者，含 Co 量较少，耐磨性、耐热性更好，适合精加工。但当 TiC 含量增多时，硬质合金导热性变差，焊接与刃磨时容易产生裂纹。TiC 含量较少时，则适合粗加工。

常用的牌号有 P30、P10、P01 等，其中的数字表示 TiC 含量的百分数，TiC 含量越高，则耐磨性较好、韧性越低。采用这三种牌号的硬质合金制造的刀具分别适用于粗加工、半精加工和精加工。

2. K 类硬质合金（曾用代号 YG）

K 类硬质合金的抗弯强度与韧性比 P 类硬质合金的高，可减少切削时的崩刃，但耐热性比 P 类的差，因此主要用于加工铸铁、非铁金属与非金属材料。在加工脆性材料时，切屑呈崩碎状，能承受对刀具的冲击。K 类硬质合金的导热性较好，有利于降低切削温度。此外，K 类硬质合金的磨削加工性好，可以刃磨出较锋利的刃口，故也适用于加工非铁金属及纤维层压材料。

常用的牌号有 K30、K20、K01，它们制造的刀具依次适用于粗加工、半精加工和精加工。数字表示 Co 含量的百分数，合金中 Co 含量越高，韧性越好，适于粗加工；Co 含量低时，用于精加工。

3. M 类硬质合金（曾用代号 YW）

M 类硬质合金加入了适量稀有难熔金属碳化物，以提高合金的性能。其中效果显著的是加入 TaC 或 NbC，质量分数为 4%左右。

TaC 或 NbC 在合金中的主要作用是提高合金的高温硬度与高温强度。在 K 类硬质合金中加入 TaC，可使其在 800 ℃时的强度提高 0.15~0.20 GPa。在 P 类硬质合金中加入 TaC，可使其高温硬度提高 50~100 HV。

TaC 或 NbC 与钢的黏结温度较高，可减缓合金成分向钢中扩散，从而延长刀具寿命。TaC 或 NbC 还可提高合金的常温硬度，提高 P 类硬质合金的抗弯强度与冲击韧度，特别是提高合金的抗疲劳强度；能阻止 WC 晶粒在烧结过程中长大，有助于细化晶粒，提高合金的耐磨性。此外，TaC 或 NbC 可改善合金的焊接性、刃磨工艺性，提高合金的使用性能。

当 TaC 在硬质合金中的质量分数达到 12%~15%时，可提高抵抗周期性温度变化的能力，防止产生裂纹，并提高抗塑性变形的能力。这类硬质合金能适应断续切削及铣削，不易发生崩刃。

2.3.3　细晶粒、超细晶粒合金

普通硬质合金中 WC 的粒度为几微米，细晶粒合金的平均粒度约为 1.5 μm；超细晶粒合金的粒度为 0.2~1 μm，其中绝大多数在 0.5 μm 以下。

细晶粒、超细晶粒合金由于硬质相和黏结相高度弥散，增加了黏结面积，提高了黏结强度。因此，其硬度与强度都比同样成分的合金高，硬度可提高 1.5~2 HRA，抗弯强度可提高 0.6~0.8 GPa，而且高温硬度也能提高一些，可减少中低速切削时产生的崩刃现象。

生产超细晶粒合金，除了必须使用细的 WC 粉末外，还应添加微量抑制剂，以控制晶粒长大。并采用先进的烧结工艺，生产成本较高。超细晶粒合金可用于以下场合。

(1) 高硬度、高强度的难加工材料。

(2) 难加工材料的间断切削，如铣削等。

(3) 有低速切削刃的刀具，如切断刀、小钻头、成形刀等。

(4) 要求有较大前角、较大后角、较小刀尖圆弧半径的，能进行薄层切削的精密刀具，如铰刀、拉刀等。

2.3.4　涂层硬质合金

涂层硬质合金是 20 世纪 60 年代出现的新型刀具材料。采用化学气相沉积（chemical vapor deposition，CVD）法，在硬质合金表面涂覆一层或多层（5~13 μm）难熔金属碳化物（图 2-3）。涂层硬质合金有较好的综合性能，基体的强度和韧性较好，表面耐磨、耐高温。但涂层硬质合金的刃口锋利程度与抗崩刃性不及普通硬质合金，因此，涂层硬质合金多用于普通钢材的精加工或半精加工。涂层材料主要有 TiC、TiN、Al_2O_3 及其复合材料。

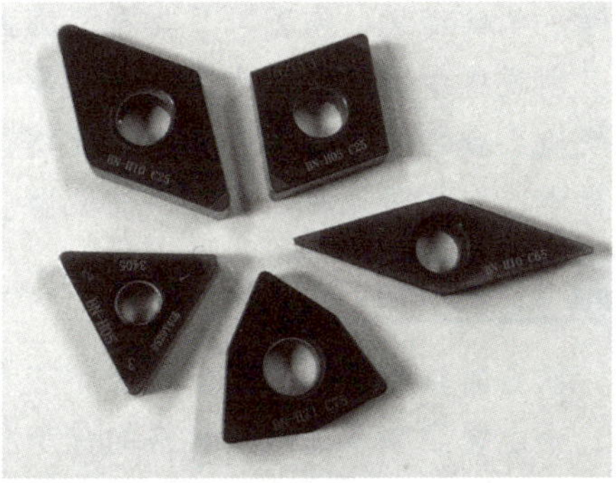
图 2-3　涂层刀具

TiC 涂层具有很高的硬度与耐磨性，抗氧化性也好，切削时能产生氧化钛薄膜，降低摩擦系数，减少刀具磨损。一般切削速度可提高 40%左右。TiC 与钢的黏结温度高，表面晶粒较细，切削时很少产生积屑瘤，适合于精加工。TiC 涂层的缺点是其线膨胀系数与基体差别较大，与基体间形成脆弱的脱碳层，降低了刀具的抗弯强度。因此，在重切削、加工硬材料或带夹杂物的工件时，TiC 涂层易崩裂。

TiN 涂层在高温时能形成氧化膜，与铁基材料之间的摩擦系数较小，抗黏结性能好，能有效降低切削温度。

TiN 涂层刀片的抗月牙洼及后刀面磨损能力比 TiC 涂层刀片强，适合切削钢与易粘刀的材料，加工工件的表面质量好，刀具寿命较长。此外，TiN 涂层的抗热振性能也较好。TiN 涂层的缺点是与基体的结合强度不及 TiC 涂层，而且涂层较厚时易剥落。

TiC-TiN 复合涂层，即第一层涂覆 TiC，与基体黏结牢固，不易脱落；第二层涂覆 TiN，可减少表层与工件间的摩擦。

$TiC-Al_2O_3$ 复合涂层，即第一层涂覆 TiC，与基体黏结牢固，不易脱落；第二层涂覆 Al_2O_3，使表层具有良好的化学稳定性与抗氧化性能。这种复合涂层能同陶瓷刀那样高速切削，刀具寿命比 TiC、TiN 涂层刀具长，同时又能弥补陶瓷刀的脆性、易崩刃的不足。

目前单涂层刀片已很少应用，大多采用 TiC-TiN 复合涂层或 $TiC-Al_2O_3$ 复合涂层。

2.3.5 钢结硬质合金

钢结硬质合金是由 WC、TiC 作为硬质相，高速钢作为黏结相，通过粉末冶金工艺制成的。它可以用于锻造、切削加工、热处理与焊接工艺。淬火后，钢结硬质合金的硬度高于高性能高速钢，强度和韧性胜过硬质合金。钢结硬质合金可用于制造模具、拉刀、铣刀等形状复杂的工具或刀具。

任务 2.4 其他刀具材料

任务描述

在介绍完硬质合金后，张师傅提到了更为先进的刀具材料——陶瓷、金刚石和立方氮化硼。他解释说，陶瓷刀具具有极高的硬度和耐磨性，适合加工高温合金和铸铁；金刚石刀具则适用于加工有色金属和非金属材料；立方氮化硼是一种超硬材料，性能介于金刚石和硬质合金之间，适用于加工淬硬钢等难加工材料。张师傅还让小李观察了一些实际的刀具样本，以加深他对这些材料的理解。

任务分析

任务的目标是了解陶瓷、金刚石和立方氮化硼等高级刀具材料的特性和应用。通过学习，小李将能够掌握这些材料的优势和适用范围，从而在特定的加工场景中选择合适的刀具材料。

任务实施

2.4.1 陶瓷

常用的刀具陶瓷有两种：Al_2O_3 基陶瓷和 Si_3N_4 基陶瓷。Al_2O_3 基陶瓷刀具具有下列特点。

（1）有很高的硬度和耐磨性。陶瓷的硬度达到 91～95 HRA，高于硬质合金。在使用良好时，有很高的刀具耐用度。

（2）有很高的耐热性。在 1 200 ℃以上还能进行切削。在 760 ℃时的硬度为 87 HRA，在 1 200 ℃时还能维持在 80 HRA。切削速度可比硬质合金提高 2～5 倍。

（3）有很高的化学稳定性。陶瓷与金属的亲和力小，抗黏结和抗扩散能力较好。

（4）有较低的摩擦系数，切屑与刀具不易产生黏结，加工表面粗糙度较小。

陶瓷刀具可用于加工钢，也可用于加工铸铁。对于高硬度材料（硬铸铁和淬硬钢）、大件及高精度零件加工特别有效。不仅可用于车削加工，还可用于铣削加工。

Al_2O_3 基陶瓷的最大缺点是抗弯强度很低，冲击韧度很差。冷压纯 Al_2O_3 陶瓷的抗弯强度仅 0.5 GPa 左右。近年来，由于制造方法的改进（改冷压为热压或热等静压），采用细晶粒及在 Al_2O_3 中加入 TiC（及其他金属碳化物）和其他金属（如 Ni、Mo 等）等方法，陶瓷的强度已提高到 0.8~1.0 GPa，但仍不满足实用。因此，目前 Al_2O_3 陶瓷还主要用于高速精车和半精车铸件及调质结构钢工件，而 Al_2O_3-TiC 混合陶瓷由于强度、硬度较高，耐磨性好，可用于粗、精加工冷硬铸铁轧辊、淬硬合金钢轧辊以及精铣大平面。

在 Al_2O_3 中加入 ZrO_2 或 SiC 晶须（SiCw）而组成的 Al_2O_3-ZrO_2，及 Al_2O_3-SiC_W 陶瓷的强度及韧性均有明显提高，切削性能得到显著改善。

20 世纪 80 年代进入刀具市场的 Si_3N_4 基陶瓷具有高的强度和韧性，其抗弯强度可达 1 GPa，有的牌号的抗弯强度可达 1.5 GPa，因而使这种刀具能承受较大的冲击负荷。Si_3N_4 基陶瓷有较高的热稳定性，可在 1 300~1 400 ℃的温度下进行切削。由于 Si_3N_4 陶瓷具有较高的导热系数、较低的热膨胀系数及小的弹性模量，其耐热冲击性能也大大优于 Al_2O_3 基陶瓷，故切削时可使用切削液。这种陶瓷刀具在加工铸铁及镍基合金时效果良好，其代表牌号是赛隆（Sialon，成分为 Si_3N_4-Al_2O_3-Y_2O_3）。

2.4.2　金刚石

金刚石刀具有三种：天然单晶金刚石刀具、整体人造聚晶金刚石刀具及金刚石复合刀具。天然单晶金刚石刀具由于价格昂贵等原因，用得较少；整体人造聚晶金刚石刀具是通过合金触媒的作用，在高温高压下由石墨转化而成的；金刚石复合刀具是在硬质合金基体上烧结一层约 0.5 mm 厚的金刚石。

金刚石具有极高的硬度和耐磨性，其显微硬度达到 10 000 HV，是目前已知的最硬物质。因此，它可以用于加工硬质合金、陶瓷、高硅铝合金及耐磨塑料等高硬度、高耐磨的材料，刀具耐用度可比硬质合金提高几倍到几百倍。

金刚石的切削刃非常锋利（这对切下极小断面的切屑是很重要的），刃部粗糙度很小，摩擦系数又低，切削时不易产生积屑瘤，因此加工表面质量很高。加工有色金属时，表面粗糙度可达 0.012 μm，加工精度可达 IT5（孔为 IT6，即旧标准 1 级）以上。

金刚石目前主要用于磨具及磨料，用作刀具时多用于在高速下对有色金属及非金属材料进行精细车削及镗孔。

金刚石的热稳定性较低，切削温度超过 700~800 ℃时，就会完全失去其硬度。

金刚石刀具不适于加工钢铁材料，因为金刚石（C）和铁有很强的化学亲和力，在高温下铁原子容易与碳原子作用而使其转化为石墨结构，刀具极易损坏。

2.4.3　立方氮化硼

立方氮化硼是由软的六方氮化硼在高温高压下加入催化剂转变而成的。它是 20 世纪 70 年代才发展起来的一种新型刀具材料。

立方氮化硼刀具有两种：整体聚晶立方氮化硼刀具及立方氮化硼复合刀具。后者是在硬质合金基体上烧结一层厚度约为 0.5 mm 的立方氮化硼而制成的。

立方氮化硼有很高的硬度及耐磨性，其显微硬度为 8 000~9 000 HV，已接近金刚石的硬度。

立方氮化硼有比金刚石高得多的热稳定性（达 1 400 ℃），因此可用来加工高温合金。

立方氮化硼的化学惰性很大，它和金刚石不一样，与铁族金属在 1 200~1 300 ℃时也不易起化学反应，因此立方氮化硼刀具可用于加工淬硬钢和冷硬铸铁。

立方氮化硼刀具可以对淬硬钢、冷硬铸铁、高温合金等进行半精加工和精加工，加工精度可达 IT5（孔为 IT6，即旧标准 1 级），表面粗糙度（*Ra*）可小至 0. 8~0. 2 μm，可代替磨削加工。在精加工有色金属时，表面粗糙度（*Ra*）可接近 0. 05 μm。立方氮化硼刀具还可用于加工某些热喷涂（焊）件及其他特殊材料。

2. 4. 4 新型刀具材料的发展方向

研发新型刀具材料的目的在于改善现有刀具材料的性能，使其具有更广泛的应用空间，满足新的难加工材料的切削加工要求。近年来，刀具材料发展与应用的主要方向是发展高性能的新型材料，提高刀具材料的使用性能，增加刃口的可靠性，延长刀具寿命；大幅度提高切削效率，满足各种难加工材料的切削要求。具体方向如下。

（1）开发加入增强纤维须的陶瓷材料，进一步提高陶瓷刀具的性能。与钢铁材料相容的增强纤维须可以提高陶瓷刀具的韧性，可用于直接压制成形带有正前角及断屑槽的陶瓷刀具，使陶瓷刀具能更好地控制切屑，可大幅度提高切削用量。

（2）改进碳化钛、氮化钛基硬质合金材料，提高其韧性及刃口的可靠性，使其能用于半精加工或粗加工。

（3）开发应用新的涂层材料。目前涂层硬质合金已普遍用于车削、铣削刀具。新的涂层材料使用更韧的基体与更硬的刃口组合，采用更细颗粒、改进涂层与基体的黏结性，以提高刀具的可靠性。此外，也应扩大 TiC、TiN、TiCN、TiAlN 等多层高速钢涂层刀具的应用。

（4）进一步改进粉末冶金高速工具钢的制造工艺，扩大其应用范围，开发挤压复合材料。例如用挤压复合材料制成的整体立铣刀（SANDVIK Coronite）由两层组成：外层是分布于钢基体中的质量分数为 50%的氮化硅，内层是高速工具钢。它的生产率是传统高速钢立铣刀的三倍，特别适合加工硬度达 40 HRC 的淬硬钢和钛合金，铣削加工键槽也特别有效。

（5）推广应用金刚石涂层刀具，扩大超硬刀具材料在机械制造业中应用。人们期望在硬质合金基体上增加一层金刚石薄膜，从而获得具有金刚石的抗磨性，同时又具有最佳刀具形状和高的抗震性能，这样就能在非铁金属加工中兼备高速切削能力和最佳的刀具形状。

项目小结

本项目首先学习了刀具材料应具备的性能和种类，掌握了不同性能要求下刀具材料的选择标准。其次，介绍了工具钢的种类和特性，包括碳素工具钢、合金工具钢和高速钢，了解了这些材料的应用场景和优缺点。再次，在硬质合金部分，学习了硬质合金的组成与性能，普通硬质合金的分类、牌号及使用性能，以及细晶粒合金、超细晶粒合金和涂层硬质合金的特点与应用。最后，深入了解了其他刀具材料，包括陶瓷、金刚石、立方氮化硼及其新型刀具材料的发展方向。通过本项目的学习，读者对各种金属切削刀具材料的特性和应用将有全面而深入的认识，可为实际的刀具选择和使用提供坚实的理论基础和实践指导。

项目工单

1. 项目实施记录

根据本项目的学习过程，完成表 2-4。

表 2-4　项目实施记录表

姓名		学号	
班级		指导教师	
遇到的难点			
学到的重点			
新的发现			

2. 考核评价

根据任务完成情况，填写表 2-5。

表 2-5　考核评价表

项目名称	评价内容	满分/分	评分/分		
			自评	互评	师评
职业素养考核项目 40%	穿戴规范、整洁	8			
	安全意识、责任意识及服从意识强	8			
	积极参加教学活动，按时完成任务工单	8			
	团队合作、沟通能力强	8			
	劳动纪律良好	8			
专业能力考核项目 60%	专业知识查找及时、准确	12			
	操作符合规范	18			
	态度认真，学习效率高	12			
	充分了解切削刀具的材料性能与种类	18			
合计		100			
总评	自评(20%)+互评(20%)+师评(60%)=	综合等级	指导教师（签名）：		

课后练习

一、填空题

1. 高速钢具有较高的________、________和________，是目前应用较为广泛的刀具材料。

2. 普通硬质合金按其化学成分与使用性能分为三类：P 类，即________类；________类，即钨钴类；M 类，即添加________类。

3. 常用的刀具陶瓷有两种：________和________。

4. 金刚石刀具有三种：________刀具、整体人造________及金刚石复合刀具。

5. 立方氮化硼刀具有两种：________刀具及________刀具。

二、简答题

1. 为了适应繁重的切削负荷和恶劣的工作条件，刀具材料应具备哪些性能？

2. 粉末冶金高速钢与熔炼高速钢相比有何优点？

3. 超细晶粒合金可用于哪些场景？

项目3 车 刀

项目导读

车刀是机床加工中最常用的切削刀具之一，其设计和使用直接影响加工效率和工件质量。本项目将系统地介绍车刀的种类、用途、结构形式，以及可转位刀具的定位夹紧结构，深入探讨车刀的卷屑断屑结构和刀具角度换算，重点讲解机夹可转位车刀的刀槽设计计算。通过本项目的学习，学生将全面掌握车刀的设计原理、制造工艺和使用方法，能够根据具体的加工需求选择合适的车刀，并能够进行合理的刀具设计和参数计算。

学习目标

知识目标

1. 掌握车刀的种类和用途，了解不同类型车刀的特点和适用范围。
2. 熟悉车刀的结构形式，掌握焊接式硬质合金车刀和机夹式车刀的结构特点与应用。
3. 了解可转位刀具的定位夹紧典型结构，学习楔销式、偏心销式和杠杆式的定位夹紧原理与结构。
4. 理解车刀的卷屑断屑结构，掌握卷屑断屑结构的设计原理和作用。
5. 掌握车刀在不同剖面中的角度定义和换算方法。
6. 掌握机夹可转位车刀的刀槽设计计算，学习刀槽设计的要求和计算方法，能够进行主后角和副后角的验算。

能力目标

1. 能够根据具体的加工需求，选择合适的车刀，并了解其使用方法。
2. 能够根据加工要求，设计合理的车刀结构和卷屑断屑结构。

3. 能够根据设计要求，进行机夹可转位车刀的刀槽设计计算和角度验算。

4. 能够应用所学知识，分析和解决实际加工中的刀具问题。

素质目标

1. 培养学生在进行车刀设计和试验时的严谨态度，确保数据和结论的准确性。

2. 鼓励学生在理解和应用基本原理的基础上，提出创新的车刀设计和改进方案。

3. 通过项目合作，培养学生的团队合作精神，使其能够与团队其他成员进行有效沟通和协作。

思政目标

强调在工业生产中的诚信和责任，培养学生良好的职业道德。通过项目实践，培养学生精益求精、追求卓越的工匠精神。强化学生在车刀使用和设计过程中的安全意识，确保其在实际操作中的安全。引导学生关注新型车刀材料和技术的发展方向，培养其对可持续发展的认识和责任感。

任务 3.1　车刀的种类和用途

任务描述

新晋机械工程师小张在车间实习时，单位安排了一位老技师李师傅作为他的师傅。李师傅决定从车刀的基本知识开始教起。他拿起不同的车刀，向小张解释了车刀的种类和用途。李师傅说："车刀的种类很多，比如外圆车刀、内圆车刀、端面车刀、切槽车刀等，每种车刀都有其特定的用途和加工对象。了解这些是进行有效加工的第一步。"

任务分析

任务的重点在于理解车刀的种类及其不同的用途。通过学习，小张将能够识别和区分不同类型的车刀，并了解它们在加工过程中的应用，从而在实际操作中选择合适的工具。

任务实施

车削加工的主运动是旋转运动，由工件完成，进给运动（辅助运动）是直线运动或曲线运动，由车刀完成，这是车床切削运动的共同特征。车刀是车削加工工具，也是金属切削加工中使用最广泛的刀具，它可以在普通车床（卧式车床、立式车床）、专用车床（转塔车床）、数控车床上，完成工件的车外圆、车端面、切槽或切断等不同的加工工序。根据车刀的用途不同，它的形状、尺寸和结构特征等也各不相同，可分为各种类型的车刀。同学们通过"机械制造基础"课程对金属切削的基本术语已有所了解，进一步学习可参考《金属切削　基本术语》（GB/T 12204—2010）。

车刀按其用途不同，可分为外圆车刀、端面车刀、切断车刀等类型，除少数情况外，一般的车刀都是只有一条主切削刃的单刃刀具。

（1）外圆车刀。外圆车刀主要用来加工工件的外回转表面（如圆柱形、圆锥形外表面等）。通常采用的外圆车刀形式如图3-1所示，刀体有直柄式的、弯头式的。弯头式外圆车刀不仅可用来车外圆，还可用来车端面和内外倒棱，采用弯头形状的目的是防止刀具与机床、夹具或工件发生干涉。当加工细长的和刚度不足的轴类工件外圆，或同时加工外圆和凸肩端面时，可以采用主偏角 $\kappa_r=90°$ 的偏刀。

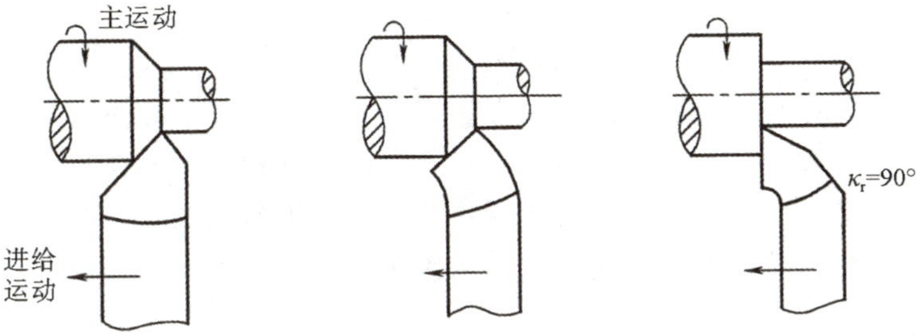

图3-1　外圆车刀

（2）端面车刀。端面车刀专门用来加工工件的端面。一般情况下，这种车刀都是由外圆向中心进给的，如图3-2所示，取 $\kappa_r\leqslant 90°$。加工带孔工件的端面时，这种车刀也可以由中心向外圆进给。

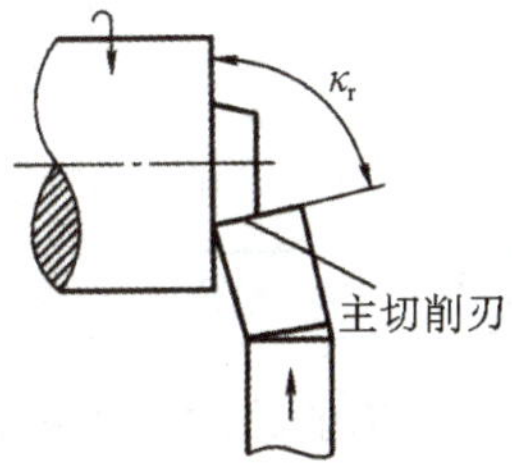

图3-2　端面车刀

（3）切断车刀。切断车刀专门用于切断工件。这种车刀的工作条件和环境比外圆车刀或端面车刀的差，为了能完全切断一定直径的工件，车刀刀头必须伸出较长（一般应比工件半径大3~5 mm）。同时，为了减少工件材料消耗，刀头宽度必须在满足其强度要求下，尽可能取得小一些（一般取2~6 mm）。所以，切断车刀的刀头显得长而窄，如图3-3（a）所示，其刚度差，工作时切屑排出困难。为了改善它的工作条件，可以采用如图3-3（b）所示的设计，以加强刀头刚度，并合理选择其几何参数。还可以将“一”字形切削刃设计成图3-3（c）所示的“︿”形的两个主切削刃，使其在大部分切削刃尚未到达工件中心时就可切断工件，这种刀头形式也有利于车刀切入，以及分屑、排屑。

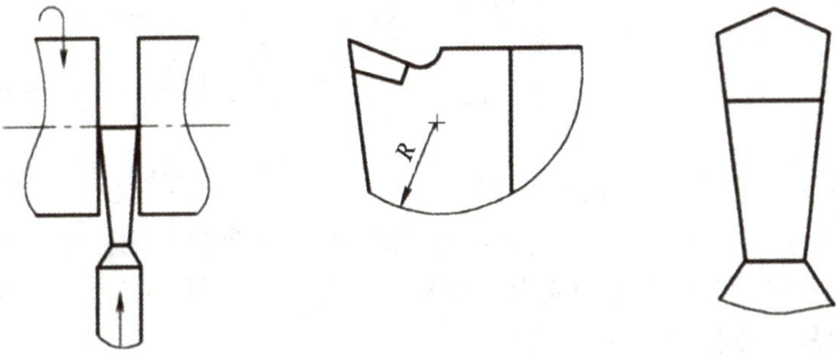

（a）切断车刀的刀头　　（b）加强刀头　　（c）“︿”形刀头

图3-3　切断车刀

切槽用的车刀，在形式上类似于切断车刀，其不同点在于，刀头伸出长度和宽度应根据工件上槽的深度和宽度来决定。

以上是常用的三类车刀，它们可以根据具体工作要求，改变主切削刃或刀头相对于车刀刀杆轴线的位置；还可以因切削部分采用的刀具材料不同而有多种结构形式。

任务 3.2　车刀的结构形式

任务描述

在了解了车刀的种类后，李师傅开始讲解车刀的结构形式。他解释说，车刀主要有焊接式硬质合金车刀和机夹式车刀两大类。李师傅拿出实际的车刀样本，详细介绍了焊接式车刀的结构，解释了硬质合金刀片的固定方法。接着，他转向机夹式车刀，展示了如何通过夹紧装置固定刀片，并强调了机夹式车刀在快速更换刀片和提高工作效率方面的优势。

任务分析

任务的目标是深入了解车刀的结构形式，包括焊接式和机夹式车刀的特点和应用。通过学习，小张将能够掌握车刀的结构细节，理解不同结构形式的优缺点，从而在实际加工中选择合适的结构形式。

任务实施

车刀的结构有多种形式，如整体式高速钢车刀、焊接式硬质合金车刀、机械夹固式硬质合金车刀（机夹式车刀）和金刚石车刀等。后三种车刀在切削区域装有高硬/超硬材料，提高了刀具寿命，硬质合金车刀又是现在应用最为广泛的一种刀具，下文将将着重介绍它的结构。

3.2.1　焊接式硬质合金车刀

焊接式硬质合金车刀是将一定形状硬质合金刀片，用黄铜、纯铜或其他焊料，钎焊在普通结构钢刀杆（也称刀体）上的刀具切削区域而制成的，如图 3-4 所示。其结构简单、紧凑，抗振性能好，制造方便，成本低，充分体现了“好钢用在刀刃上”的原则。

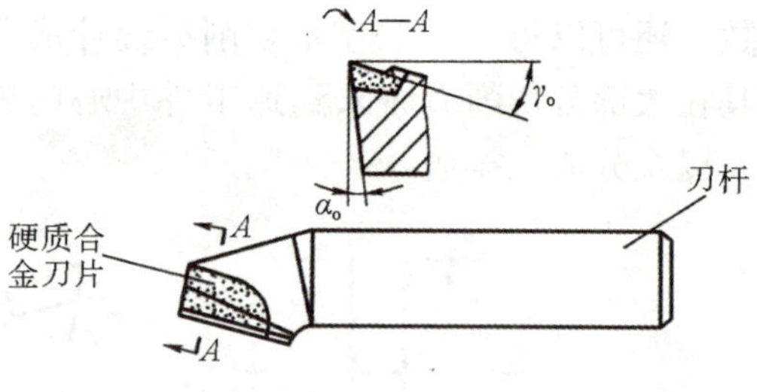

图 3-4　焊接式硬质合金车刀

但是，这种车刀也存在一些缺点。由于硬质合金刀片与普通结构钢刀杆材料的线膨胀系数和导热性能不同，以及焊接和刃磨的高温作用，刀片在冷却时，常常产生内应力，极易产生裂纹，降低了刀片的强度，这是此类车刀工作时刀片产生崩刃或打刀的重要原因。

焊接式硬质合金车刀的硬质合金刀片形状和尺寸有统一的标准规格，设计和制造这种车刀时，应根据其不同用途，选用合适的硬质合金牌号和刀片形状规格。

车刀刀杆头部应按所选定的刀片形状尺寸做出刀槽，以便放置刀片，进行焊接。但刀槽应该在保证焊接强度的前提下，尽可能选用焊接面较少的槽形，并使车刀刀头具有足够的强度，以减小刀片焊接时的内应力。

3.2.2　机夹式车刀

机夹式车刀

机夹式车刀是用机械夹固方式，将预先刃磨好的但不能转位使用的刀片或刀头夹紧在刀柄上的车刀。有的刀片切削刃磨损后，卸下刀片经重磨，可继续使用。

机夹式车刀的优点是可避免因高温焊接而引起的刀片硬度下降和产生裂纹等缺陷，故延长了刀具寿命，刀柄可多次重复使用。目前，常用的机夹式车刀有切断车刀、切槽车刀、螺纹车刀及大型车刨刀等。

常用机夹式车刀的夹紧结构有上压式、自锁式和弹性压紧式，如图 3-5 所示。

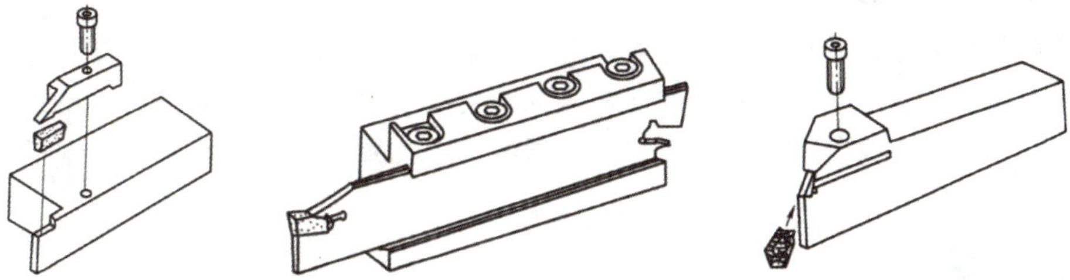

（a）上压式　　（b）自锁式　　（c）弹性压紧式

图 3-5　机夹式车刀夹紧结构形式

按国家标准生产的机夹式切断车刀，以及内、外螺纹车刀都采用上压式，如图 3-6 所示。一般都采用 V 形槽底的刀片，以防止切削受力后，刀片发生转动。

内、外螺纹车刀分别如图 3-6（b）和图 3-6（c）所示。一般采用 C110 型螺纹刀片，受刀片限制，它不能加工牙顶，生产效率低，螺纹齿形精度也较可转位螺纹刀片差。但刀片便宜，而且又能多次重磨，因此使用较多。

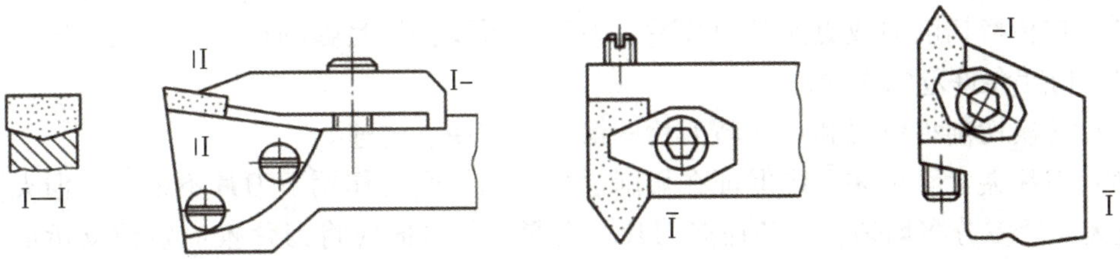

（a）切断车刀　　（b）内螺纹车刀　　（c）外螺纹车刀

图 3-6　上压式切断车刀和内、外螺纹车刀

目前陶瓷车刀、立方氮化硼车刀和金刚石车刀都采用上压式夹紧结构。

图 3-5（b）所示为自锁式可调切断直径的机夹式切断刀，一般用压制成形的断屑槽刀片。其槽形能使切屑变窄，如图 3-7 所示，避免切屑卡在槽内而使刀片折断。根据切断工件直径，可调节刀板在刀夹中伸出距离。一般径向进给时，才推荐采用自锁式夹紧结构。若需轴向进给加工时，一般推荐采用弹性压紧式，例如仿形加工和越程槽加工等，所用刀片如图 3-8 所示。

图 3-7　自锁式切断车刀刀片槽形和切屑形状

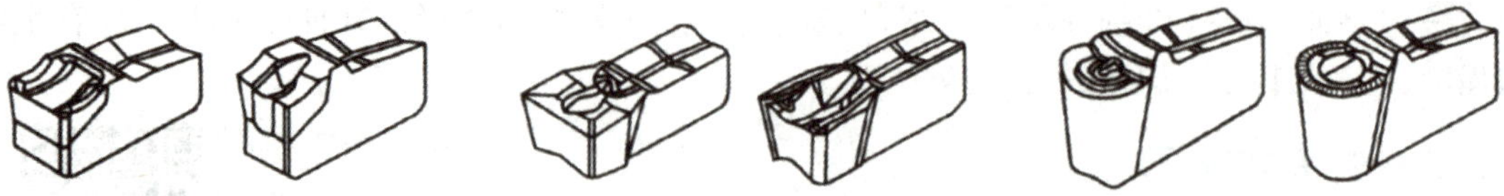

(a) 切断刀片　　(b) 切槽刀片　　(c) 仿形加工刀片

图 3-8　切断刀片、切槽刀片、仿形加工刀片

任务 3.3　可转位刀具的定位夹紧典型结构

任务描述

李师傅继续为小张讲解可转位刀具的定位夹紧典型结构。他拿出一组可转位刀具，详细介绍了楔销式、偏心销式和杠杆式三种常见的夹紧结构。李师傅通过实际操作演示了每种结构的工作原理和操作方法，并强调了不同结构在夹紧力、定位精度和操作便利性方面的差异。

任务分析

任务的重点在于理解可转位刀具的定位夹紧结构。通过学习，小张将能够掌握三种典型结构的原理和应用，并能够在实际操作中根据加工需求选择合适的夹紧结构。

任务实施

本任务对可转位刀具的结构形式进行专门介绍。可转位刀具的定位夹紧结构必须满足下列基本要求。

（1）在转换切削刃或更换新刀片后，刀片位置要保持足够的精度，刀尖位置误差应在零件加工精度允许范围之内。

（2）转换切削刃位置和更换新刀片的操作要方便、迅速。

（3）刀片夹紧要可靠，应保证在切削过程中的切削力作用下刀片不松动。但夹紧力也不宜过大，且应分布均匀，以免压碎刀片。夹紧力的方向应将刀片推向定位支承面，并尽可能与切削力方向一致，这样更有利于可靠地夹紧。

为了达到以上要求，对刀片和刀杆（刀体）的制造精度要求更高了。首先是刀片制造必须保证一定的互换性；其次是必须严格控制刀杆上刀槽的加工精度，特别是刀片支承定位面的加工精度。此外，还应合理设计夹紧机构，除满足刀片夹紧要求外，它的结构还必须是简单、紧凑的，不致削弱刀杆刚度，而且制造和使用应方便。

可转位刀具的夹紧机构有较多形式，这里介绍几种典型的结构。

3.3.1　楔销式

楔销式夹紧结构如图 3-9 所示，楔块上的斜面使刀片压紧在圆柱销上，刀片支承面下加了垫片。因为刀槽底面加工较难得到好的平面度，在刀片下加一块硬度较高、平面度又好的垫片，可以防止刀片受压过大而崩裂，也可保护刀体不致损坏，这个垫片称为刀垫。在楔块下增加了弹簧垫片，以便在松开夹紧螺钉时能及时抬起楔块。这种机构夹紧力度大，能可靠地夹紧刀片，且零件少，形状简单，制造方便，所以用得比较广泛。但它在刀片转位后的刀尖位置精度较差，刀头结构尺寸较大，使用时还要注意切削热会加大楔块、刀片和销轴间的夹紧力，有可能引起刀片碎裂。

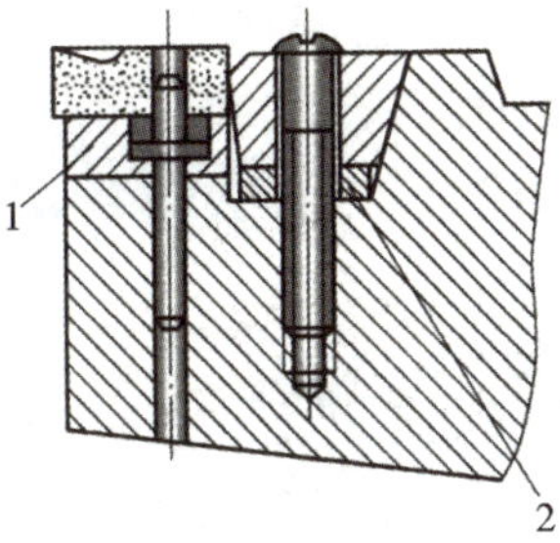

1—垫片；2—弹簧垫片。

图 3-9　楔销式夹紧结构

3.3.2　偏心销式

如图 3-10 所示，套装刀片用的销轴，下端为螺杆，上端为与螺杆不同心的偏心圆柱，偏心量为 e。当螺杆转过一定角度时，偏心圆柱就将刀片压向刀槽两侧支承面而夹紧。螺杆的螺纹升角小，有自锁性，在使用过程中不易因切削力的变化而松动。这种夹紧方式的结构简单，零件少，制造容易，刀头尺寸小，刀片的装卸和转位方便，切屑流出不受阻碍，也不会擦坏夹紧元件。但偏心量的大小要适当。偏心量过大，夹紧的自锁性差，刀片易松动；偏心量过小，则刀片的孔径和位置、刀片的形状和尺寸、刀杆上螺纹孔的制造精度都应有较高的要求，否则就不能夹紧。

3.3.3　杠杆式

图 3-11 所示的是杠杆式夹紧结构的一种形式。刀片通过螺钉传递力至杠销达到夹紧目的。当旋进螺钉时，其锥体部分推压杠销的下端。杠销以其中部鼓形台阶外圆与弹簧套（或直接与刀杆孔壁）的接触点作为支点而倾斜，其上端鼓形台阶就将刀片压向刀片与刀槽的接触支承面，而使刀片夹紧。刀垫用弹簧套定位。松开刀片时，刀垫因弹簧套的张力压住它的孔壁而保持着原来的位置，因而不会松脱。这种杠杆式夹紧结构是靠刀片两个侧面定位的，所以定位精度较高，刀片受力方向较为合理，夹紧可靠，刀头尺寸小，刀片装卸灵活，使用方便。其缺点是结构较复杂，制造较困难。

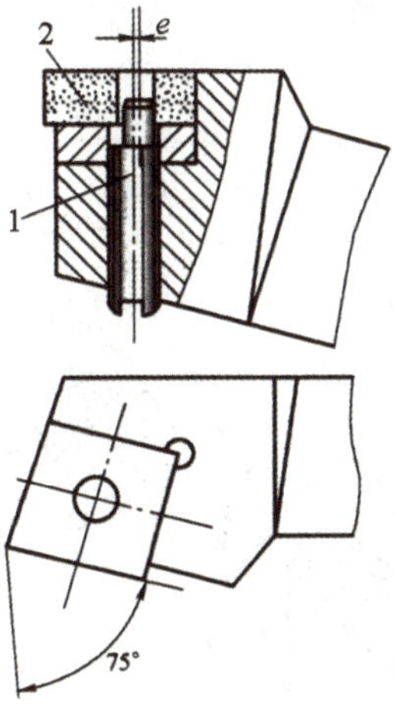

1—销轴；2—刀片。

图 3-10　偏心销式夹紧结构

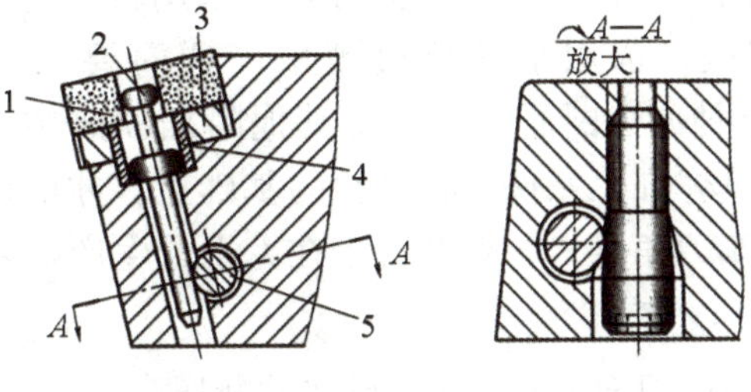

1—刀片；2—杠销；3—刀垫；4—弹簧套；5—螺钉。

图 3-11　杠杆式夹紧结构

任务 3.4　车刀的卷屑断屑结构

任务描述

接下来，李师傅讲解了车刀的卷屑断屑结构。他解释说，卷屑断屑结构的设计对于保证加工质量和减少刀具磨损至关重要。李师傅展示了不同类型的卷屑断屑槽，并讲解了它们的作用和设计原则。他还提到了可通过选择合适的卷屑断屑结构来应对不同材料的切削挑战。

任务分析

任务的目标是理解车刀的卷屑断屑结构及其在加工中的作用。通过学习，小张将能够掌握卷屑断屑结构的设计原理和应用，并在实际加工中选择和调整合适的结构，以提高加工效率和质量。

任务实施

车削钢件时，形成的带状切屑易到处乱窜，或缠绕在工件和车刀上，不仅妨碍工人操作，而且会带来安全威胁。这种高速、高温的切屑还会划伤工件已加工表面，阻碍切屑的继续流通，甚至会使车刀崩刃。此外，切屑还占有较大体积，不便于运输，对实现自动化加工也是个障碍。因此，如何断屑是切削加工中需要考虑的技术问题。

人们对切削过程中的卷屑断屑的机理与方法已有大量的研究，并给出了许多适应不同加工条件的措施，卷屑断屑基本原理的共性是：切屑在切削力作用下从工件剥离经历了弹塑性变形，切屑形成过程中由于产生很大的塑性变形，紧接着又承受前刀面的摩擦阻力作用，变得既硬又脆，并且产生卷曲，这就是断屑的基本条件。在这个基础上，再使切屑在流出过程中遇到障碍，承受附加的弯曲或冲击载荷而将其折断。

常见的卷屑断屑方法有如下三种。

1. 选择合适的刀具几何角度

根据具体加工条件和切削用量，选取合适的刀具几何角度，增加切屑的塑性变形和硬脆性，从而促使切屑卷曲并折断。通常是加大主偏角 κ_r，采用较小的正前角加上负倒棱，选用小的负刃倾角（请简要回答为什么）。用这种方法断屑，不需要其他附加断屑装置。但是必须视具体加工条件，在试验的基础上，才能确定比较合理的车刀角度。一般适合于在大批量生产中采用。

2. 磨出断屑台

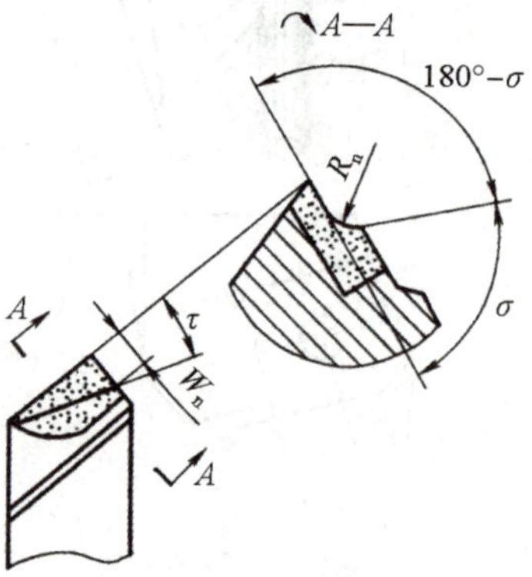

图 3-12　断屑台

在车刀前刀面上磨出一定形状的断屑台（图 3-12），迫使切屑在碰到断屑台时再次经受附加的卷曲变形而折断，或者在经过断屑台后，因附加变形而改变切屑流出方向，碰撞到工件或车刀后刀面而折断。

图 3-12 所示为断屑台的几何形状。在前刀面后有一段圆弧 R_n。主要尺寸参数有圆弧半径 R_n、槽宽 W_n、楔角 σ 和斜角 τ，其中，R_n 为 0.25~0.75 mm。楔角 σ 的大小对切屑的卷曲变形影响很大。σ 大，则切屑卷曲半径小，变形大。一般 σ 可在 65°~75°间选取。前角 γ_o 大时，切屑的基本变形小，σ 应取得大些。

斜角 τ 也影响切屑的形状和流出方向。如图 3-12 所示，$\tau>0°$，刀尖处槽宽 W_n 较大，车削时对应工件外圆处的槽宽较窄，且此处切屑卷曲半径小而变形大，故切屑将向车刀后面翻转而碰断。一般常取 τ 为 5°~15°。当背吃刀量 a_p 大时，可取 $\tau=0°$，断屑台的槽宽沿主切削刃是相等的，这时切屑卷曲后大多是碰在工件加工表面而折断。倒斜式断屑台（即斜角 τ 方向相反，刀尖处槽宽最窄）在生产中也有采用，但其断屑范围较窄，常用于精车和半精车。

槽宽 W_n 的大小影响切屑卷曲变形的程度。W_n 值太小，切屑卷曲变形大，短而碎，容易飞溅；W_n 过大，切屑变形小，不易折断，则起不到断屑作用。选取 W_n 值时要结合现场实际情况确定，要考虑进给量 f 和背吃刀量 a_p 的大小。f 大或 a_p 大时，槽宽 W_n 应取得较大。通常 W_n 在 2~6 mm 选取。

3. 采用卷屑槽断屑

如图 3-13 所示，在车刀前刀面上沿主切削刃磨出卷屑槽。槽底呈圆弧形，切屑流过时可迫使其卷曲乃至折断。这样的槽形可获得较大的前角而不至于削弱切削刃的强度。为了可靠地卷屑和断屑，应使卷屑槽尽可能靠近切削刃，只留出很窄的倒棱。槽宽 W_n、槽底圆弧半径 R_n 和倒棱宽度 b_{r1} 等尺寸的选取要和切削用量相适应。例如，当进给量 $f=$ 0.3~0.5 mm/r，背吃刀量 $a_p=2$~7 mm 时，可取 $W_n=3$~5 mm，$R_n=2$~4 mm，$b_{r1}=0.3$~0.5 mm。W_n 和 R_n 的取值应保证车刀得到必要的前角。

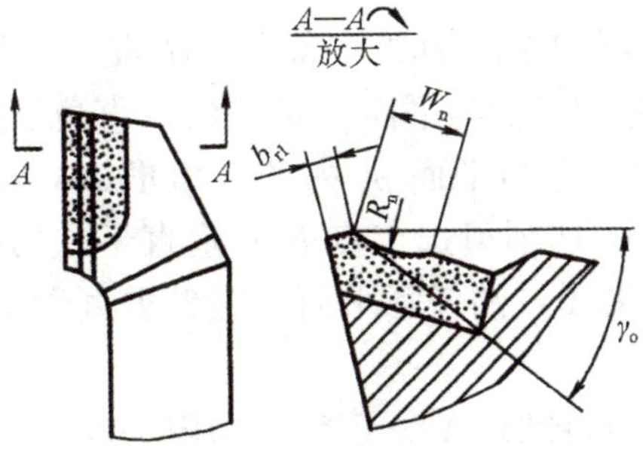

图 3-13　卷屑槽

断屑台和卷屑槽在焊接式车刀上使用较为广泛，使用时可按具体加工条件确定合适的参数并磨出合适的形状。但它们对加工条件（主要是进给量和背吃刀量）的变化适应范围较窄，一旦切削用量有了变化，必须重新磨出相应尺寸参数的断屑台或卷屑槽，才有可能保证断屑。为此，国家标准《切削刀具用可转位刀片　型号表示规则》（GB/T 2076—2021）规定了压制有不同断屑槽形和尺寸参数的可转位刀片，它为用户改变切削用量重新选用合适的刀片带来了方便。

任务 3.5 车刀不同剖面中的角度换算

任务描述

李师傅继续深入讲解车刀的不同剖面中的角度换算。他解释说，车刀的角度在不同的剖面中会有所变化，而这些角度的准确换算是刀具设计和使用中的重要环节。李师傅通过图表和实际计算演示了角度换算的方法，并强调了角度换算对刀具性能和加工精度的影响。

任务分析

任务的重点在于掌握车刀不同剖面中的角度换算方法。通过学习，小张将能够进行准确的角度换算，理解这些角度对刀具性能和加工效果的影响，从而在设计和使用车刀时做出更优的选择。

任务实施

刀具切削部分必须具有合理的几何形状，才能保证切削加工的顺利进行，获得预期的加工质量。刀具切削部分的几何形状主要用一些刀面和刀刃的方位角度来表示。在刀具设计、制造、刃磨和检验中常常需要对不同参考系内的标注角度进行换算，因此有必要了解切削刃上某一切削刃选定点的正交平面、法平面、假定工作平面和背平面内角度间的关系。为此，下文以刀具前刀面和后刀面均为平面且主刀刃为直线的车刀为例进行讨论。作出互相垂直的三个平面，p_s 代表切削平面；p_o 代表平行于主切削刃上某一切削刃选定点正交平面的一个平面；p_r 代表平行于该切削刃选定点处的基面的一个平面。

图 3-14 中的△ABC 代表车刀前刀面的一部分，$\overline{AB}$ 是主切削刃，A 是刀尖；$\overline{AC}$ 是前刀面与平面 p_o 上的交线；BC 是前刀面与平面 p_r 的交线。直角三角形△FQD 是通过主切削刃上任意选定点 F 的正交平面，它与平面 p_o 内的三角形△AOC 平行且相似；直角三角形△EQD 是通过主切削刃上另一切削刃选定点 E 并垂直于主切削刃的平面，即法平面 p_n；直角三角形△AOD 是通过刀尖 A 点的任意平面，它也垂直于平面 p_r，而且与平面 p_s 夹成任意角度 τ_i，用符号 p_i 表示。

图中还表示了主切削刃的刃倾角 λ_s、正交平面内的前角 γ_o、法平面内的前角 γ_n，以及任意平面内的前角 γ_s。

对于前刀面与后刀面都是平面的切削刃，其切削刃为直线。通过切削刃上各点作正交平面、法平面以及与 p_s 面成 τ_i 角的任意平面，则同类的各平面中的截面都是平行且相似的，因而其中的几何角度也是相同的。根据这一原理，在图 3-14 中虽是通过主切削刃上任意三点 F、E 和 A 作正交平面、法平面和任意平面来分析几何角度的，但这并不影响对主切削刃上某一定点的几何角度进行分析。

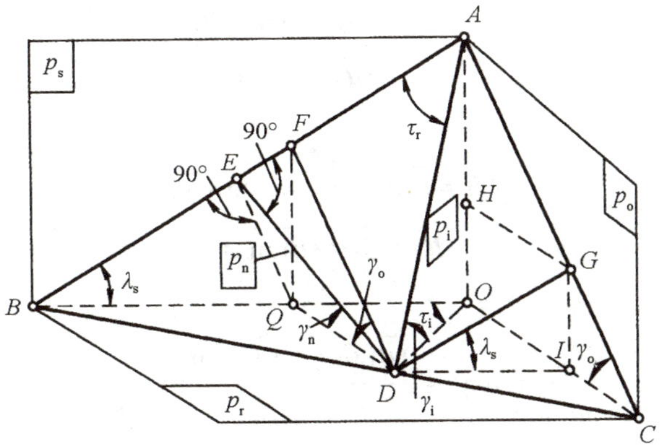

图 3-14　车刀头部几个平面和角度的示意图

当研究曲线形切削刃上某一定点的几何角度时，则不可通过该切削刃任意其他点作上述各平面来分析问题。这时应把该定点邻域内的切削刃看作在切线方向的一条无穷短的直线。因此，当已知曲线形切削刃在该点的切线方向及前、后刀面在该点的切平面方向时，按上述原理来分析曲线形切削刃上某一定点的几何角度仍然是正确的。

下面以空间几何理论为工具讨论车刀上各主要角度的关系。

(1) 法平面与正交平面内前、后角的关系。由图 3-14 可知，$\triangle EQD$ 和 $\triangle FQD$ 都是直角三角形，有

$$\tan\gamma_n=\frac{\overline{QE}}{\overline{QD}},\quad \tan\gamma_o=\frac{\overline{QF}}{\overline{QD}}$$

因此

$$\frac{\tan\gamma_n}{\tan\gamma_o}=\frac{\overline{QE}}{\overline{QD}}\frac{\overline{QD}}{\overline{QF}}=\frac{\overline{QE}}{\overline{QF}}=\cos\lambda_s$$

故

$$\tan\gamma_n=\tan\gamma_o\cos\lambda_s \tag{3-1}$$

为了证明法平面与正交平面内后角的关系，可以设想图 3-14 中的 $\triangle ABO$ 是后刀面，则 $\angle QED$ 就成为法平面内的后角 α_n，而 $\angle QFD$ 就成为正交平面内的后角 α_o，这样就有

$$\tan\alpha_o=\frac{\overline{QD}}{\overline{QF}},\quad \tan\alpha_n=\frac{\overline{QD}}{\overline{QE}}$$

所以

$$\frac{\tan\alpha_o}{\tan\alpha_n}=\frac{\overline{QD}}{\overline{QF}}\frac{\overline{QE}}{\overline{QD}}=\frac{\overline{QE}}{\overline{QF}}=\cos\lambda_s$$

故

$$\tan\alpha_n=\frac{\tan\alpha_o}{\cos\lambda_s} \tag{3-2}$$

(2) 任意平面与正交平面内前、后角的关系。由图 3-14 可知，$\triangle AOD$ 为直角三角形，所以

$$\tan \gamma_i = \frac{\overline{AO}}{\overline{DO}} = \frac{\overline{AH} + \overline{HO}}{\overline{DO}}$$

因为

$$\overline{AH} = \overline{HG}\tan \gamma_o = \overline{OI}\tan \gamma_o$$

$$\overline{HO} = \overline{GI} = \overline{DI}\tan \lambda$$

所以

$$\tan \gamma_i = \frac{\overline{OI}\tan \gamma_o + \overline{DI}\tan \lambda_s}{\overline{DO}}$$

又因为

$$\frac{\overline{OI}}{\overline{DO}} = \sin \tau_i \quad \frac{\overline{DI}}{\overline{DO}} = \cos \tau_i$$

所以

$$\tan \gamma_i = \tan \gamma_o \sin \tau_i + \tan \lambda_s \cos \tau_i \tag{3-3}$$

用同样的方法可以得出任意平面内的后角 α_i 的余切为

$$\cot \alpha_i = \cot \alpha_o \sin \tau_i + \tan \lambda_s \cos \tau_i \tag{3-4}$$

如果主、副切削刃是在同一个平面型的前刀面上，则利用式（3-3）可以求得副切削刃的前角 γ_o' 和刃倾角 λ_o'。设刀尖角为 ε_r，如图 3-15 所示，则当 $\tau_r = \varepsilon_r - 90°$ 时，由式（3-3）可得

$$\tan \gamma_o' = -\tan \gamma_o \cos \varepsilon_r + \tan \lambda_s \sin \varepsilon_r \tag{3-5}$$

而当 $\tau_i = \varepsilon_r$，时，由式（3-3）可得

$$\tan \lambda_o' = \tan \gamma_o \sin \varepsilon_r + \tan \lambda_s \cos \varepsilon_r \tag{3-6}$$

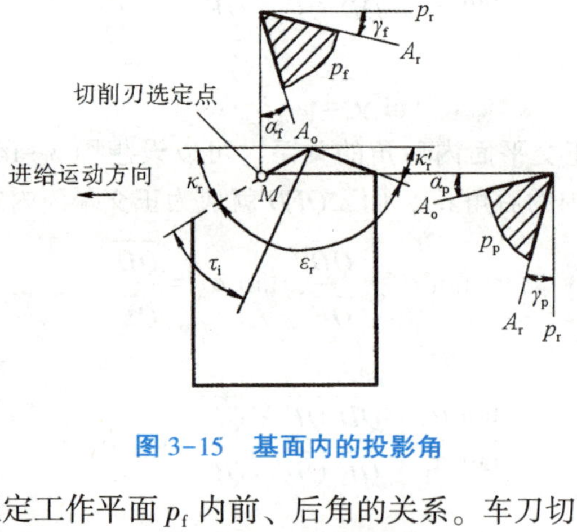

图 3-15　基面内的投影角

（3）背平面 p_p 和假定工作平面 p_f 内前、后角的关系。车刀切削刃选定点 M 处的平面 p_p 和 p_f 的前、后角可以利用式（3-3）和式（3-4）求得。

令 $\tau_i = 90° - \kappa_r$，得背平面上前角 γ_p 的正切和后角 α_p 的余切分别为

$$\tan \gamma_p = \tan \gamma_o \sin \kappa_r + \tan \lambda_s \cos \kappa_r \tag{3-7}$$

$$\cot \alpha_p = \cot \alpha_o \cos \kappa_r + \tan \lambda_s \sin \kappa_r \tag{3-8}$$

令 $\tau_i=180°-\kappa_r$，得进给运动方向前角 γ_f 的正切和进给运动方向后角 α_f 的余切分别为

$$\tan\gamma_f=\tan\gamma_o\sin\kappa_r-\tan\lambda_s\cos\kappa_r \tag{3-9}$$

$$\cot\alpha_f=\cot\alpha_o\sin\kappa_r-\tan\lambda_s\cos\kappa_r \tag{3-10}$$

若已知 γ_p、γ_f 和 κ_r，则由式（3-7）和式（3-9）可以反过来求主切削刃的前角 γ_o 和刃倾角 λ_s 的正切分别为

$$\tan\gamma_o=\tan\gamma_p\cos\kappa_r+\tan\gamma_f\sin\kappa_r \tag{3-11}$$

$$\tan\lambda_s=\tan\gamma_p\sin\kappa_r-\tan\gamma_f\cos\kappa_r \tag{3-12}$$

同样，若已知 α_p、α_f 和 κ_r，则由式（3-8）和式（3-10）可以反过来计算主切削刃的后角 α_o 的余切和刃倾角 λ_s 的正切分别为

$$\cot\alpha_o=\cot\alpha_p\cos\kappa_r+\cot\alpha_f\sin\kappa_r \tag{3-13}$$

$$\tan\lambda_s=\cot\alpha_p\sin\kappa_r-\cot\alpha_f\cos\kappa_r \tag{3-14}$$

（4）前刀面上的角度 τ_r 与它在基面上的投影角度 τ_i 的关系。在图 3-14 中，任意平面 p_i 与前刀面的交线为 $\overline{AD}$。设此直线与主切削刃 $\overline{AB}$ 之间的夹角为 τ_r，则 τ_r 在基面上的投影角为 τ_i，它们之间的关系可求之如下。

由图 3-14 知，$\triangle AED$ 是直角三角形，$\angle AED=90°$，所以

$$\cot\tau_r=\frac{\overline{EA}}{\overline{ED}}=\frac{\overline{EF}+\overline{FA}}{\overline{QD}/\cos\gamma_n}=\cos\gamma_n\frac{\overline{EF}+\overline{FA}}{\overline{QD}}$$

因为

$$\overline{EF}=\overline{FQ}\sin\lambda_s=\overline{QD}\tan\gamma_o\sin\lambda_s,\quad \overline{FA}=\overline{QO}/\cos\lambda_s$$

所以

$$\cot\tau_r=\cos\gamma_n\left(\tan\gamma_o\sin\lambda_s+\frac{\overline{QO}}{\overline{QD}}\frac{1}{\cos\lambda_s}\right) \tag{3-15}$$

又因为

$$\cos\gamma_n=\frac{1}{\sqrt{1+\tan^2\gamma_n}}=\frac{1}{\sqrt{1+(\tan\gamma_o\cos\lambda_s)^2}} \tag{3-16}$$

以及

$$\frac{\overline{QO}}{\overline{QD}}=\cot\tau_i \tag{3-17}$$

将式（3-16）和式（3-17）代入式（3-15），整理后即得

$$\cot\tau_i=\left[\cot\tau_r\sqrt{1+(\tan\gamma_o\cos\lambda_s)^2}-\tan\gamma_o\sin\lambda_s\right]\cos\lambda_s \tag{3-18}$$

（5）最大前角 γ_g 与最小后角 α_b 的关系。在研究刀具及其切削规律时，例如，研究控制切屑在前刀面上的流出方向或后刀面与切削表面的相对运动摩擦方向等问题时，有时需要知道最大前角 γ_g 和最小后角 α_b。此外，刃磨刀具时，有时也要用到最大前角来进行装夹调整。

γ_g 和 α_b 仍用前述角度关系求出。对式（3-3）微分求 γ_i 的极值，可得

$$\tan\gamma_g=\sqrt{\tan^2\gamma_o+\tan^2\lambda_s}=\sqrt{\tan^2\gamma_f+\tan^2\gamma_p} \tag{3-19}$$

最大前角 γ_g 所在的平面与切削平面 p_s 之间的夹角 τ_g 的正切为

$$\tan\tau_g=\frac{\tan\gamma_o}{\tan\lambda_s} \tag{3-20}$$

同理，对式（3-4）微分求 α_i 的极值，可得

$$\cot\alpha_b=\sqrt{\cot^2\alpha_o+\tan^2\lambda_s}=\sqrt{\cot^2\alpha_f+\cot^2\alpha_p} \tag{3-21}$$

最小后角 α_b 所在的平面与切削平面 p_s 之间的夹角 τ_b 的余切为

$$\cot\tau_b=\tan\lambda_s\tan\alpha_o \tag{3-22}$$

任务 3.6　机夹可转位车刀的刀槽设计计算

任务描述

最后，李师傅讲解了机夹可转位车刀的刀槽设计计算。他解释说，刀槽的设计直接影响刀具的性能和使用寿命。李师傅详细介绍了设计刀槽的要求、刀槽的设计计算方法，以及主后角和副后角的验算过程。他还通过实例演示了如何进行刀槽设计，并强调了设计中的关键参数和注意事项。

任务分析

任务的目标是掌握机夹可转位车刀的刀槽设计计算方法。通过学习，小张将能够理解刀槽设计的要求和计算方法，掌握主后角和副后角的验算技巧，从而在实际加工中设计和优化刀槽，提高刀具的使用性能和加工效率。

任务实施

3.6.1　设计刀槽的要求

机夹可转位车刀不仅应该满足刀片夹紧的要求，而且必须保证刀片的位置精度，使车刀获得所需的切削角度。很显然，车刀根据其使用要求选定的切削角度，是靠刀片和刀杆上刀槽的几何参数综合结果而得到的。因此，机夹可转位车刀的刀槽设计计算任务，就是根据车刀所需的切削角度及硬质合金刀片的参数来确定刀杆上刀槽的几何参数，以便加工出刀片的支承面，使刀片夹固在刀槽上就能保证车刀得到它所需的切削角度。由此可见，设计刀槽之前必须首先知道车刀和刀片的几何参数，并弄清楚它们之间的相互关系。

有关车刀的角度几何参数是根据加工要求事先予以选定的，它们是前角 γ_o、后角 α_o、刃倾角 λ_s、主偏角 κ_r、副偏角 κ_r' 和刀尖角 ε_r。

刀片也应根据车刀的需要选定合适的形状和型号。在国家标准《切削刀具用可转位刀片　型号表示规则》（GB/T 2076—2021）中规定，可转位刀片有正三角形、凸三边形、正方形、正五角形和圆形等多种型号。图 3-16 所示为常用的正方形和正三角形刀片。正方形刀片有 4 条可供使用的主切削刃，它们位于同一平面内，这个平面称为刀片的基面，以 p_{rb} 表示。一般 p_{rb} 平行于刀片底面。正三角形刀片也一样，它的 3 条主切削刃也同在一个基面内。通过切削刃并与刀片基面 p_{rb} 垂直的平面，称为刀片的切削平面，以 p_{sb} 表示。刀片的前刀面和后刀面则分别以 A_γ 和 A_α 表示。

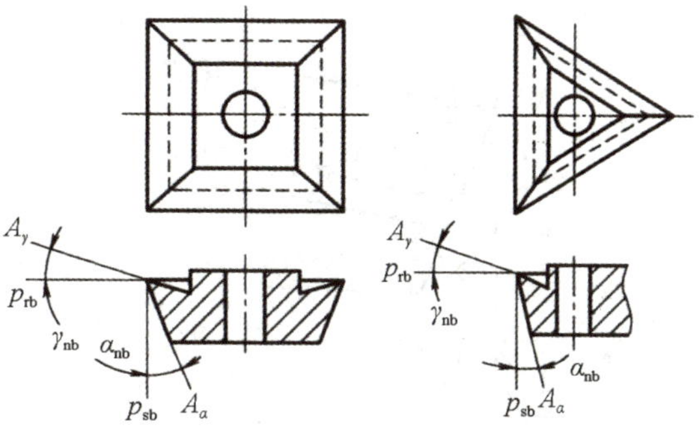

图 3-16　常用的可转位刀片

刀片上每条切削刃的前角和后角都是相同的。图 3-16 中表示了刀片上切削刃的法前角 γ_{nb} 和法后角 α_{nb}，其刃倾角 λ_{sb} 一般为 0°（也有 $\alpha_{nb}=0°$，$\lambda_{sb}\neq 0°$的）。当刀片安装到刀杆的刀槽上后，因为刀片的基面不平行于车刀的基面，因而刀片的法前角 γ_{nb}、法后角 α_{nb}、刃倾角 λ_{sb} 和刀尖角 ε_{rb}，与车刀上相对应的角度 γ_n、α_n、λ_s 和 ε_r 是不相等的。

车刀刀杆上的刀槽（图 3-17），其形状与车刀头部一样。它也有正交平面内前角 γ_{og}、刃倾角 λ_{sg}、主偏角 κ_{rg}、副偏角 κ'_{rg}、刀尖角 ε_{rg} 等。刀槽的前刀面就是刀片的支承面，它的形状和大小同刀片底面的基本一样。刀片的底面与其基面 p_{rb} 是平行的，因此，当刀片的 $\lambda_{rb}=0°$时，它的主、副切削刃就分别平行于刀槽的主、副切削刃，而刀槽前刀面上的刀尖角也就等于刀片的刀尖角 ε_{rb}。ε_{rb} 在车刀基面上的投影角就是车刀的刀尖角 ε_r。刀槽的刀尖角 ε_{rg} 则应等于车刀的刀尖角 ε_r。

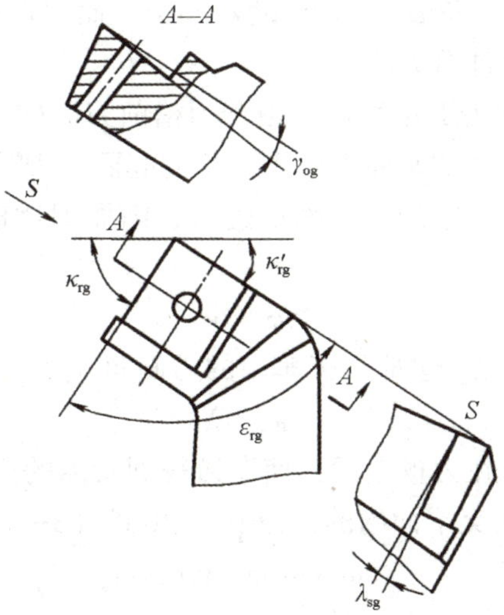

图 3-17　刀杆上的刀槽

在车刀主切削刃的法平面内，刀槽、刀片和车刀三者的前、后角（图 3-18）有如下关系：

$$\gamma_{nb}=\gamma_n-\gamma_{ng} \tag{3-23}$$

$$\alpha_n=\alpha_{nb}+\alpha_{nset} \tag{3-24}$$

式中　γ_{ng}——刀槽前刀面的法前角（图 3-18 中表示的是其负值）；

α_{nset}——刀片的法向安装后角（图 3-18 中表示的是其正值）。

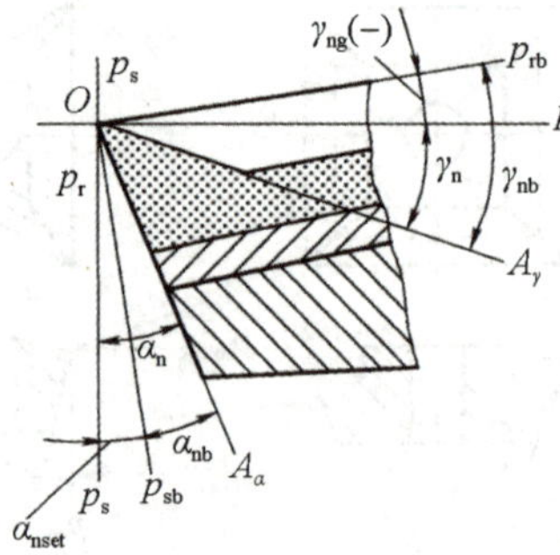

图 3-18　法平面内的角度

由图 3-18 可知，车刀基面 p_r 与其切削平面 p_s 互相垂直，刀片基面 p_{rb} 与其切削平面 p_{sb} 也互相垂直，所以

$$\alpha_{nset}=-\gamma_{ng} \tag{3-25}$$

将式（3-25）代入式（3-24）得

$$\alpha_n=\alpha_{nb}-\gamma_{ng} \tag{3-26}$$

3.6.2　刀槽的设计计算

刀槽的设计计算就是要求出刀槽的主偏角 κ_{rg}、刃倾角 λ_{sg}、正交平面内前角 γ_{og}、刀尖角 ε_{rg} 和副偏角 κ'_{rg}。同时，还要验算车刀的主后角 α_o 和副后角 α'_o。

刀槽设计前的已知条件是车刀的主偏角 κ_r、刃倾角 λ_s、正交平面内前角 γ_o 和刀片的刀尖角 ε_{rb}、法前角 γ_{nb}、法后角 α_{nb}，并且设 $\alpha_{nb}>0°$，而刀片刃倾角 $\lambda_{sb}=0°$。

下面来说明刀槽的设计计算方法。

（1）刀槽的主偏角 κ_{rg} 和刃倾角 λ_{sg}。由于刀槽前刀面的形状和大小完全同刀片底面一样，而且互相重合，又因刀片的基面平行于刀片的底面。刀片的刃倾角 $\lambda_{sb}=0°$，所以刀片的主、副切削刃分别平行于刀槽的主、副切削刃，因而刀槽前刀面的主偏角 κ_{rg} 应等于车刀所需的主偏角 κ_r，即

$$\kappa_{rg}=\kappa_r \tag{3-27}$$

而刀槽前刀面的刃倾角 λ_{sg} 也应等于车刀的刃倾角 λ_s，即

$$\lambda_{sg}=\lambda_s \tag{3-28}$$

这样才能保证刀片安装在刀槽上后，使车刀得到所需的刃倾角 λ_s。

（2）刀槽前刀面在其正交平面内的前角 γ_{og}。由式（3-1）已知

$$\tan\gamma_n=\tan\gamma_o\cos\lambda_s$$

刀槽前刀面上也有同样的关系，即

$$\tan\gamma_{ng}=\tan\gamma_{og}\cos\lambda_{sg}=\tan\gamma_{og}\cos\lambda_s$$

所以

$$\tan\gamma_{og}=\frac{\tan\gamma_{ng}}{\cos\lambda_s} \tag{3-29}$$

式中，γ_{ng} 可由式（3-23）求得

$$\gamma_{ng}=\gamma_n-\gamma_{nb}$$

因此

$$\tan \gamma_{ng} = \tan(\gamma_n - \gamma_{nb}) = \frac{\tan \gamma_n - \tan \gamma_{nb}}{1 + \tan \gamma_n \tan \gamma_{nb}} \tag{3-30}$$

将式（3-30）代入式（3-29），整理得

$$\tan \gamma_{og} = \frac{\tan \gamma_o - \dfrac{\tan \gamma_{nb}}{\cos \lambda_s}}{1 + \tan \gamma_o \tan \gamma_{nb} \cos \lambda_s} \tag{3-31}$$

（3）刀槽的刀尖角 ε_{rg}。前已述及，刀槽前刀面上的刀尖角等于刀片的刀尖角 ε_{rb}，而刀槽的刀尖角 ε_{rg} 就是 ε_{rb} 在车刀基面 p_r 上的投影角。为了求得 ε_{rg}，可以参照图3-14，将式（3-18）中的 τ_r、τ_i 和 γ_o 分别换成 ε_{rb}、ε_{rg} 和 γ_{og}，则得

$$\cot \varepsilon_{rg} = \left[\cot \varepsilon_{rb}\sqrt{1 + (\tan \gamma_{og} \cos \lambda_s)^2} - \tan \gamma_{og} \sin \lambda_s\right] \cos \lambda_s \tag{3-32}$$

（4）刀槽的副偏角 κ'_{rg}。因为 κ_{rg} 和 ε_{rg} 已在前面求得，故

$$\kappa'_{rg} = 180° - \kappa_{rg} - \varepsilon_{rg} \tag{3-33}$$

3.6.3 主后角和副后角的验算

按上面计算得到的刀槽参数尺寸做成刀槽，并将刀片安装在刀槽的前刀面上，这时车刀的实际主后角 α_o 和副后角 α'_o 是否适当，尚需进行验算。如果验算的结果表明它们太小或太大，则需改变原来选择的参数，并重新设计。

（1）验算主后角 α_o。由式（3-2）已知

$$\tan \alpha_o = \tan \alpha_n \cos \lambda_s$$

式中，α_n 可由式（3-26）写成

$$\tan \alpha_n = \frac{\tan \alpha_{nb} - \tan \gamma_{ng}}{1 + \tan \alpha_{nb} \tan \gamma_{ng}} \tag{3-34}$$

又已知

$$\tan \gamma_{ng} = \tan \gamma_{og} \cos \lambda_s \tag{3-35}$$

将式（3-34）和式（3-35）代入式（3-2），得到

$$\tan \alpha_o = \frac{(\tan \alpha_{nb} - \tan \gamma_{og} \cos \lambda_s) \cos \lambda_s}{1 + \tan \alpha_{nb} \tan \gamma_{og} \cos \lambda_s} \tag{3-36}$$

（2）验算副后角 α'_o。验算 α'_o 的方法和验算 α_o 相同，只需将式（3-36）中的 γ_{og} 换成副切削刃的 γ'_{og}，并把 λ_s 换成副切削刃 λ'_s，即

$$\tan \alpha'_o = \frac{(\tan \alpha_{nb} - \tan \gamma'_{og} \cos \lambda'_s) \cos \lambda'_s}{1 + \tan \alpha_{nb} \tan \gamma'_{og} \cos \lambda'_s} \tag{3-37}$$

上式中的 γ'_{og} 和 λ'_s 可利用式（3-5）和式（3-6）求得，只需将此式中的 γ_o 换成 γ_{og}，ε_r 换成 ε_{rg}，即

$$\tan \gamma'_{og} = -\tan \gamma_{og} \cos \varepsilon_{rg} + \tan \lambda_s \sin \varepsilon_{rg} \tag{3-38}$$

$$\tan \lambda'_s = -\tan \gamma_{og} \sin \varepsilon_{rg} + \tan \lambda_s \sin \varepsilon_{rg} \tag{3-39}$$

为了使刀杆的后刀面与刀片的后刀面平齐，在制造刀杆时，其主后角和副后角就直接取为 α_o 和 α'_o。

项目小结

本项目首先学习了车刀的种类和用途，掌握了不同类型的车刀在实际加工中的应用。其次，探讨了车刀的结构形式，包括焊接式硬质合金车刀和机夹式车刀的特点及使用场景。再次，在可转位刀具的定位夹紧典型结构部分，了解了楔销式、偏心销式和杠杆式的原理与应用。此外，学习了车刀的卷屑断屑结构，掌握了如何通过刀具设计来控制切屑形态，提高加工效率和安全性。在车刀不同剖面中的角度换算部分，掌握了如何根据不同的剖面来计算和调整车刀的角度，以适应不同的加工需求。最后，学习了机夹可转位车刀的刀槽设计计算，包括设计刀槽的要求、设计计算方法及主后角和副后角的验算，为实际的车刀设计和选型提供了理论依据和实践指导。通过本项目的学习，读者能够对车刀的设计、结构和应用有全面而深入的认识。

项目工单

1. 项目实施记录

根据本项目的学习过程，完成表 3-1。

表 3-1　项目实施记录表

姓名		学号	
班级		指导教师	
遇到的难点			
学到的重点			
新的发现			

2. 考核评价

根据任务完成情况，填写表 3-2。

表 3-2　考核评价表

<table>
<tr><th rowspan="2">项目名称</th><th rowspan="2" colspan="2">评价内容</th><th rowspan="2">满分/分</th><th colspan="3">评分/分</th></tr>
<tr><th>自评</th><th>互评</th><th>师评</th></tr>
<tr><td rowspan="5">职业素养
考核项目 40%</td><td colspan="2">穿戴规范、整洁</td><td>8</td><td></td><td></td><td></td></tr>
<tr><td colspan="2">安全意识、责任意识及服从意识强</td><td>8</td><td></td><td></td><td></td></tr>
<tr><td colspan="2">积极参加教学活动，按时完成任务工单</td><td>8</td><td></td><td></td><td></td></tr>
<tr><td colspan="2">团队合作、沟通能力强</td><td>8</td><td></td><td></td><td></td></tr>
<tr><td colspan="2">劳动纪律良好</td><td>8</td><td></td><td></td><td></td></tr>
<tr><td rowspan="4">专业能力
考核项目 60%</td><td colspan="2">专业知识查找及时、准确</td><td>12</td><td></td><td></td><td></td></tr>
<tr><td colspan="2">操作符合规范</td><td>18</td><td></td><td></td><td></td></tr>
<tr><td colspan="2">态度认真，学习效率高</td><td>12</td><td></td><td></td><td></td></tr>
<tr><td colspan="2">充分掌握车刀的相关计算</td><td>18</td><td></td><td></td><td></td></tr>
<tr><td colspan="3">合计</td><td>100</td><td></td><td></td><td></td></tr>
<tr><td rowspan="2">总评</td><td rowspan="2">自评(20%)+互评(20%)+
师评(60%)=</td><td>综合等级</td><td rowspan="2" colspan="4">指导教师（签名）:</td></tr>
<tr><td></td></tr>
</table>

课后练习

一、填空题

1. 车刀按其用途不同，可分为________、________、________等类型。

2. 机夹式车刀是用________，将预先刃磨好的但不能转位使用的________夹紧在刀柄上的车刀。有的刀片切削刃磨损后，卸下刀片经重磨，可________。

3. 根据具体加工条件和切削用量，选取合适的________，增加切屑的塑性变形和硬脆性，从而促使________并折断。

4. 对于前刀面与后刀面都是平面的切削刃，其切削刃为________。

5. 机夹可转位车刀不仅应该满足刀片夹紧的要求，而且必须保证刀片的________，使车刀获得所需的________。

二、简答题

1. 焊接式硬质合金车刀的缺点有哪些？

2. 说一说机夹式车刀的优点。

3. 可转位刀具的定位夹紧结构必须满足哪些基本要求？

项目4 成形车刀

项目导读

成形车刀是一种能够在一次走刀中完成工件特定形状加工的专用刀具，其设计和使用对于提高生产效率和保证加工质量具有重要意义。本项目将重点介绍成形车刀的种类与用途，深入探讨成形车刀的几何角度、廓形设计原理，以及刀体和样板的设计要点。通过理论与实践相结合的学习方式，学生将能够理解成形车刀的工作原理，掌握成形车刀的廓形设计方法，并能够进行基本的成形车刀结构设计。

学习目标

知识目标

1. 了解成形车刀的种类与用途，掌握不同类型的成形车刀及其适用的加工场景。

2. 理解成形车刀的几何角度，学习成形车刀前角和后角的形成方式，掌握在正交平面中切削刃后角的检验方法。

3. 掌握成形车刀廓形设计原理，理解成形车刀廓形设计的基本概念和原理，学会设计成形车刀的附加切削刃。

4. 了解成形车刀其他部分的设计，学习成形车刀刀体和样板的设计要点，能够进行基本的设计。

能力目标

1. 能够根据加工需求选择合适的成形车刀，并了解其使用方法。

2. 能够根据工件的形状要求，设计成形车刀的廓形和附加切削刃。

3. 能够设计成形车刀的刀体和样板，完成成形车刀的整体结构设计。

素质目标

1. 培养学生在进行成形车刀设计和实验时的严谨态度，确保设计的准确性和可靠性。

2. 鼓励学生在设计过程中提出创新性的解决方案，提高成形车刀的性能和效率。

3. 通过项目合作，培养学生的团队合作精神，使其能够与团队其他成员进行有效沟通和协作。

思政目标

强调在工业生产中的诚信和责任，培养学生良好的职业道德。通过项目实践，培养学生精益求精、追求卓越的工匠精神。强化学生在成形车刀使用和设计过程中的安全意识，确保其在实际操作中的安全。引导学生关注成形车刀设计的环保性和可持续性，培养其对绿色制造的认识和责任感。

任务 4.1 成形车刀的种类与用途

任务描述

新来的机械学徒小陈在车间实习时，好奇地看着师傅老王操作各种形状各异的车刀。老王注意到小陈的兴趣，便决定给他介绍成形车刀的种类与用途。老王拿起几把不同形状的成形车刀，比如圆体成形车刀、棱体成形车刀和平体成形车刀，逐一解释它们的用途。他告诉小陈，每种成形车刀都有其特定的加工任务，如加工特定形状的工件或完成复杂的几何轮廓。

任务分析

任务的重点在于理解成形车刀的种类及其各自的用途。通过学习，小陈将能够识别和区分不同类型的成形车刀，并了解它们在实际加工中的应用，从而在操作中选择合适的工具。

任务实施

实际生产中大量使用带有非圆柱类回转体成形表面的零件，这些零件的轴向截形为各种各样的曲线或与零件轴线不平行的直线。当生产批量较小时，可以在数控车床上采用适当的外圆车刀加工；当生产批量较大时，从生产率和经济性等方面考虑，广泛采用成形车刀进行加工。

成形车刀又称样板刀，它是加工回转体成形表面的专用刀具，它的切削刃形状是根据工件的轴向截形设计的。成形车刀主要用于成批、大量生产，在半自动或自动车床上加工内、外回转体的成形表面。采用成形车刀可保证稳定的加工质量（加工精度可达 IT9～IT10 级，表面粗糙度 Ra 可达 2.5～10 μm）；生产率较高（因为只经过一个切削行程就可切出所需要的成形表面）；刀具的可重磨次数多，使用寿命长。但成形车刀的设计、计算和制造比较麻烦，制造成本也较高。目前，成形车刀多在纺织机械厂、汽车厂、拖拉机厂、轴承厂等工厂中使用。

成形车刀的种类很多，也有不同的分类方法。成形车刀若按刀具本身的结构和形状分，有平体、棱体和圆体三种；若按进给运动方向分，则有沿工件径向进给的和切向进给的两种。最常见的是下述三种径向进给的成形车刀。

（1）平体成形车刀。如图 4-1 所示，其外形为平条状，只能用来加工外成形表面。如螺纹车刀、成形铣刀、齿轮滚刀、铲齿车刀，就属于平体成形车刀。

（2）棱体成形车刀。如图 4-2 所示，其外形呈棱柱状，也只能用来加工外成形表面，可重磨次数较平体成形车刀的多。

（3）圆体成形车刀。如图 4-3 所示，其本身就是一个回转体，与前两种成形车刀相比，它的可重磨次数更多。它可用来加工内、外成形表面的工件，制造也较方便，因而用得较多。

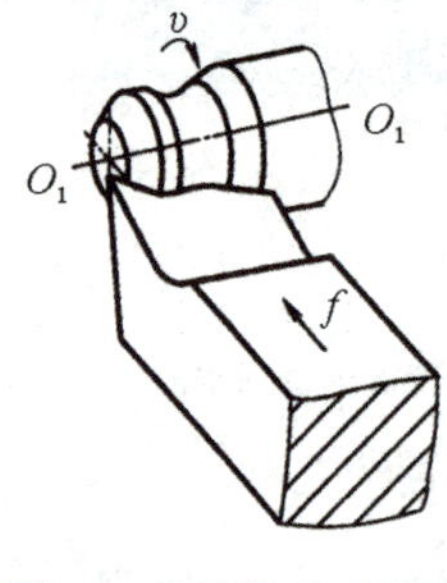

图 4-1　平体成形车刀

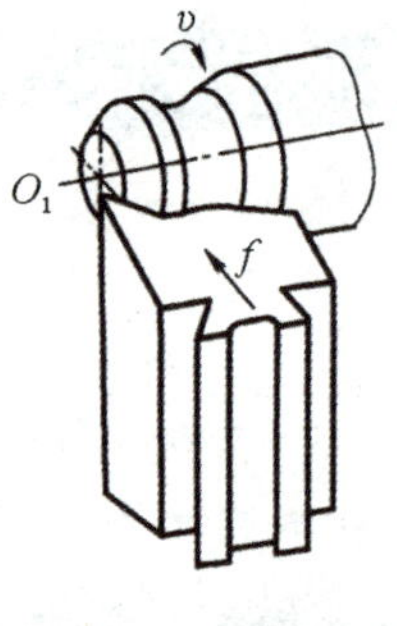

图 4-2　棱体成形车刀

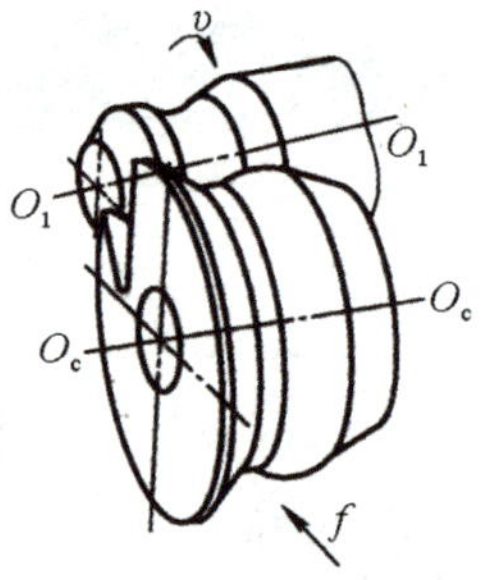

图 4-3　圆体成形车刀

除上述的径向进给成形车刀外，还有切向进给的成形车刀，如图 4-4 所示。它适用于加工细长杆或刚性较差的外成形表面。切削时，切削刃沿工件表面的切线方向切入工件。切削刃相对于工件有较大的倾斜角，所以它不是全部同时参加切削工作，而是分先后逐渐切入和切出，始终只有一小段切削刃在工作，从而减小了切削力。但切削行程较长，生产率较低。

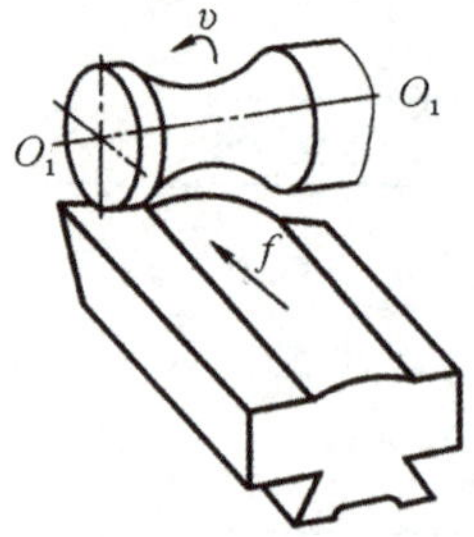

图 4-4　切向进给成形车刀

各种成形车刀加工时，必须根据加工的具体情况采用合适的“刀夹”，把成形车刀装夹在正确的工作位置上。

任务 4.2　成形车刀的几何角度

任务描述

在了解了成形车刀的种类后，老王继续讲解成形车刀的几何角度。他解释说，前角和后角的形成对于确保切削效率和刀具寿命至关重要。老王展示了如何通过磨削和调整来形成合适的前角和后角。然后，他拿出一个正交平面模型，演示了如何在正交平面中检验切削刃后角，并强调了角度准确性的重要性。

任务分析

任务的目标是深入了解成形车刀前角和后角的形成方法，以及在正交平面中检验切削刃后角的方法。通过学习，小陈将能够掌握这些角度的调整和检验技巧，从而优化切削性能和刀具寿命。

任务实施

成形车刀前角、后角的形成，标注和变化规律均不同于普通车刀。下面以径向进给成形车刀为例进行分析。

4.2.1　成形车刀前角和后角的形成

成形车刀的前角、后角规定在假定进给平面中表示，这是为了便于测量、制造和重磨。

1. 棱形成形车刀

如图 4-5（a）所示，制造时将棱形成形车刀的底面垂直燕尾榫基面 A-A，后面 A_α 平行基面 A-A，前面 A_γ 倾斜并与底面成夹角（$\gamma_f+\alpha_f$）。

如图 4-5（b）所示，在切削时，将距工件中心（O—O）最近的切削刃 1′（1′—1′）安装在工件中心水平位置上，并在假定工作平面内将后面 A_α 装斜形成侧后角 α_f，同时也形成了侧前角 γ_f。将侧后角 α_f 与侧前角 γ_f 定义为成形车刀的后角与前角。

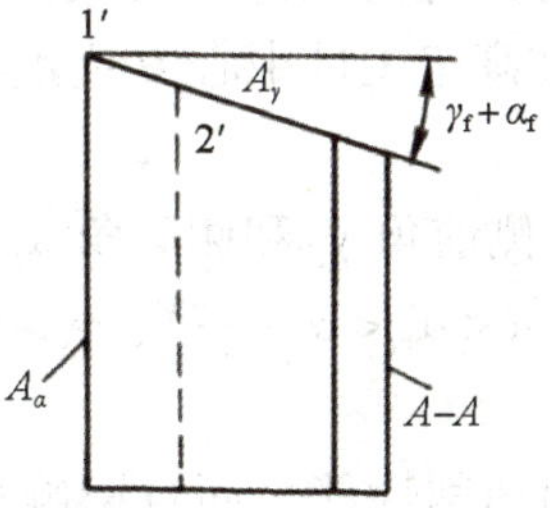

（a）棱形车刀

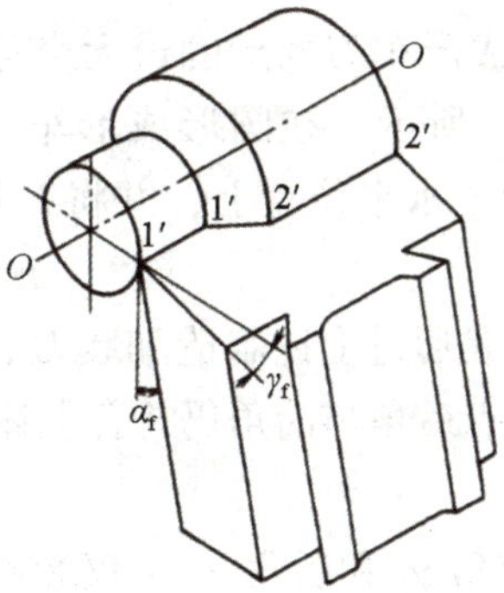

（b）棱形车刀在工作时

图 4-5　成形车刀的前角与后角

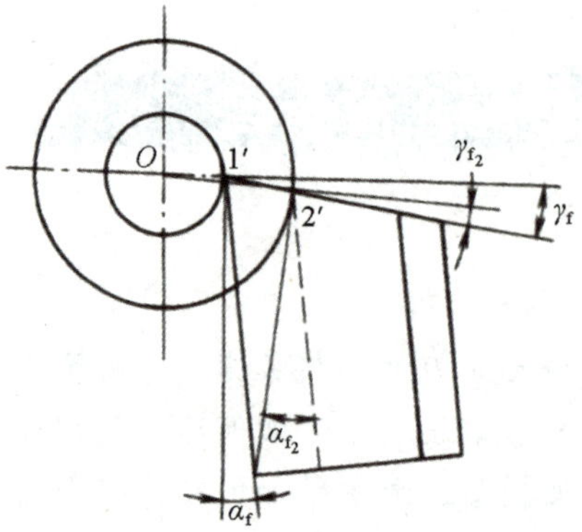

（c）棱形车刀的前角与后角

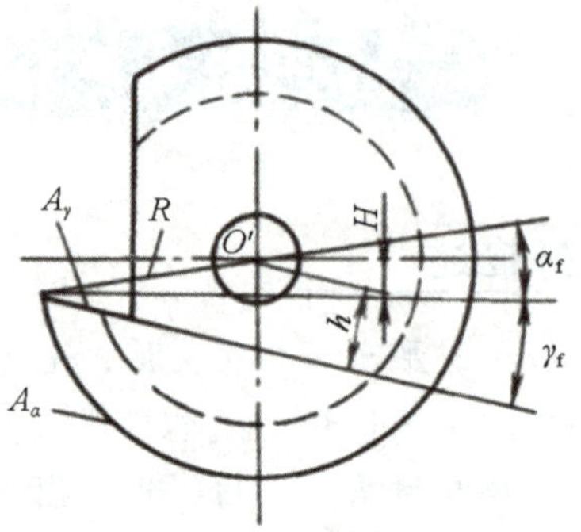

（d）圆形车刀

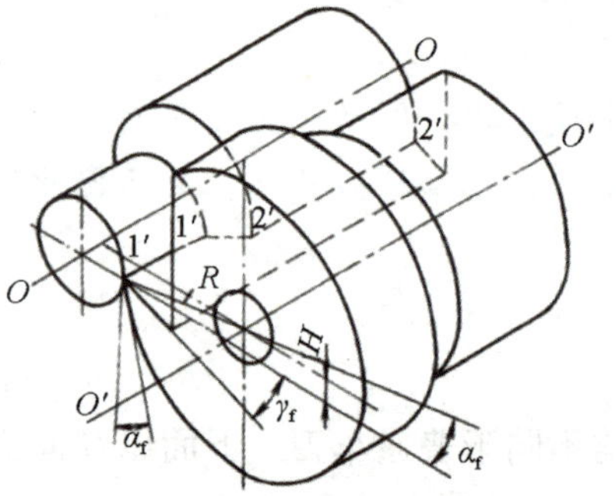

（e）圆形车刀在工作时

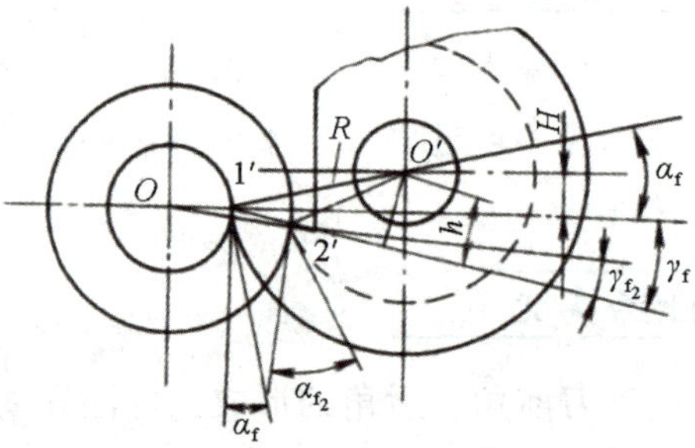

（f）圆形车刀的前角与后角

图 4-5　（续）

如图 4-5（c）所示，切削刃 1′在工件中心水平位置上，切削刃上其余各点 2′2′（3′3′，4′4′，…）均低于工件中心水平位置，因此，其余各切削刃点的切削平面和基面的位置在变动，由各点的切削平面和基面与所在点的后面和前面形成的后角与前角都不相同，如图 4-5（c）所示，离工件中心越远，后角越大，前角越小，即 $\alpha_f<\alpha_{f_2}$（$<\alpha_{f_3}<\alpha_{f_4}<\cdots$），$\gamma_f>\gamma_{f_2}$（$>\gamma_{f_3}>\gamma_{f_4}>\cdots$）。

2. 圆形成形车刀

如图 4-5（d）所示，制造圆形成形车刀时磨出容屑缺口，并使前面 A_γ 低于刀具中心 h 距离，h 应为

$$h=R\sin(\alpha_f+\gamma_f) \tag{4-1}$$

式中　R——圆形成形车刀廓形的最大半径。

如图 4-5（e）所示，在圆形成形车刀切削时，将离工件中心最近的切削刃 1′（1′-1′）支装在工件中心水平位置上，并将刀具中心装高于工件中心 H 高度，则装高量 H 为

$$H=R\sin\alpha_f \tag{4-2}$$

圆形成形车刀是通过上述制造和装刀后形成了侧前角 γ_f 和侧后角 α_f 的。如图 4-5（f）所示，切削刃上各点后角与前角仍符合上述 $\alpha_f<\alpha_{f_2}$（$<\alpha_{f_3}<\alpha_{f_4}<\cdots$）、$\gamma_f>\gamma_{f_2}$（$>\gamma_{f_3}>\gamma_{f_4}>\cdots$）的变化规律。

成形车刀的前角 γ_f 和后角 α_f 不仅影响刀具的切削性能，而且影响加工零件的廓形精度，因此，前角 γ_f 值和后角 α_f 值在制造、重磨、装刀和使用时均不可变动，其取值可参考有关设计资料进行选取。

4.2.2　在正交平面中切削刃后角的检验

确定了后角 α_f 后，在实际工作中也常因成形车刀切削刃形状的不同而影响正交平面后角的顺利切削。

如图 4-6 所示，在圆弧切削刃上 x 点的主偏角为 κ_{r_x}，侧后角为 α_{f_x}，则该点正交平面后角 α_{o_x} 由下式求得

$$\tan\alpha_{o_x}=\tan\alpha_{f_x}\sin\kappa_{r_x} \tag{4-3}$$

式中　κ_{r_x}——切削刃上 x 点的主切削刃平面与假定进给平面夹角。

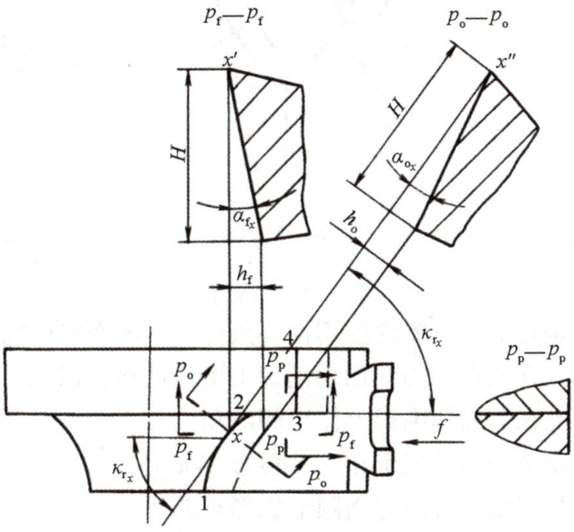

图 4-6　正交平面后角 α_{o_x} 的换算

由式（4-3）可检验切削刃上任一点处正交平面后角 α_{o_x} 的许可值，如过小会影响正常切削，为此可选取图 4-7 中所示的改善措施。

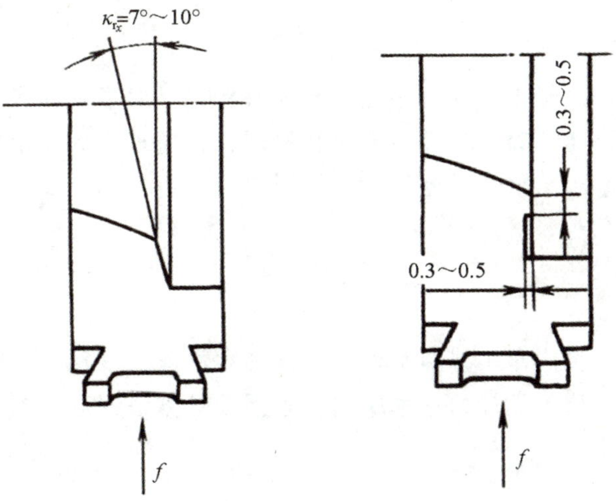

图 4-7　α_{o_x} 过小时的改善措施

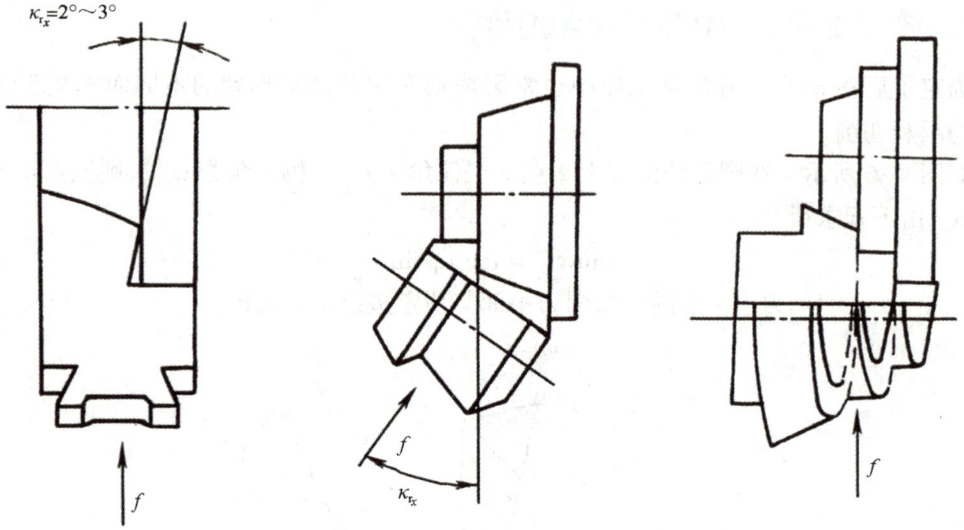

（c）作出侧隙角　　（d）斜装　　（e）螺旋后刀面

图 4-7　（续）

（1）图 4-7（a）是在不影响零件使用性能条件下，改变零件廓形。

（2）图 4-7（b）是在成形车刀端面切削刃上磨出凹槽，以减小摩擦面积。

（3）图 4-7（c）是在端面切削刃上作出侧隙角。

（4）图 4-7（d）是选用斜装成形车刀，可形成 κ_{r_x} 。

（5）图 4-7（e）是制成螺旋后刀面圆形成形车刀。

任务 4.3　成形车刀廓形设计

任务描述

老王继续深入讲解成形车刀的廓形设计。他解释说，廓形设计直接影响加工工件的形状和精度。老王详细介绍了廓形设计的概念和原理，并通过实例展示了如何根据工件要求设计合适的成形车刀廓形。他还提到了附加切削刃的作用，以及如何在设计中考虑这些因素以提高加工效率和质量。

任务分析

任务的重点在于掌握成形车刀廓形设计的概念和原理，以及附加切削刃的设计。通过学习，小陈将能够理解廓形设计的基本原则，掌握设计方法并应用到实际加工中，以提高工件加工的精度和效率。

任务实施

目前设计成形车刀廓形均可利用计算机进行，下面主要介绍工件与刀具廓形尺寸的分析及计算关系。

成形车刀设计的主要内容有两部分：廓形设计和刀体设计。廓形设计可利用计算法、作图法进行，目前通过 CAD 进行设计更为简便和精确。刀体设计可选用厂标定型的结构及尺寸。成形车刀设计图包括：廓形设计图、刀体结构尺寸图及检测廓形用的成对样板工作图。

下面将主要介绍 $\lambda_s=0$ 的径向成形车刀廓形设计的概念和原理。

4.3.1 成形车刀廓形设计概念

成形车刀廓形设计是指根据被加工零件廓形来确定刀具廓形的。

零件廓形是零件在轴向平面内的形状，包括宽度、深度、角度和圆弧等，如图 4-8 中所示的 1-2-3 形状。成形车刀廓形是切削刃在垂直于后面平面上投影的形状，如图中的 1″-2″-(3″) 形状，在这个平面上成形车刀的廓形容易制造和测量。

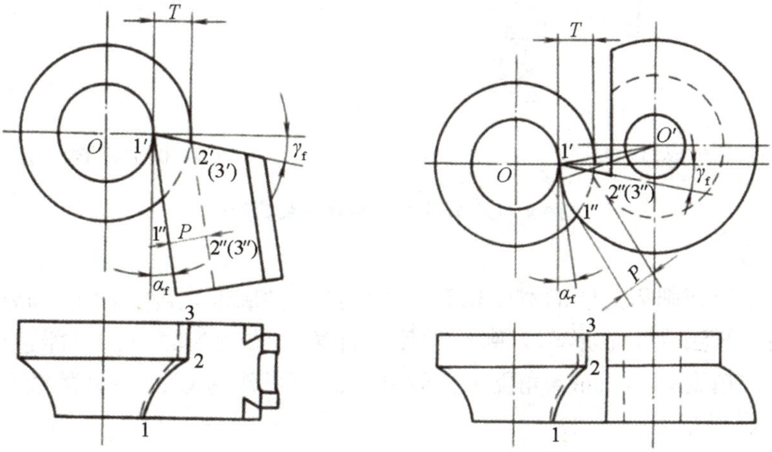

（a）棱形成形车刀　　（b）圆形成形车刀

图 4-8 成形车刀廓形与零件廓形间的关系

如图 4-8 所示，由于成形车刀的 $\gamma_f>0°$、$\alpha_f>0°$，因此，刀具的廓形不重合于零件的廓形，而产生了畸变，对于 $\lambda_s=0°$的径向成形车刀，它的廓形宽度相等于对应的零件廓形宽度。因此，成形车刀廓形设计根据零件的廓形深度 T 和刀具的前角 γ_f、后角 α_f 来修正成形车刀的廓形深度 P 和与它相关的尺寸。

4.3.2 成形车刀廓形设计原理

目前，成形车刀廓形设计均可通过计算机编程进行。以下介绍的是廓形设计基础原理及方法。

1. 作图法设计

作图法设计的主要内容是：已知零件的廓形、刀具的前角 γ_f 和后角 α_f、圆形车刀廓形的最大半径 R，通过作图找出切削刃在垂直于后刀面上投影。

如图 4-9 所示，取零件廓形平均尺寸画出零件的主、俯视图。在主视图上零件的水平中心位置处 1′上作出刀具的前刀面和后刀面投影线；作出切削刃各点 2′3′4′（5′）的后刀面投影线；在垂直后刀面截面中，连接各点切削刃投影点与相等于零件廓形宽度引出线的交点 1″、2″、3″、4″、5″，连接各交点所形成的曲线即为成形车刀廓形。

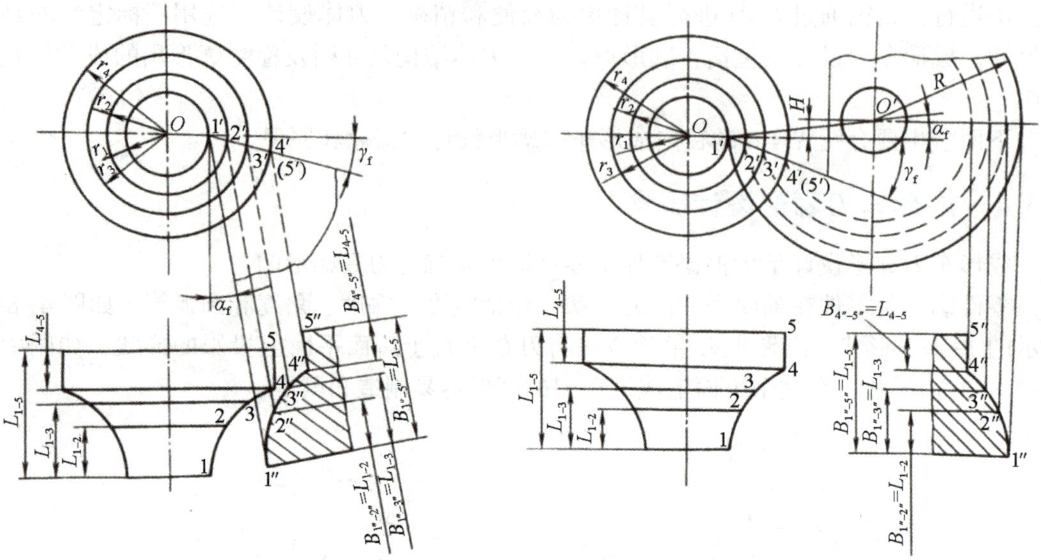

（a）棱形成形车刀　　（b）圆形成形车刀

图 4-9　作图法设计成形车刀廓形

2. 计算法设计

由于成形车刀切削刃的廓形宽度相等于对应的零件廓形宽度。因此，成形车刀廓形设计主要是利用计算法求出成形车刀廓形深度。计算公式较为简单，但能达到很高的精确度，通常取尺寸精度 0.01 mm，角度 1′。这些公式也可作为 CAD 设计的数学模型。

（1）棱形成形车刀

图 4-10（a）为棱形成形车刀计算分析图。图中已知条件为：零件廓形半径 r_1（r_2，r_3，…）、成形车刀前角 γ_f、后角 α_f。求刀具切削刃上任一点 x 的廓形深度 P_x。

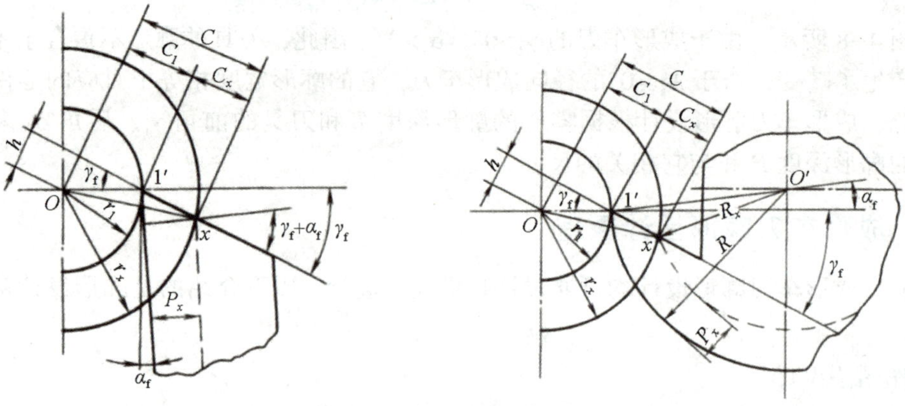

（a）棱形成形车刀　　（b）圆形成形车刀

图 4-10　成形车刀计算分析图

由图4-10（a），可知

$$h=r_1\sin\gamma_f$$

$$C=\sqrt{r_x^2-h^2}\ ,\ C_1=r_1\cos\gamma_f$$

$$C_x=C-C_1=\sqrt{r_x^2-h^2}-r_1\cos\gamma_f=\sqrt{r_x^2-(r_1\sin\gamma_f)^2}-r_1\cos\gamma_f$$

$$P_x=C_x\cos(\gamma_f+\alpha_f)=\left[\sqrt{r_x^2-(r_1\sin\gamma_f)^2}-r_1\cos\gamma_f\right]\cos(\gamma_f+\alpha_f) \qquad (4-4)$$

（2）圆形成形车刀

图4-10（b）为圆形成形车刀的计算分析图。图中已知条件为：零件廓形半径 r_1（r_2，r_3，…）、成形车刀前角 γ_f、后角 α_f、刀具廓形最大半径 R，则刀具切削刃上任一点廓形深度 P_x 应为刀具廓形最大半径 R 与该切削刃点所在位置处的半径 R_x。之差，即 $P_x=R-R_x$。

由图可知

$$h=r_1\sin\gamma_f$$

$$C=\sqrt{r_x^2-h^2}\ ,\ C_1=r_1\cos\gamma_f$$

$$C_x=C-C_1=\sqrt{r_x^2-h^2}-r_1\cos\gamma_f=\sqrt{r_x^2-(r_1\sin\gamma_f)^2}-r_1\cos\gamma_f$$

$$R_x=\sqrt{R^2+C_x^2-2RC_x\cos(\alpha_f+\gamma_f)}$$

$$P_x=R-R_x \qquad (4-5)$$

式（4-4）、式（4-5）中的 r_1、γ_f、α_f、R 均已知，因此，刀具廓形深度 P_x 取决于切削刃所在点零件的廓形半径 r_x。

根据式（4-4）、式（4-5）计算出刀具切削刃上各点的廓形深度 P_x 和已知零件上对应廓形宽度 B_x，即可画出刀具廓形设计图。

4.3.3　成形车刀的附加切削刃

一般成形车刀切削刃的两侧面均超出零件廓形的宽度，以用于对零件两侧端面去毛刺、倒角、修光和切断预加工等。附加切削刃形状及尺寸如图4-11所示，附加切削刃切入深度 T 不应超过零件的最大廓形深度 T_{max}。成形车刀廓形的总宽度 L_{max} 是零件廓形宽度与两侧附加切削刃宽度之和。为了防止产生振动，通常应使总宽度满足 $L_{max}/d_{max}\leqslant 3$，$d_{max}$ 为加工表面最小直径，如果总宽度 L_{max} 过长，可采取分段切削、用顶尖架增加夹持刚性或采用对工件的辅助支承等改善措施。

一般情况下，成形车刀廓形的尺寸公差为对应零件廓形尺寸公差的1/3~1/2，但不超过±0.01 mm。

此外，如图4-11所示，附加切削刃若超越成形车刀设计基准点（即离零件轴线最近的切削刃廓形点），为减小附加切削刃对加工精度的影响，且不变动设计基准点，故应使附加切削刃超越中心量不超过0.5 mm。

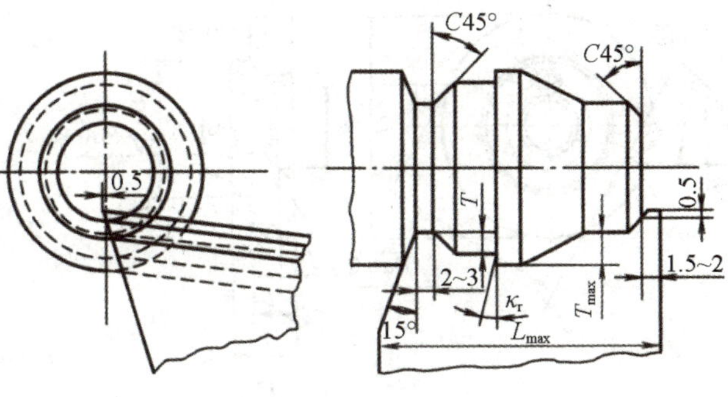

图4-11　成形车刀的附加切削刃

任务 4.4　成形车刀其他部分设计简介

任务描述

最后，老王简要介绍了成形车刀的其他部分设计，包括刀体和样板。他解释说，刀体的设计需要考虑强度和刚性，以确保刀具在加工过程中的稳定性。老王展示了不同类型的刀体设计，并强调了材料选择和结构设计的重要性。接着，他介绍了样板的作用和设计方法，以及如何通过样板来检查和调整成形车刀的廓形。

任务分析

任务的目的在于了解成形车刀的刀体和样板设计的基本知识。通过学习，小陈将能够掌握刀体和样板的结构和设计要点，理解它们在刀具制造和调整中的作用，从而在实际操作中应用这些知识，提高刀具的设计和加工质量。

任务实施

成形车刀的刀体

4.4.1　成形车刀的刀体

成形车刀的刀体结构及其尺寸与所使用的机床和夹持成形车刀的刀夹有关。

图 4-12 所示为具有燕尾结构的棱形成形车刀和端面带销孔的圆形成形车刀组成尺寸。图中所示棱形成形车刀由燕尾榫固定夹紧在刀夹燕尾槽中。燕尾榫底面 *A—A* 是成形车刀的设计与夹紧定位基准（A），燕尾槽的两侧斜面是固定在刀夹上的夹紧面；圆形成形车刀是通过内孔、端面和销孔（d_3）被定位夹紧在刀夹上。

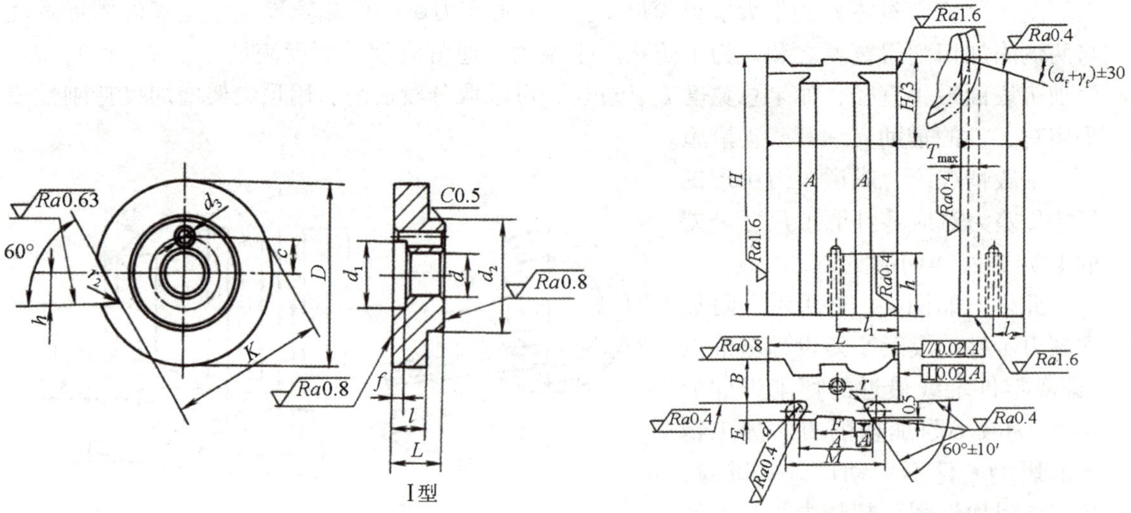

(a) 棱形成形车刀　　　　(b) 圆形成形车刀（I 型）

图 4-12　成形车刀刀体结构及组成尺寸

成形车刀的刀体结构的各尺寸及精度、表面粗糙度、材料及热处理硬度等技术条件均按厂标确定。圆形成形车刀列出了单片型（Ⅰ型）结构尺寸，其他形式可参考工厂有关资料。

4.4.2　成形车刀的样板

成形车刀的廓形主要用光学曲线磨床、数控线切割机床和数控磨床加工得到。加工后廓形可通过光学仪器检测，而在工作场所可用样板简便检验。因此，成形车刀设计后还需设计成形车刀样板，通常设计相互吻合的两块样板：一块“工作样板”是在制造成形车刀时用于检验成形车刀廓形的；一块“校对样板”是用于检验“工作样板”的磨损程度的。

样板的外形尺寸及各尺寸的公差，样板的材料及热处理要求等均可参考有关样板设计资料选取。

项目小结

本项目首先介绍了成形车刀的种类与用途，便于读者掌握不同类型的成形车刀在实际加工中的应用。其次深入探讨了成形车刀的几何角度，包括前角和后角的形成及其在正交平面中的检验方法。在成形车刀廓形设计部分，讲解了成形车刀廓形设计的概念、原理，以及附加切削刃的作用。最后，简要介绍了成形车刀的其他部分设计，包括刀体和样板的设计方法。通过本项目的学习，读者能够对成形车刀的结构、设计和应用有全面而深入的认识，为实际的车削加工提供扎实的理论基础和实践指导。

项目工单

1. 项目实施记录

根据本项目的学习过程，完成表 4-1。

表 4-1　项目实施记录表

姓名		学号	
班级		指导教师	
遇到的难点			

续表

学到的重点	
新的发现	

2. 考核评价

根据任务完成情况，填写表 4-2。

表 4-2　考核评价表

<table>
<tr><th rowspan="2">项目名称</th><th rowspan="2" colspan="2">评价内容</th><th rowspan="2">满分/分</th><th colspan="3">评分/分</th></tr>
<tr><th>自评</th><th>互评</th><th>师评</th></tr>
<tr><td rowspan="5">职业素养
考核项目 40%</td><td colspan="2">穿戴规范、整洁</td><td>8</td><td></td><td></td><td></td></tr>
<tr><td colspan="2">安全意识、责任意识及服从意识强</td><td>8</td><td></td><td></td><td></td></tr>
<tr><td colspan="2">积极参加教学活动，按时完成任务工单</td><td>8</td><td></td><td></td><td></td></tr>
<tr><td colspan="2">团队合作、沟通能力强</td><td>8</td><td></td><td></td><td></td></tr>
<tr><td colspan="2">劳动纪律良好</td><td>8</td><td></td><td></td><td></td></tr>
<tr><td rowspan="4">专业能力
考核项目 60%</td><td colspan="2">专业知识查找及时、准确</td><td>12</td><td></td><td></td><td></td></tr>
<tr><td colspan="2">操作符合规范</td><td>18</td><td></td><td></td><td></td></tr>
<tr><td colspan="2">态度认真，学习效率高</td><td>12</td><td></td><td></td><td></td></tr>
<tr><td colspan="2">充分掌握成形车刀的特性</td><td>18</td><td></td><td></td><td></td></tr>
<tr><td colspan="3">合计</td><td>100</td><td></td><td></td><td></td></tr>
<tr><td rowspan="2">总评</td><td rowspan="2">自评(20%)+互评(20%)+
师评(60%)=</td><td>综合等级</td><td colspan="4" rowspan="2">指导教师（签名）:</td></tr>
<tr><td></td></tr>
</table>

课后练习

一、填空题

1. 成形车刀又称样板刀，它是加工回转体________的专用刀具，它的切削刃形状是根据工件的________设计的。

2. 成形车刀主要用于________、________生产，在________或________上加工内、外回转体的成形表面。

3. 成形车刀的________和________不仅影响刀具的切削性能，而且影响加工零件的廓形精度，因此，________和________在制造、重磨、装刀和使用时均________。

4. 作图法设计的主要内容是：已知________、刀具的________、圆形车刀廓形的最大半径，通过作图找出切削刃在垂直于后刀面上投影。

5. 一般成形车刀切削刃的两侧面均超出________的宽度，以用于对零件两侧端面去毛刺、倒角、修光和切断预加工等。

二、简答题

1. 成形车刀是如何分类的？
2. 切削时成形车刀如何工作？
3. 成形车刀设计的主要内容包括哪些？

项目5　孔加工刀具

项目导读

孔加工是机械加工中常见且关键的工序之一，孔加工刀具的选择和使用直接影响加工效率和工件质量。本项目将系统地介绍孔加工刀具的种类及用途、钻削工艺和用量的选择、麻花钻和深孔钻的结构与改进、铰刀的设计与使用、镗削与镗刀的工艺特点。通过本项目的学习，学生将全面掌握孔加工刀具的基本原理、设计要点和使用方法，能够根据具体的加工需求选择合适的刀具，并能够进行合理的工艺设计和参数选择。

学习目标

知识目标

1. 了解孔加工刀具的种类及用途，掌握在实体材料上加工孔的刀具和对已有孔加工的刀具的种类及其适用场景。

2. 掌握钻削工艺和用量选择，理解钻削工艺的特点，学会选择合适的钻削用量。

3. 熟悉麻花钻的结构和几何角度，学习麻花钻的结构特点、切削要素、切削力和功率，了解麻花钻几何形状的改进和硬质合金麻花钻的结构特点，掌握麻花钻的刃磨方法。

4. 了解镗削与镗刀的工艺特点，学习镗床及镗削运动，掌握镗刀的分类及装夹方法，了解卧式镗床的主要工作，熟悉镗削的工艺特点及应用。

能力目标

1. 能够根据具体的加工需求选择合适的孔加工刀具，并了解其使用方法。
2. 能够根据加工要求，设计合理的钻削、铰削和镗削工艺，选择合适的加工参数。
3. 能够进行麻花钻、铰刀的刃磨和维护，确保刀具的使用寿命和加工质量。
4. 能够应用所学知识，分析和解决孔加工中的实际问题，提高加工效率和质量。

素质目标

1. 培养学生在进行孔加工刀具设计和工艺优化时的严谨态度，确保设计和操作的准确性。
2. 鼓励学生在设计和应用过程中提出创新性的解决方案，提高加工效率和质量。
3. 通过项目合作，培养学生的团队合作精神，使其能够与团队其他成员进行有效沟通和协作。

思政目标

强调在工业生产中的诚信和责任，培养学生良好的职业道德。通过项目实践，培养学生精益求精、追求卓越的工匠精神。强化学生在孔加工操作和刀具使用过程中的安全意识，确保其在实际操作中的安全。引导学生关注孔加工刀具的环保性和可持续性，培养其对绿色制造的认识和责任感。

任务 5.1　孔加工刀具的种类及用途

任务描述

机械学徒小林在车间实习时，对各种孔加工刀具产生了浓厚的兴趣。他的师傅老张决定从孔加工刀具的种类和用途开始教起。老张首先拿起几把不同类型的刀具，解释说："孔加工刀具主要分为在实体材料上加工孔的刀具和对已有孔加工的刀具两大类。"他详细介绍了钻头、扩孔钻、铰刀和镗刀等工具，并逐一说明了它们的用途和适用场景。

任务分析

任务的重点在于理解孔加工刀具的种类及其各自的用途。通过学习，小林将能够识别和区分不同类型的孔加工刀具，并了解它们在实际加工中的应用，从而在操作中选择合适的工具。

任务实施

在工件实体材料上钻孔或扩大已有孔的刀具，称为孔加工刀具。孔加工刀具使用广泛，一般约占机械加工总量的 1/3，其中钻孔约占 25%。孔加工刀具的结构尺寸受工件孔径尺寸和形状的限制，故在其设计和使用时，对孔加工刀具的强度、刚性、容屑、排屑和冷却润滑均有不同要求。

孔加工刀具按用途分为两类：一类是在实体材料上加工孔的刀具，例如麻花钻、扁钻和深孔钻等；另一类是对已有孔进行再加工的刀具，例如扩孔钻、镗刀、铰刀、圆拉刀等。接下来主要介绍常用孔加工刀具的结构特点及使用方法。

孔加工刀具的特点：刀具均在工件内表面切削，切削情况不易观察，刀具的结构尺寸受工件孔径尺寸和形状的限制。在设计和使用时，孔加工刀具的强度、刚性、导向、容屑、排屑和冷却润滑等问题都比切削外表面时更突出。

5.1.1 在实体材料上加工孔的刀具

1. 扁钻（图 5-1）

扁钻是使用较早的钻孔工具，因为其结构简单、刚性好、成本低、刃磨方便，所以被广泛应用。近十几年来经过改进又得到了较多应用，特别是在微孔（孔径<1 mm）及大孔（孔径>38 mm）加工中更为方便、经济。

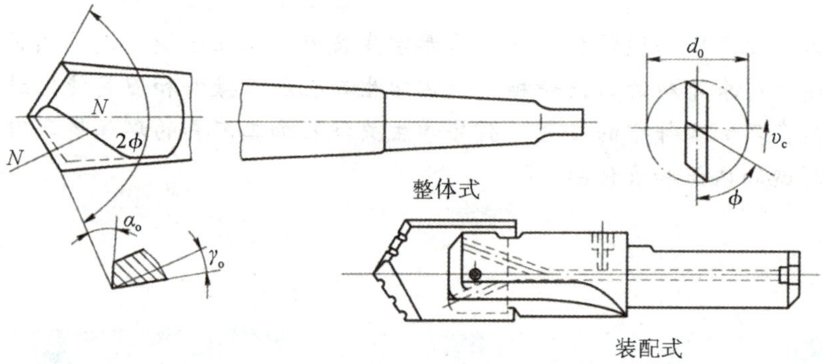

图 5-1　扁钻

扁钻有整体式和装配式两种。前者适用于数控机床，常用于较小直径（孔径<12 mm）孔的加工，后者适用于较大直径（孔径>635 mm）孔的加工。

2. 中心钻

中心钻可用来加工轴类工件的中心孔。当孔的位置精度要求高时，也可以先打中心孔后钻孔，以提高定位精度。中心钻有三种结构：带护锥中心钻、无护锥中心钻和弧形中心钻。

3. 麻花钻

麻花钻的结构适应性较强，又有成熟的制造工艺及完善的刃磨方法，特别是加工直径小于 30 mm 的孔，麻花钻仍是主要的工具。生产中也可以将麻花钻作为扩孔钻使用。

4. 深孔钻

通常把孔深与孔径之比 $L/D \geqslant 20 \sim 100$ 的孔称为深孔。加工深孔所用的钻头称为深孔钻。常用的深孔钻有外排屑深孔钻、内排屑深孔钻、喷吸钻及套料钻等。

5.1.2 对已有孔加工的刀具

1. 扩孔钻

扩孔钻是用来扩大已有孔的孔径或提高孔的加工精度的刀具。扩孔既可以作为孔的最终加工，也可以作为铰孔或磨孔的预加工，在成批或大批生产时应用较广；扩孔能达到的尺寸公差等级为 IT10～IT9，表面粗糙度（*Ra*）为 6.3～3.2 μm。

扩孔钻的外形与麻花钻相似，但齿数较多，通常有 3～4 齿。切削刃不通过中心，无横刃，钻芯直径较大，故扩孔钻的强度和刚性均比麻花钻好，可选择较大的切削用量；加工时导向性好，切削过程平稳，能改善加工质量；同时，相对于麻花钻，扩孔钻能避免横刃引起的不良影响，提高生产效率。

扩孔钻的直径规格一般为 10～100 mm；直径小于 15 mm 时，一般不扩孔。如果孔径较大（d>30 mm），则所用麻花钻直径也较大，横刃长，进给力大，钻孔时很费力，这时可分两次钻削：第一次钻出直径为（0.6～0.8）d 的孔，第二次扩削到所需的孔径 d。

扩孔钻按刀具切削部分材料的不同，分为高速钢扩孔钻和硬质合金扩孔钻两种。常见的结构有高速钢整体式、镶齿套式和硬质合金可转位式等，如图 5-2 所示。国家标准规定，对于高速钢扩孔钻，直径为 ϕ7.8～ϕ50 mm 时做成锥柄，直径为 ϕ25～ϕ100 mm 时做成套式。在小批量生产时，常用麻花钻改制。对于大直径的扩孔钻，常采用机夹可转位式。

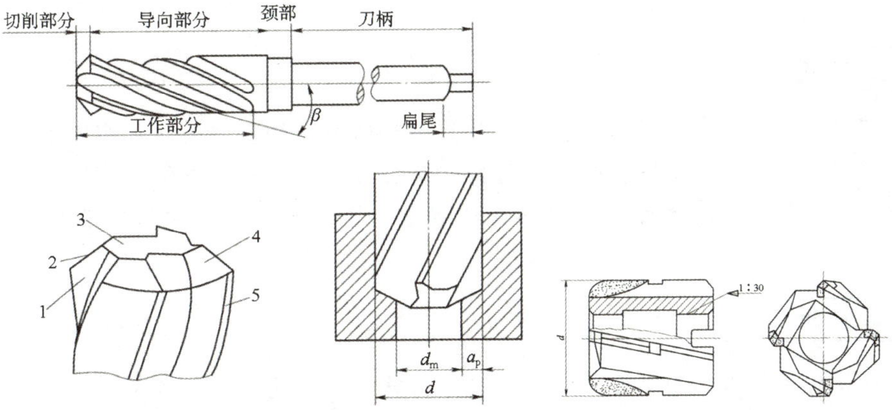

（a）高速钢整体式扩孔钻　（b）硬质合金镶齿套式扩孔钻

1—前刀面；2—主切削刃；3—钻芯；4—后刀面；5—刃带。

图 5-2 扩孔钻

2. 锪钻

锪钻用于在空心的端面上加工各种圆柱形沉孔，锥形沉孔或凹台表面。锪钻可采用高速钢整体结构或硬质合金镶齿结构，其中以硬质合金锪钻应用较广。常见的锪钻有三种：圆柱形沉孔锪钻、锥形沉孔锪钻及端面凸台锪钻。单件或小批生产时，常把麻花钻修磨成锪钻使用。

3. 铰刀

铰刀是对中小尺寸的孔进行精加工和半精加工的常用刀具。由于铰削余量小（一般小于0.1 mm），铰刀齿数较多（4~16个），槽底直径大，导向性和刚度好，因此铰削的加工精度和生产率都比较高，在生产中得到了广泛的应用。铰孔后的尺寸公差等级可达IT7~IT6，甚至IT5，表面粗糙度（*Ra*）为1.6~0.4 μm。

4. 镗刀

镗刀是一种很常见的对工件已有孔进行再加工的刀具。在许多机床上都可以用镗刀镗孔（如车床、铣床、镗床、数控机床、加工中心及组合机床等），可以用于较大直径（孔径大于80 mm）的通孔和不通孔的粗加工、半精加工和精加工。就其切削部分而言，与外圆车刀没有本质的区别。镗孔的尺寸公差等级可达IT8~IT7，表面粗糙度（*Ra*）为1.6~0.8 μm。

与其他加工方法相比，镗孔的一个突出优点是：可以用一种镗刀加工一定范围内各种不同直径的孔，尤其是直径很大的孔，它几乎是可供选择的唯一方法。此外，镗孔可以修正上一道工序产生的孔的相互位置误差，这一点是其他很多孔加工方法所难以实现的。

由于镗刀和镗杆截面尺寸及长度受到所镗孔径、深度的限制，所以镗刀和镗杆的刚度比较小，容易产生变形和振动，切削液的注入和排屑也比较困难，且观察和测量不便，因此生产率较低。

任务5.2 钻削用量及方法

任务描述

在了解了孔加工刀具的种类后，老张继续讲解钻削用量及方法。他解释说，钻削工艺的特点决定了钻削用量的选择，这将直接影响加工效率和质量。老张通过实际操作演示了如何根据工件材料、刀具类型和加工要求选择合适的钻削用量，并强调了工艺参数的重要性。

任务分析

任务的目标是掌握钻削工艺的特点及钻削用量的选择方法。通过学习，小林将能够理解钻削工艺的基本要求，掌握选择钻削用量的技巧，从而优化钻削加工过程，提高效率和质量。

任务实施

5.2.1 钻削工艺特点

钻削时的切削运动和车削一样，由主运动和进给运动组成。其中，钻头（在钻床上加工孔时）或工件（在车床上加工孔时）的旋转运动为主运动，钻头的轴向运动为进给运动。

钻削属于内表面加工，钻孔时，钻头的切削部分始终处于一种半封闭状态，切屑难以排出，而加工过程中产生的热量又不能及时散发，导致切削区温度很高。浇注切削液虽然可以改善切削条件，但由于切削区是在内部，切削液最先接触的是正在排出的热切屑，待其达到切削区时，温度已显著升高，冷却作用已不明显。另外，为了便于排屑，一般在钻头上开出两条较宽的螺旋槽，导致钻头本身的强度及刚度都比较小；而横刃的存在，使钻芯定心差，易引偏，孔径容易扩大，且加工后的表面质量较差，生产效率也较低。因此，在钻削加工中，冷却、排屑和导向定心是三大突出而又必须重点解决的问题。

5.2.2　钻削用量及其选择

1. 钻削用量

钻削用量包括背吃刀量、进给量和切削速度三要素，如图 5-3 所示，其中 h_D 表示切削厚度，b_D 表示切削宽度。

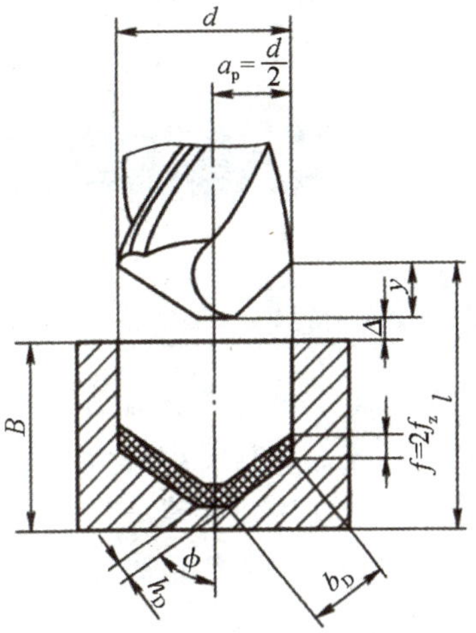

图 5-3　钻削用量

（1）钻削时的背吃刀量（a_p）。指已加工表面与待加工表面之间的垂直距离，也可以理解为是一次进给所能切下的金属层厚度，即 $a_p=d/2$。

（2）钻削时的进给量（f）。指主轴每转一转，钻头对工件沿主轴轴线的相对移动量，其单位是 mm/r。

（3）钻削时的切削速度（v_c）。指钻孔时钻头直径上任一点的线速度。可由下式计算：

$$v_c=\frac{\pi dn}{1\ 000} \tag{5-1}$$

式中　d——钻头直径，mm；

n——钻床主轴转速，r/min；

v_c——切削速度，m/min。

2. 钻削用量的选择

（1）选择钻削用量的原则

钻孔时，由于背吃刀量已由钻头直径确定，所以只需选择切削速度和进给量。对钻孔生产率的影响，切削速度 v_c 和进给量 f 是相同的；对钻头寿命的影响，切削速度 v_c 比进给量 f 大；对孔的加工质量的影响，进给量 f 比切削速度 v_c 大。

综合以上的影响因素，钻孔时选择切削用量的基本原则是：在允许范围内，尽量先选较大的进给量 f，当给进量 f 受到表面粗糙度和钻头刚度的限制时，再考虑较大的切削速度 v_c。

（2）钻削用量的选择方法

① 背吃刀量的选择。直径小于 30 mm 的孔可一次钻出；直径为 30~80 mm 的孔可分为两次钻削，先用（0.6~0.8）d（d 为要求的孔径）的钻头钻底孔，然后用直径为 d 的钻头将孔扩大。这样可以减小背吃刀量及轴向力，保护机床，同时提高钻孔质量。

② 进给量的选择。孔的精度要求较高和表面粗糙度值要求较小时，应取较小的进给量；钻孔较深、钻头较长且刚度和强度较差时，也应取较小的进给量。

对于普通钻头，进给量可按经验公式 $f=(0.01\sim0.02)d$ 估算；对于合理修磨的钻头，进给量可依照 $f-0.03d$ 选用；直径小于 5 mm 的钻头，常采用手动进给。

③ 钻削速度的选择。当钻头的直径和进给量确定后，钻削时的切削速度应按钻头寿命选取合理的数值。高速钢钻头的切削速度见表5-1，也可参考有关手册、资料选取。孔深较大时，应取较小的切削速度。

表5-1 高速钢钻头的切削速度 （单位：m/min）

加工材料	低碳钢、易切削钢	中、高碳钢	高合金钢、不锈钢	铸铁	铜、铝合金
高速钢钻头	25~30	20~25	15~20	15~20	40~70
涂层硬质合金钻	80~120	70~100	50~70	90~140	90~220

任务5.3 麻花钻

任务描述

老张继续深入讲解麻花钻的相关知识。他解释说，麻花钻是一种常用的钻孔工具，其结构和几何角度直接影响切削性能。老张详细介绍了麻花钻的结构和几何角度，包括切削要素、切削力和功率等关键参数。他还提到了麻花钻几何形状的改进和硬质合金麻花钻的结构特点，以及麻花钻的刃磨方法。

任务分析

任务的重点在于掌握麻花钻的结构、几何角度、切削要素、切削力和功率，以及几何形状改进和刃磨方法。通过学习，小林将能够理解麻花钻的工作原理，掌握其设计和使用的关键技术，从而提高钻孔加工的效率和质量。

任务实施

5.3.1 麻花钻的结构和几何角度

1. 麻花钻的结构

麻花钻由于受结构和切削条件等的限制，加工后孔的质量较低（孔公差IT11级以下，表面粗糙度（Ra）大于6.3 μm），因而一般只用于孔的粗加工。

图5-4为麻花钻的结构图。它由刀体、颈部和刀柄所组成，刀体又分成切削部分和导向部分。切削部分是麻花钻进行切削的主要部分。颈部是刀体和刀柄的连接部分。刀柄用于装夹钻头和传递力矩，尺寸大的钻头用锥柄，尺寸小的钻头用直柄。

由于麻花钻用于在实心的工件上钻孔，故它的直线形主切削刃需要很长，几乎延续到钻头的中心，因而要求有较大的容屑槽，刀齿数目也很少，只有两个。两个主切削刃是由横刃连接的，为了便于排屑，麻花钻的容屑槽做成螺旋形的。后刀面一般做成圆锥面或螺旋面的一部分，以使刀刃上各点有不同的后角值。麻花钻的两个刃瓣由钻芯连接。钻芯的大小直接影响钻头的强度、刚度和横刃长度。为了增加麻花钻钻削时的强度和刚度，钻芯直径应沿轴线方向从钻尖向柄部逐渐增大，每100 mm长度增大1.4~2.0 mm。为了减少麻花钻与孔壁的摩擦，导向部分上做有两条窄的刃带，其外径由钻尖向柄部逐渐减少，每 100 mm 长度缩小 0.03~0.12 mm。

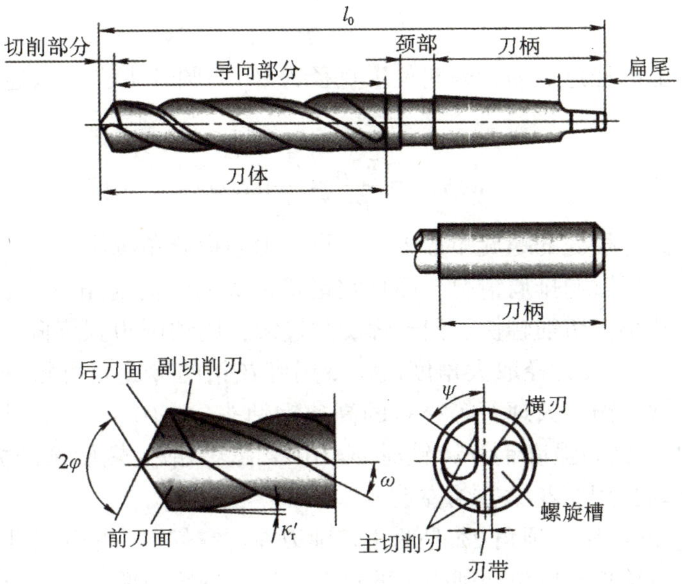

图 5-4　麻花钻的结构图

2. 麻花钻的几何角度

麻花钻的主要几何角度如图 5-5 所示。

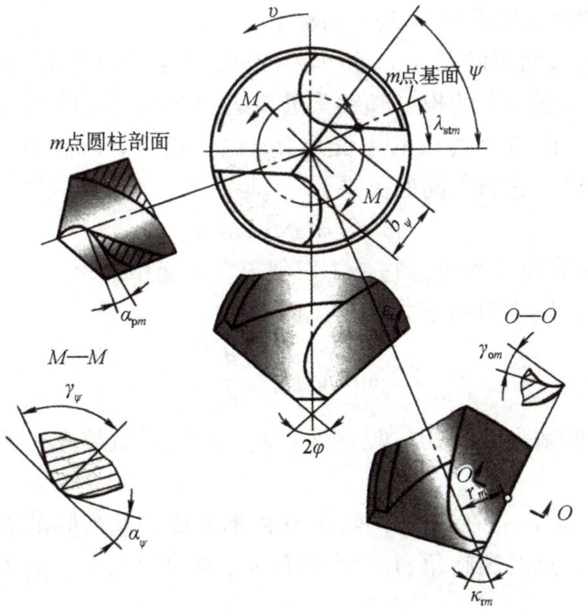

图 5-5　麻花钻的主要几何角度

（1）螺旋角 ω。螺旋角 ω 是指钻头外圆柱与螺旋槽表面的交线（螺旋线）上任意点的切线和钻头轴线之间的夹角。设螺旋槽的导程为 P_z，钻头外圆直径为 d_0，则

$$\tan\omega=\frac{\pi d_0}{P_z} \tag{5-2}$$

对于主切削刃上的任意点 m，因它位于直径为 d_m 的圆柱上，所以通过 m 点的螺旋线的螺旋角 ω_m 为

$$\tan\omega_m=\frac{\pi d_m}{P_z}=\frac{d_m}{d_0}\tan\omega \tag{5-3}$$

由此可见，钻头外径处的螺旋角最大，越靠近中心螺旋角越小。

螺旋角的大小不仅影响排屑情况，而且它也是钻头的轴向前角。ω 增大，则前角也增大，轴向力和扭矩减小，切削轻快。但若螺旋角过大，则切削刃强度降低，故标准麻花钻的螺旋角 $\omega=18°\sim30°$，大直径取大角度值。专用麻花钻的螺旋角可根据加工材料性质选定。如加工黄铜、软青铜、大理石等材料的高速钢钻头 $\omega=10°\sim17°$；钻削轻合金、纯铜材料时 $\omega=35°\sim40°$；钻高强度钢和铸铁时 $\omega=10°\sim15°$。钻头螺旋槽的方向一般为右旋，特殊用途的（如自动机用麻花钻）为左旋。

（2）顶角 2φ。麻花钻的顶角 2φ 是两主切削刃在与它们平行的平面上投影的夹角。顶角越小，则主切削刃越长，单位切削刃上的负荷减轻，进给力减小，且可使刀尖角 ε_r（基面中测量的主切削刃和副切削刃的夹角）增加，有利于散热，提高钻头寿命。但若顶角过小，则钻尖强度减弱，且由于切屑平均厚度减小，变形增加，扭矩增大，故当钻削强度和硬度高的工件时，钻头易折损。通常应根据工件材料选择钻头的顶角值：钻削黄铜、铝合金时 $2\varphi=130°\sim140°$；钻中等硬度铸铁、硬青铜时 $2\varphi=90°\sim100°$；钻大理石时 $2\varphi=80°\sim90°$；加工钢和铸铁的标准麻花钻取 $2\varphi=118°$。

（3）主偏角 κ_r 和端面刃倾角 λ_{st}。和车刀相同，麻花钻主切削刃上任意一点 m 的主偏角，是主切削刃在该点基面上的投影和钻头进给运动方向之间的夹角。由于主切削刃上各点的基面不同，故主切削刃上各点的主偏角 κ_{rm} 也不相等。麻花钻磨出顶角 2φ 后，各点的主偏角也就随之确定，它们之间的关系为

$$\tan\kappa_{rm}=\tan\varphi\cos\lambda_{stm} \tag{5-4}$$

式中　λ_{stm}——m 点的端面刃倾角，它是主切削刃在端面中的投影与 m 点的基面间的夹角。

若钻芯直径为 d_c，则它可由下式算出，即

$$\sin\lambda_{stm}=-\frac{d_c}{d_m} \tag{5-5}$$

由此可知，越靠近钻头中心处，d_m 越小，λ_{stm} 的绝对值越大，所以 κ_{rm} 和 φ 的差别也就越大。

（4）前角 γ_o。前角 γ_o 是在正交平面 O-O 内前刀面和基面间的夹角。主切削刃上任意一点 m 的前角 γ_{om} 与该点的螺旋角 ω_m、主偏角 κ_{rm} 及刃倾角 λ_{stm} 的关系为

$$\tan\gamma_{om}=\frac{1}{\sin\kappa_{rm}}(\tan\omega_m+\tan\lambda_{stm}\cos\kappa_{rm}) \tag{5-6}$$

上述参数有 d_m、ω、φ、d_o 和 d_c，但除 d_m 外，其余都是常数。可作出 γ_{om} 和 $\frac{d_m}{d_0}$ 的关

系曲线，如图 5-6 所示。由图可知，越接近钻头外圆，前角越大；越接近钻头中心，前角越小，且为负值。在图样上，钻头的前角不予标注，而用螺旋角表示。

（5）后角 α_p。从切削原理的基本定义来讲，钻头的后角 α_o 也应在正交平面 O—O 中度量。但为了测量方便，钻头主切削刃上任意一点 m 的后角，经常是用通过 m 点的圆柱剖面中的轴向后角 α_{pm} 来表示（图 5-5）。钻头的后角沿主切削刃是变化的（图 5-6）。名义后角是指钻头外圆处的后角，该处的后角 α_p 为 8°～10°；靠近中心接近横刃处的后角 α_p 为 20°～25°，这样可以增加横刃切削时的前角和后角，改善切削条件（图 5-5 中 M—M 剖面），并能与切削刃上变化的前角相适应，而使各点的楔角大致相等。此外，又能弥补由于钻头轴向进给运动而使切削刃上每点实际工作后角减少所产生的影响。

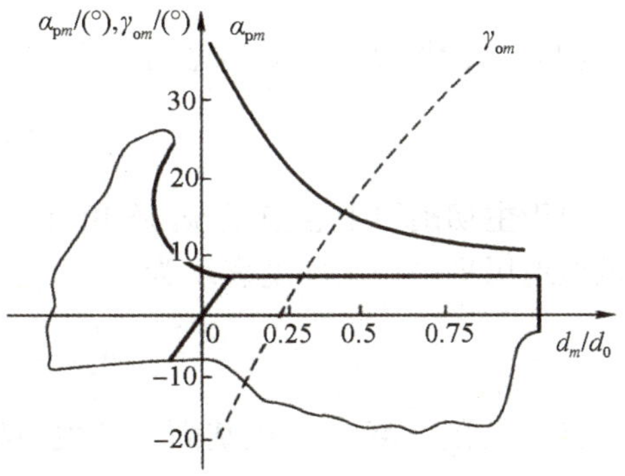

图 5-6　麻花钻前角、后角分布情况

（6）横刃角度。横刃角度包括横刃斜角 ψ、横刃前角 γ_ψ 和横刃后角 α_ψ（图 5-5）。横刃斜角 ψ 是在端面投影中横刃和主切削刃之间的夹角。当钻头后角磨成以后，横刃斜角即自然形成。横刃斜角 ψ 的大小与顶角 2φ 及靠钻芯处的后角有关，顶角和后角越大，ψ 越小，横刃越长。一般 $\psi=50°\sim55°$。横刃前角 γ_ψ 为负值时，横刃后角 $\alpha_\psi=90°-|\gamma_\psi|$。标准麻花钻的 $\gamma_\psi=-54°$，$\alpha_\psi=36°$，因此横刃切削条件非常不利，切削时因发生强烈的挤压而产生很大的轴向力。试验表明，用标准麻花钻加工时，约 50%的进给力是由横刃产生的，因此对于直径较大的麻花钻，一般都需要修磨横刃。

（7）副偏角 κ_r' 与副后角 α_o'。副偏角 κ_r' 是由钻头导向部分的外径向柄部缩小而形成的。因缩小量很小，故 κ_r' 值也极小。钻头的副后刀面是圆柱面上的刃带，由于切削速度方向和刃带的切线方向重合，故副后角 $\alpha_o'=0°$。

5.3.2　切削要素

钻孔时的切削要素（图 5-7）主要包括以下几项。

（1）切削速度 v。切削速度是指钻头外径处的主运动速度，具体为

$$v=\frac{\pi d_0 n}{1\ 000}$$

式中　v——切削速度，m/s；

d_0——钻头外径，mm；

n——钻头或工件的转速，r/s。

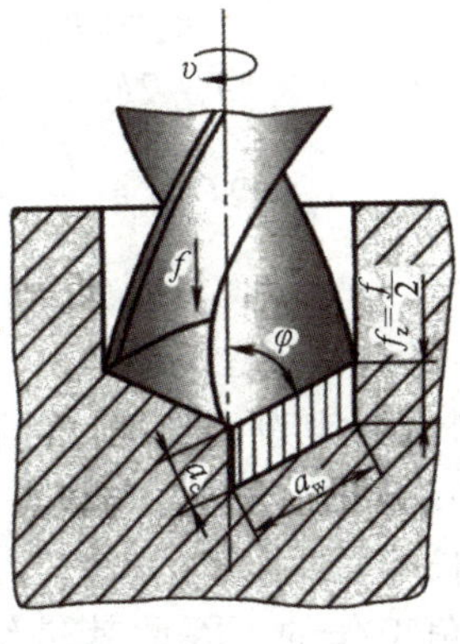

图 5-7　钻削要素

（2）进给量 f 和每齿进给量 f_z。钻头每转一周沿进给运动方向移动的距离称为进给量 f（单位为 mm/r）。由于钻头有两个刀齿，故每个刀齿的进给量 f_z 为

$$f_z=\frac{f}{2}$$

（3）背吃刀量 a_p。它是钻头直径的一半，即

$$a_p = \frac{d_0}{2}$$

（4）切削厚度 a_c。沿垂直于主切削刃在基面上的投影的方向上测出的切削层厚度为

$$a_c = f_z \sin \kappa_r = \frac{f}{2} \sin \kappa_r$$

由于主切削刃上各点的 κ_r 不相等，因此各点的切削厚度也不相等。为了计算方便，可近似地用平均切削厚度表示为

$$a_{cav} = f_z \sin \varphi = \frac{f}{2} \sin \varphi$$

（5）切削宽度 a_w。在基面上沿主切削刃测量的切削层宽度。近似地可表示为

$$a_w = \frac{a_p}{\sin \kappa_r} \approx \frac{a_p}{\sin \varphi} = \frac{d_0}{2\sin \varphi}$$

（6）切削层面积 A_{cz}。钻头上每个刀齿的切削层面积为

$$A_{cz} = a_{cav} a_w = f_z a_p = \frac{f d_0}{4}$$

5.3.3 切削力和功率

钻头切削时受到工件材料的变形抗力以及钻头与孔壁和切屑间的摩擦力作用。和车削一样，钻头每个切削刃上都受到 F_x、F_y 和 F_z 三个分力的作用，如图 5-8 所示。在理想的情况下，F_y 基本平衡，而其余的力合并成为轴向力 F 和圆周力 F_z。圆周力 F_z 构成扭矩 T，是主功率的主要消耗。

$$F = F_c + F_\psi + F_f$$

$$T = T_c + T_\psi + T_f$$

$$F_c = 2F_{x0} \quad （主切削刃）$$

$$F_\psi = 2F_{x\psi} \quad （横刃）$$

$$F_f = 2F_{x1} \quad （副切削刃）$$

$$T_c = 2F_{z0}\rho \approx \frac{F_{z0} d_0}{2} \quad （主切削刃）$$

$$T_\psi \approx T_{z\psi} b_\psi \quad （横刃）$$

$$T_f = F_{z1} d_0 \quad （副切削刃）$$

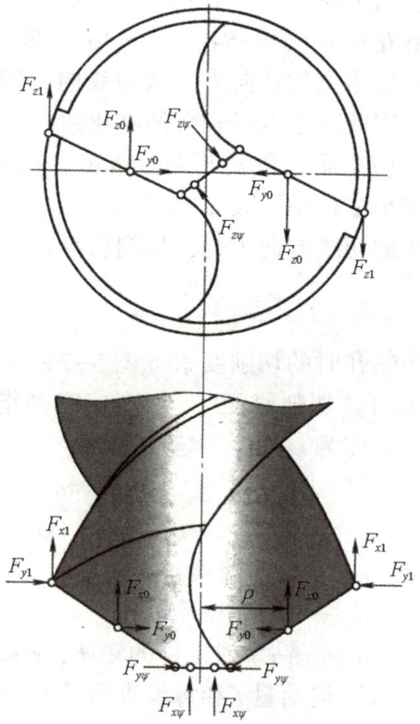

图 5-8 麻花钻切削时受力情况

因主切削刃最长，切下的切屑最多，负荷最大，所以扭矩主要是由主切削刃产生的，约占 80%；横刃长度较短，其扭矩约占 10%左右。但因横刃是负前角工作的，因此其进给力很大，占 50%～60%（不修磨时）；而主切削刃的轴向力约占 40%，轴向力大时，容易使孔钻偏，甚至将钻头折断，故修磨横刃是减小钻削时轴向力的一个主要方法。

和车削一样，通过试验，可以得出钻削时的扭矩 T（单位为 N · m）和进给力 F（单位为 N）的表达式以及所需的切削功率 P_m（单位为 kW）分别为

$$F = 9.81C_F d_0^{X_F} f^{Y_F} K_F$$

$$T = 9.81C_M d_0^{X_M} f^{Y_M} K_M$$

$$P_m = \frac{2\pi Tn}{1\ 000}$$

表 5-2 列出了麻花钻切削时上述表达式中的进给力系数 C_F，扭矩系数 C_M，进给力指数 X_F、Y_F，扭矩指数 X_M、Y_M；轴向力修正系数 $K_F = K_{Fm}K_{F\omega}$；扭矩修正系数 $K_M = K_{Mm}K_{M\omega}$。

表 5-2　麻花钻进给力和扭矩表达式中的系数、指数及修正系数

<table>
<tr><th>工件材料</th><th>刀具材料</th><th>C_F</th><th>X_F</th><th>Y_F</th><th>C_M</th><th>X_M</th><th>Y_M</th></tr>
<tr><td>钢 R_m = 0.638 GPa</td><td>高速钢</td><td>61.2</td><td>1.0</td><td>0.7</td><td>0.031 1</td><td>2.0</td><td>0.8</td></tr>
<tr><td>不锈钢 1Cr18Ni9Ti</td><td>高速钢</td><td>143</td><td>1.0</td><td>0.7</td><td>0.041</td><td>2.0</td><td>0.7</td></tr>
<tr><td rowspan="2">灰铸铁 190HBW</td><td>高速钢</td><td>42.7</td><td>1.0</td><td>0.8</td><td>0.021</td><td>2.0</td><td>0.8</td></tr>
<tr><td>硬质合金</td><td>42</td><td>1.2</td><td>0.75</td><td>0.012</td><td>2.2</td><td>0.8</td></tr>
<tr><td rowspan="2">可锻铸铁 150HBW</td><td>高速钢</td><td>43.3</td><td>1.0</td><td>0.8</td><td>0.021</td><td>2.0</td><td>0.8</td></tr>
<tr><td>硬质合金</td><td>32.5</td><td>1.2</td><td>0.75</td><td>0.01</td><td>2.2</td><td>0.8</td></tr>
<tr><td>中等硬度非均质铜合金 100~140HBW</td><td>高速钢</td><td>31.5</td><td>1.0</td><td>0.8</td><td>0.012</td><td>2.0</td><td>0.8</td></tr>
<tr><td rowspan="2">切削条件变化后的修正系数 K_M、K_F</td><td colspan="2">工件材料（m）</td><td colspan="2">钢
$K_{Mm} = K_{Fm} = \left(\frac{\sigma_b}{0.637}\right)^{0.75}$</td><td colspan="2">灰铸铁
$K_{Mm} = K_{Fm} = \left(\frac{H_B}{190}\right)^{0.6}$</td><td>可锻铸铁
$K_{Mm} = K_{Fm} = \left(\frac{H_B}{150}\right)^{0.6}$</td></tr>
<tr><td colspan="2">钻头磨损情况（ω）</td><td colspan="3">磨损后
$K_{M\omega} = 1$
$K_{F\omega} = 1$</td><td colspan="2">未磨损
$K_{M\omega} = 0.87$
$K_{F\omega} = 0.9$</td></tr>
</table>

注：1. 表中的 R_m 以 GPa 为计算单位。

2. 进给力公式是按修磨横刃的钻头计算的，不修磨横刃时应乘以系数 1.33。

下面为运用上面的计算公式和表格求钻削时扭矩、进给力和切削功率的例子。

例　已知：孔径 $d_0 = 20$ mm（通孔），要求精度 H12~H13，工件材料为 40 钢（抗拉强度为 0.628 GPa，热轧），刀具为高速钢麻花钻（修磨横刃），机床为 Z525 钻床。求钻削时的扭矩、进给力和切削功率。

解　根据已知条件和加工要求选用进给量 $f = 0.28$ mm/r；转速 $n = 6.35$ r/s。

查表 5-2 得

$$C_F = 61.2,\ X_F = 1.0,\ Y_F = 0.7$$

$$C_M = 0.031\ 1,\ X_M = 2.0,\ Y_M = 0.8$$

$$K_{Mm} = K_{Fm} = \left(\frac{0.628}{0.637}\right)^{0.75} = 0.989\ 38$$

$$K_{M\omega}=0.87,\ K_{F\omega}=0.9$$

代入 F、T、P_m 的计算公式，得

$$F=9.81\times61.2\times20\times0.28^{0.7}\times0.98938\times0.9=4385.82\ \text{N}$$

$$T=9.81\times0.0311\times20^2\times0.28^{0.8}\times0.98938\times0.87=37.94\ \text{N}\cdot\text{m}$$

$$P_m=2\times3.14\times37.94\times6.35\times10^{-3}=1.5137\ \text{kW}$$

5.3.4 麻花钻几何形状的改进

1. 标准麻花钻的缺点

麻花钻和扁钻相比，在结构上要完善得多，有一定的前角，导向及排屑好，重磨次数较多，等等。但它也还存在着不少缺点，特别是切削部分的几何参数，具体如下。

① 前角沿主切削刃变化很大，从外圆处的约+30°到接近中心处的约-30°，各点切削条件不同。

② 横刃前角为负值，为-60°～-54°，而横刃宽度 b_ψ 又较大，切削时挤压工件严重，轴向力大。

③ 主切削刃长，切屑宽，卷屑和排屑困难，且各点的切削速度大小及方向差异很大。

④ 刃带处副后角为零，而该点的切削速度又最高，刀尖角 ε_r 小，散热条件差，因此该处磨损较快，影响钻头的寿命。

麻花钻结构上的这些缺点，严重地影响了它的切削性能。为了进一步提高它的工作效率，需要按具体加工情况加以修磨改进。

2. 麻花钻常见的修磨方法

在生产中，一般常从下述几个方面对麻花钻进行修磨。

(1) 修磨横刃

麻花钻上横刃的切削情况最差。为了改善钻削条件，修磨横刃极为重要。一般修磨横刃的方法有如下几类。

① 缩短横刃。如图 5-9 (a) 所示，磨短横刃，减少其参加切削工作的长度，可以显著地降低钻削时的进给力，尤其对大直径钻头和加大钻芯直径的钻头更为有效。由于其效果很好，又较简便，因此直径 12 mm 以上的钻头，均常采用这种修磨方法。

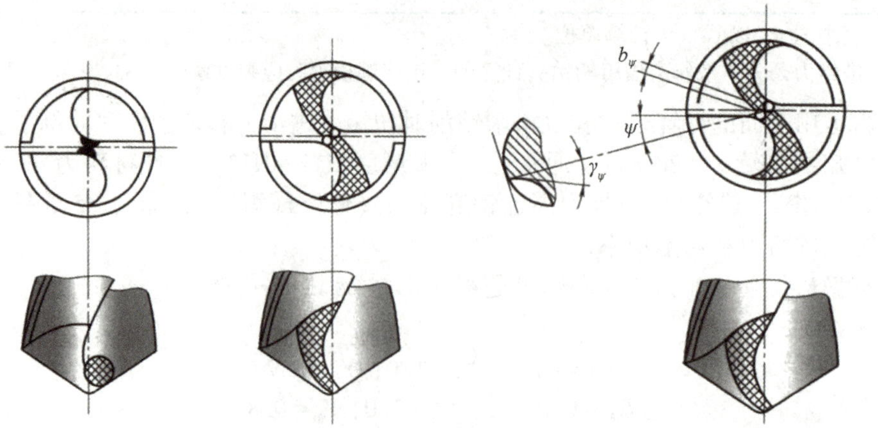

(a) 缩短横刃　(b) 修磨前角　(c) 综合式磨法

图 5-9　修磨横刃

② 修磨前角。如图5-9（b）所示，将钻芯处的前刀面磨去一些，可以增加横刃的前角。这是改善横刃切削条件的一种措施。

③ 综合式磨法。如图5-9（c）所示，综合上面两种方法，同时进行修磨。

（2）修磨多重顶角

钻头外圆处的切削速度最大，而该处又是主、副切削刃的交点，刀尖角较小，散热差，容易磨损。为了提高钻头的寿命，将该转角处修磨出$2\varphi_0=70°\sim75°$的双重顶角、三重顶角（当钻头直径较大时）或带圆弧刃的钻头，如图5-10所示。经修磨后的钻头，在接近钻头外圆处的切削厚度减小，切削刃长度增加，单位长度切削刃的负荷减轻；顶角减小，进给力下降；刀尖角加大，散热条件改善，因而可提高钻头的寿命和加工表面质量。但钻削很软的材料时，为避免切屑太薄和扭矩增大，一般不宜采用这种修磨方法。

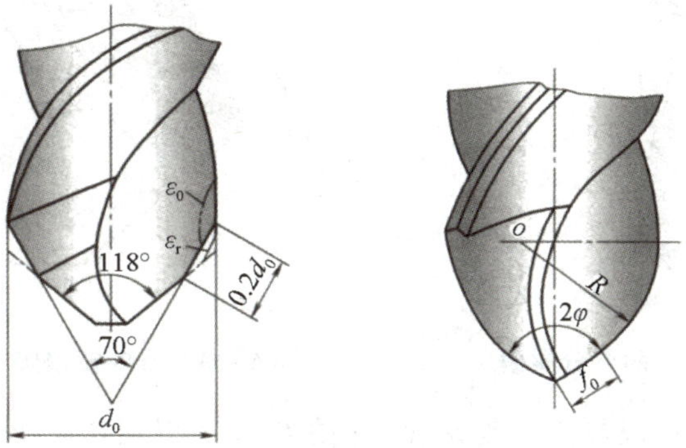

图5-10 双重顶角及圆弧刃钻头

（3）修磨前刀面

修磨前刀面的目的主要是改变前角的大小和前刀面的型式，以适应加工材料的要求。在加工脆性材料（如青铜、黄铜、铸铁、夹布胶木等）时，由于这些材料的抗拉强度较低，呈崩碎切屑，为了增加切削刃强度，避免崩刃现象，可将靠近外圆处的前刀面磨平一些以减小前角，如图5-11（a）所示。当钻削强度、硬度大的材料时，则可沿主切削刃磨出倒棱，稍微减小前角来增加刃口的强度，如图5-11（b）所示。当加工某些强度很低的材料（如有机玻璃）时，为减少切屑变形，可在前刀面上磨出卷屑槽，加大前角，使切削轻快，以改善加工质量，如图5-11（c）所示。

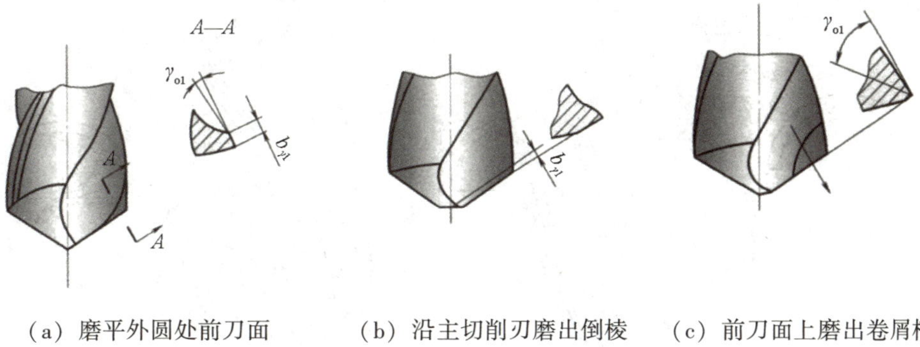

（a）磨平外圆处前刀面 （b）沿主切削刃磨出倒棱 （c）前刀面上磨出卷屑槽

图5-11 钻头前刀面的修磨

(4) 开分屑槽

当钻削韧性材料或尺寸较大的孔时，切屑宽而长，排屑困难，为便于排屑和减轻钻头负荷，可在两个主切削刃的后刀面上交错磨出分屑槽（图 5-12），将宽的切屑分割成窄的切屑。也可在前刀面上开出分屑槽，但制造较困难。

(5) 修磨刃带

因钻头的侧后角为零度，在钻削孔径超过 12 mm 无硬皮的韧性材料时，可在刃带上磨出 $\alpha'_o=6°\sim8°$的副后角，如图 5-13 所示。钻头经修磨刃带后，可减少磨损、提高寿命。

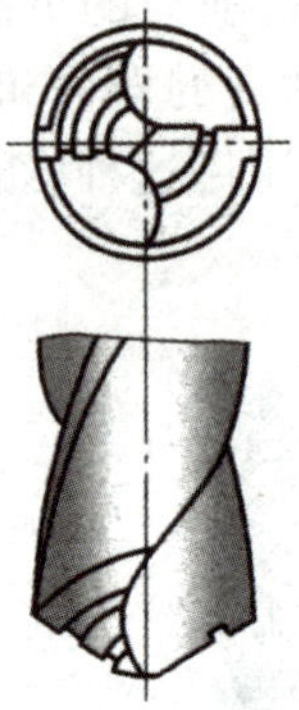

图 5-12 钻头后刀面开分屑槽

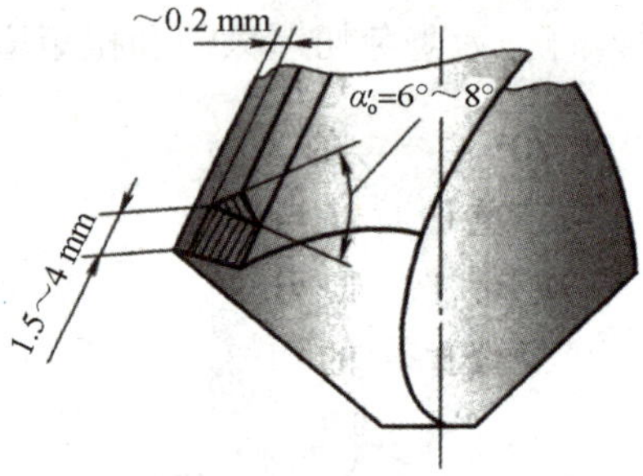

图 5-13 麻花钻修磨刃带

从上面的修磨方法可以看出，改善麻花钻的结构，既可以根据具体工作条件对麻花钻进行适当的修磨，也可以在设计和制造钻头时即考虑如何改进钻头的切削部分形状，以提高其切削性能。

3. 群钻

群钻是在长期的钻孔实践中，经过不断总结经验，综合运用了麻花钻各种修磨方法而制成的一种效果较好的钻头。群钻有许多种，标准群钻是其中的基本形式，它适合钻削普通钢材。其他形式则是在此基础上根据加工材料和工艺要求的不同加以变化而成的。

标准群钻（图 5-14）是用标准麻花钻修磨而成的。修磨的方法如下。

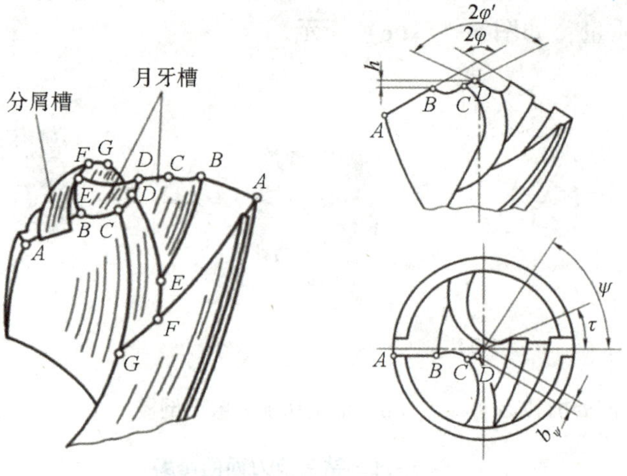

图 5-14 标准群钻

① 修磨两个刃瓣上的后刀面，得到两条对称的外直刃（AB），这与重磨一般的麻花钻后面基本相同。

② 在两个刃瓣的后刀面上，对称地磨出两个月牙槽。

③ 修磨接近钻芯处的前刀面。

④ 当钻头直径大于 15 mm 时，在一个刃瓣的外直刃上磨出分屑槽。

这样修磨的群钻有很多优点，简要介绍如下。

① 当修磨了接近钻芯处的前刀面后，新的横刃大大缩短了，约为标准麻花钻横刃长度的 1/7～1/5。

② 修磨出来的前刀面与月牙槽表面相交而成的两条对称的内直刃 CD 有较大的前角（虽然仍为负值，但比标准麻花钻的横刃前角大多了）。

③ 月牙槽表面与钻头螺旋槽表面相交而形成两条对称的圆弧刃 $\overset{\frown}{BC}$，不但起到分屑作用，也便于排屑，而且它能在孔的底面上切出一个凸形环台，使钻头切削时不易偏摆，起到良好的定心作用；同时，月牙槽还能使切削液容易流到切削处，有利于润滑与冷却。

④ 为了避免新横刃的强度受到削弱，在磨两个月牙槽时，把它们的交线 DD（即新横刃）磨低一些，尽可能减小钻尖高度 h，同时又适当加大内直刃的顶角 $2\varphi'$（这里取 135°），这样就保护了钻尖。

由于群钻具有较合理的切削角度，特别是大大改善了标准麻花钻上切削最不利处横刃的切削条件，所以钻削时就较轻快，在加工钢料时，群钻的进给力比标准麻花钻可降低 35%～50%，扭矩约减小 10%～30%，而寿命比标准麻花钻可提高 3～5 倍。因此在保持合理寿命的情况下，群钻能显著地提高加工生产率，而且加工质量也有所改善。

根据不同加工材料（如铜、铝合金、有机玻璃等）和工艺要求而扩展成的其他形式的群钻，不但能在加工时提高其钻孔质量，并能满足对不同工作情况（如薄板、斜孔等）的加工要求。群钻的修磨较复杂，手工修磨时需有较熟练的技巧或采用修磨夹具，否则较难达到预期的效果。

5.3.5 硬质合金麻花钻的结构特点

随着工程材料的不断发展，硬质合金钻头在生产中的应用已非常广泛。它不仅能对普通的钢铁材料进行高速钻削，提高生产率和寿命，且可加工各种有色金属及橡胶、塑料、玻璃、石材等非金属材料，在工艺系统刚度足够大的情况下还能成功地应用于加工高强度材料。

小尺寸硬质合金钻头（$\varphi \leq 5$ mm）一般为整体式；较大尺寸的一般做成刀片焊接式或可转位式，如图 5-15（a）和图 5-15（b）所示。硬质合金牌号常用 YG 类；刀体材料则用合金工具钢，经热处理以提高强度和硬度。硬质合金钻头钻削时，若工艺系统刚度不足、横刃太长等常易引起刀片崩刃，应设法避免之。

（a）刀片焊接式

图 5-15 硬质合金钻头

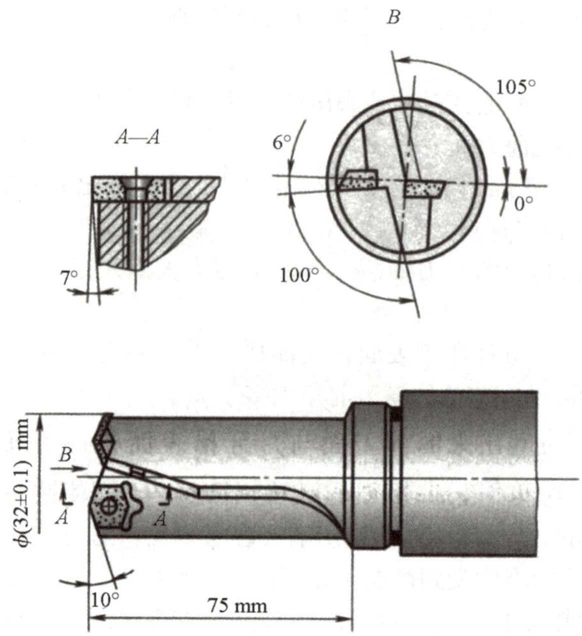

（b）可转位式

图 5-15 （续）

硬质合金钻头的结构特点如下。

① 硬质合金钻头的前角较小，相应的斜角 ω 也取得较小，加工钢材时，一般取 $\omega=6°\sim8°$；但为方便排屑，刀体上 $\omega=15°\sim20°$。

② 为了增强硬质合金钻头的刚度，故钻芯直径 d_c 较大，常取 $d_c=(0.25\sim0.30)\ d_0$；在钻削难加工材料上的小尺寸孔时，可取 $d_c=(0.30\sim0.35)\ d_0$。由于 d_c 较大，为了不减少排屑空间，故在设计时容屑槽应加宽，因而横刃需经修磨，一般横刃长度应小于 $(0.10\sim0.15)\ d_0$。

③ 由于硬质合金刀片长度不长，又为了减少钻孔时钻头的悬伸长度以增加刚度，因此钻头工作部分较短。

④ 为减少切削速度较高时的摩擦，做有较大的刀片倒锥量，其值为 0.01～0.08 mm/刀片全长；刀体则做成圆柱形，其直径比刀片小端的尺寸小 0.2～0.3 mm。

⑤ 硬质合金钻头加工时切削用量较大，最好采用强度较高的锥柄。

5.3.6 麻花钻的刃磨

麻花钻的刃磨是沿后刀面进行的，刃磨时应保证主切削刃上的后角值“内大外小”，即靠近钻芯处后角要较大，靠近外圆处要较小。同时又因横刃是两个主切削刃后刀面的交线，因此，刃磨后还应使横刃得到合适的横刃斜角 ψ、横刃前角 γ_ψ 及横刃后角 α_ψ。

刃磨标准麻花钻后刀面的方法主要有两种，即圆锥面磨法和螺旋面磨法。

1. 圆锥面磨法

图 5-16 为圆锥面磨法示意图，这种磨法在生产中应用较广。装夹钻头的夹具带着钻头一起绕着轴线 $O—O$ 做往复摆动。轴线 $O—O$ 与砂轮端面的夹角为 δ（通常 $\delta=13°\sim$

15°)，这样，钻头的后刀面就是锥角为 2δ 的圆锥面的一部分。由于圆锥面上各点的曲率不同，越接近锥顶曲率越大，所以当圆锥轴线和钻头轴线间的夹角 θ 一定时（$\theta=45°$），调整钻头轴线到圆锥顶点的距离 a［一般 $a=(1.8\sim1.9)d_0$］和圆锥轴线到钻头轴线间的垂距 e［一般 $e=(0.05\sim0.07)d_0$］，就能使主切削刃上各点得到不同的后角以及适当的顶角和横刃斜角等。磨完一个后刀面以后再刃磨另一个后刀面。

2. 螺旋面磨法

用这种方法磨出的后刀面是导程为 P'_z 的螺旋面的一部分，因此切削刃上任意一点 m 处的后角 α_{pm} 为

$$\tan\alpha_{pm}=\frac{P'_z}{\pi d_m}$$

即越靠近钻头中心后角越大。图 5-17 是螺旋面磨法示意图。将钻头轴心线相对于砂轮平面倾斜安装，使主切削刃位于砂轮磨削平面内。在钻头缓慢旋转的同时，砂轮除高速旋转外，还由平面凸轮带动沿其轴线做往复运动，这样就使钻头的后刀面磨成螺旋面。钻头每转一周，砂轮往复两次，就可磨出钻头的两个后刀面。

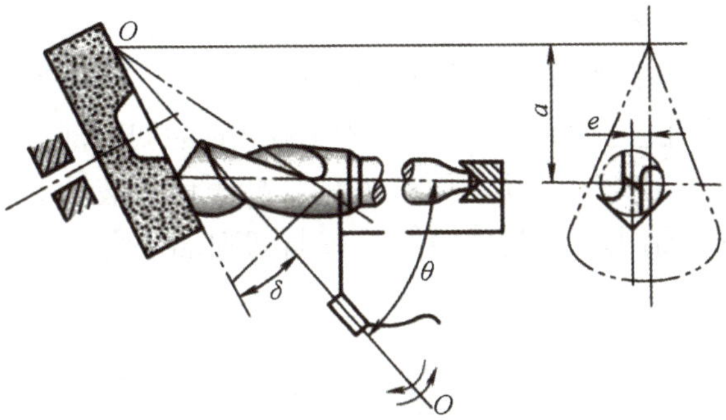

图 5-16　钻头后刀面圆锥面磨法示意图

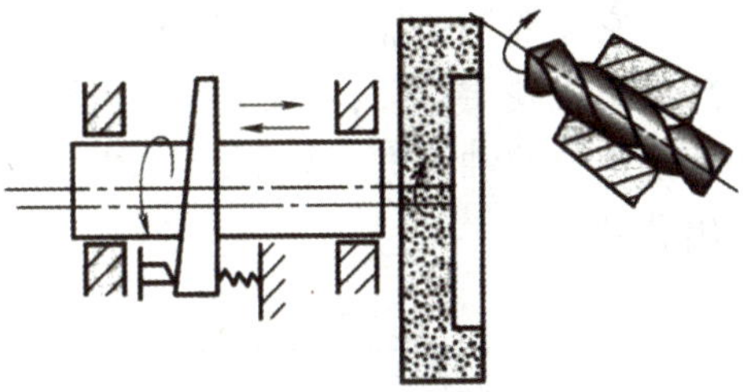

图 5-17　钻头后刀面螺旋面磨法示意图

用螺旋面磨法磨出的钻头，在靠近中心处的后角比用圆锥面磨法所得的还要大些，故横刃的负前角较小，因而钻削时进给力较小。但用这种钻头切削硬脆材料时，其强度较差，只适宜于钻削中等强度以下的钢材，所以这种磨法不如圆锥面磨法用得广泛。

任务 5.4　深　孔　钻

任务描述

接下来，老张转向深孔钻的介绍。他解释说，深孔钻主要用于加工深孔，常见的有枪钻、喷吸钻、DF 系统深孔钻和套料钻等。老张详细介绍了每种深孔钻的工作原理和结构特点，并通过实际案例演示了它们的应用场景和操作方法。

任务分析

任务的目标是了解深孔钻的种类、工作原理和结构特点。通过学习，小林将能够掌握

不同类型深孔钻的应用和操作技巧，从而在实际加工中选择合适的深孔钻，提高深孔加工的效率和质量。

任务实施

深孔一般指孔的深径比（深度与孔径的比值）大于5的孔。深孔加工时，由于孔的深径比比较大，钻杆细而长，刚性很差，切削时很容易产生弯曲变形和振动，使孔的位置偏斜，难以保证孔的加工精度；另外，刀具在近似封闭的状态下工作，切削液难以进入切削区起到充分的冷却与润滑作用，切削热不易扩散，排屑也很困难。针对深孔加工的特点，深孔刀具应具有足够的刚度和良好的导向能力、可靠的断屑和排屑能力，以及有效的润滑和冷却功能。

对于深径比为5~20的普通深孔，可在车床或钻床上用加长麻花钻钻孔；对于深径比在20以上的深孔，应在深孔钻床上用深孔钻加工；对于要求较高且直径较大的深孔，可以在深孔镗床上加工。

5.4.1 枪钻

图5-18所示为单刃外排屑深孔钻。单刃外排屑深孔钻最早用于枪管加工，故又称为枪钻。它主要用来加工直径为3~20 mm的深孔，孔的深径比可大于100。它的切削部分采用高速钢或硬质合金，工作部分用无缝钢管压制成形。其工作原理是：高压切削液从钻杆和切削部分的油孔进入切削区，以冷却和润滑钻头，并把切屑沿钻杆与切削部分的V形槽冲出孔外。

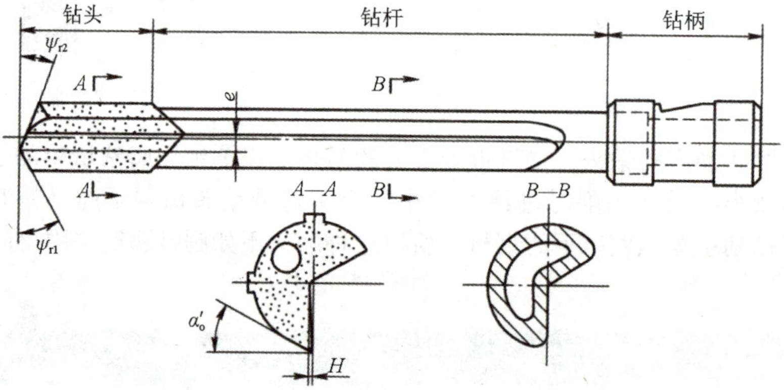

图5-18 单刃外排屑深孔钻

5.4.2 喷吸钻

图5-19所示为高效、高质量的内排屑深孔钻（又称为喷吸钻）的工作原理。它用于加工深径比小于100，直径为20~65 mm的深孔。它由钻头、内管及外管三部分组成，内、外管之间留有环形空隙。喷吸钻工作时，高压切削液从进液口进入连接套，2/3的切削液以一定的压力经内、外管之间输送至钻头，并通过钻头上的小孔喷向切削区，对钻头进行冷却和润滑，此外1/3的切削液通过内管上六个月牙形的喷嘴向后喷入吸管，由于喷速

高，在内管中形成低压区而将前端的切屑向后吸，在前推后吸的作用下，使排屑顺畅。

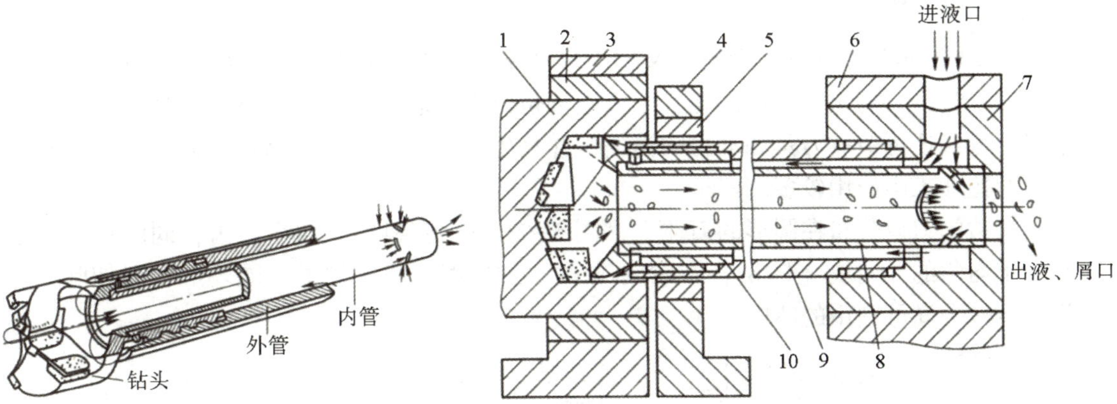

（a）　　　　（b）

1—工件；2—夹爪；3—中心架；4—引导架；5—导向管；6—支持座；7—连接套；8—内管；9—外管；10—钻头。

图 5-19　喷吸钻工作原理

喷吸钻附加一套液压系统与连接套，可在车床、钻床、镗床上使用，适用于中等直径的深孔加工，钻孔的效率较高。

5.4.3　DF 系统深孔钻

DF（Double Feeder）系统深孔钻又称为双加油器深孔钻，如图 5-20 所示。工作系统在工件端面放置一个 BTA（内排屑深孔钻）系统的密封装置，后面放置一个产生喷吸效应的装置。由于发挥了推、吸双重作用，排屑效果进一步得到改善，特别适用于直径为 6~20 mm 的小深孔，以及用于不易断屑材料的加工。DF 系统深孔钻只有一个钻杆，内有压力切削液的支承，振动小，排屑空间大，加工精度好，效率高，是很有发展前途的深孔加工工具。

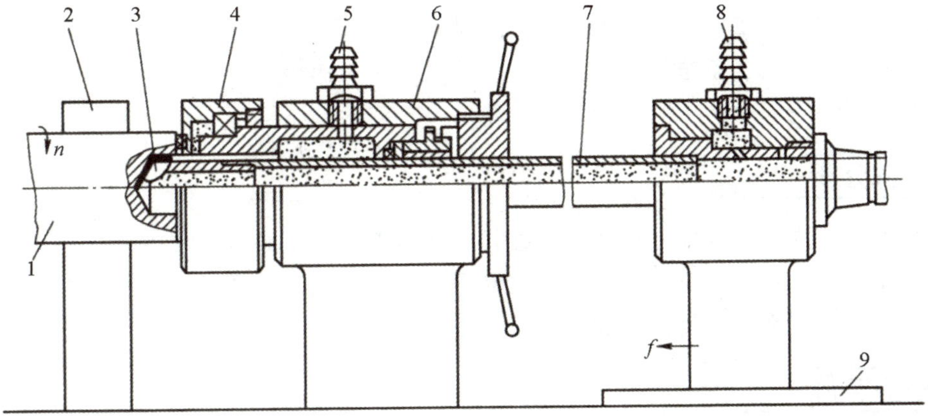

1—工件；2—中心架；3—钻头；4—BTA 系统密封头；5—进液口；6—导向支架；7—钻杆；8—喷吸效应进液口；9—进给拖板。

图 5-20　DF 系统深孔钻装置示意

5.4.4 套料钻

图 5-21 所示为套料钻。套料钻又称为环孔钻，用于加工直径大于 60 mm 的孔。采用套料钻加工时，只切出一个环形孔，在中心部位留下料芯，由于它切下的金属少，不但节省金属材料，还可节省刀具和动力的消耗，并且生产率极高，加工精度也高。因此，在重型机械的孔加工中应用较多。

套料钻的刀齿分布在圆形的刀体上，图 5-21 所示套料钻有四个刀齿，同时在刀体上装有分布均匀的导向块（4~6 个），用于导向。加工时，将工件上一圈环形材料切除，从中间套出一个尚可利用的芯棒。

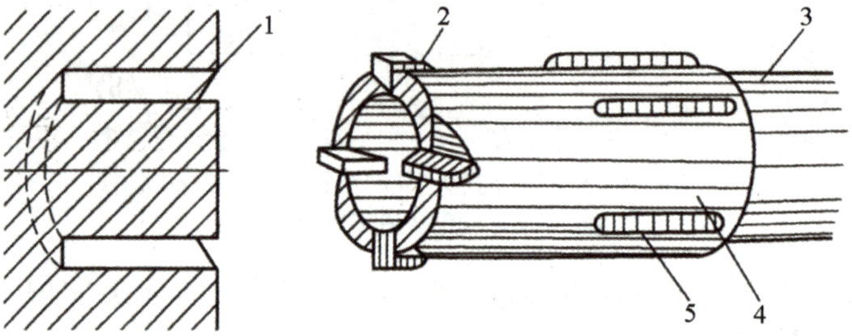

1—料芯；2—刀齿；3—钻杆；4—刀体；5—导向块。

图 5-21 套料钻

任务 5.5 铰　刀

任务描述

老张继续讲解铰刀的相关知识。他解释说，铰刀是一种用于精加工孔的工具，其种类和铰削特点决定了加工精度和表面质量。老张详细介绍了铰刀的种类、结构及几何参数，包括刃磨与研磨方法、新结构铰刀的特点、铰削用量的选择、冷却与润滑方法以及铰孔时的操作要点。

任务分析

任务的重点在于掌握铰刀的种类、结构、几何参数、刃磨与研磨方法、新结构铰刀的特点、铰削用量的选择、冷却与润滑方法以及操作要点。通过学习，小林将能够理解铰刀的工作原理和使用技巧，提高孔加工的精度和表面质量。

任务实施

铰刀是对预制孔进行半精加工或精加工的多刃刀具。铰孔常用于钻孔或扩孔等工序之后。因铰削加工余量小，齿数多（4~12 个），刚性和导向性好，故工作平稳，加工尺寸公差等级可达 IT7~IT6，甚至可达 IT5，表面粗糙度 Ra 为 1.6~0.4 μm。铰削可以加工圆柱孔、圆锥孔、通孔和不通孔；可以在钻床、车床、组合机床、数控机床和加工中心等多种机床上进行，也可以采用手工操作，因此，铰削是一种应用非常广泛的孔加工方法。

5.5.1　铰刀的种类和铰削特点

1. 铰刀的种类

铰刀按精度等级可分为三级，分别适用于铰削 H7、H8、H9 级的孔。

铰刀按使用方式可分为机用铰刀和手用铰刀两大类。机用铰刀由机床引导方向，导向性好，故工作部分尺寸短。手用铰刀的柄部为圆柱形，尾部制成方头，以便使用铰杠。

机用铰刀可分为高速钢机用铰刀和硬质合金机用铰刀。高速钢机用铰刀的直径为 1～20 mm 时，做成直柄，如图 5-22（a）所示；直径为 5.5～50 mm 时，做成锥柄，如图 5-22（b）所示；直径为 25～100 mm 时，做成套式，如图 5-22（f）所示，它们用于成批生产的低速机动铰孔。硬质合金机用铰刀直径为 6～20 mm 时，做成直柄，直径为 ϕ8～40 mm 时，做成锥柄，如图 5-22（c）所示，它们主要用于成批生产的机动铰削普通材料、难加工材料的孔。

图 5-22（d）所示为手用铰刀，其主偏角 κ_r 小，工作部分长，常用直径为 1～71 mm，适用于单件小批生产或在装配中铰削圆柱孔。图 5-22（e）所示为可调节手用铰刀。铰刀刀片装在刀体的斜槽内，并靠两端有内斜面的螺母夹紧。旋转两端螺母，推动刀片在斜槽内移动，可使其直径有微量伸缩。常用直径为 6.5～100 mm。这种铰刀常用于机器修配场合。

铰刀按孔加工的形状可分为圆柱铰刀和圆锥铰刀。图 5-22（g）所示为用于铰削 0～6 号莫氏锥度锥孔的圆锥铰刀，由于加工余量大，通常是两把刀组成一套，粗铰刀上有分屑槽。图 5-22（h）所示为用于铰削 1∶50 锥度的销孔铰刀，常用直径为 0.6～50 mm。

上述各种铰刀均已标准化，可查阅相关国家标准。

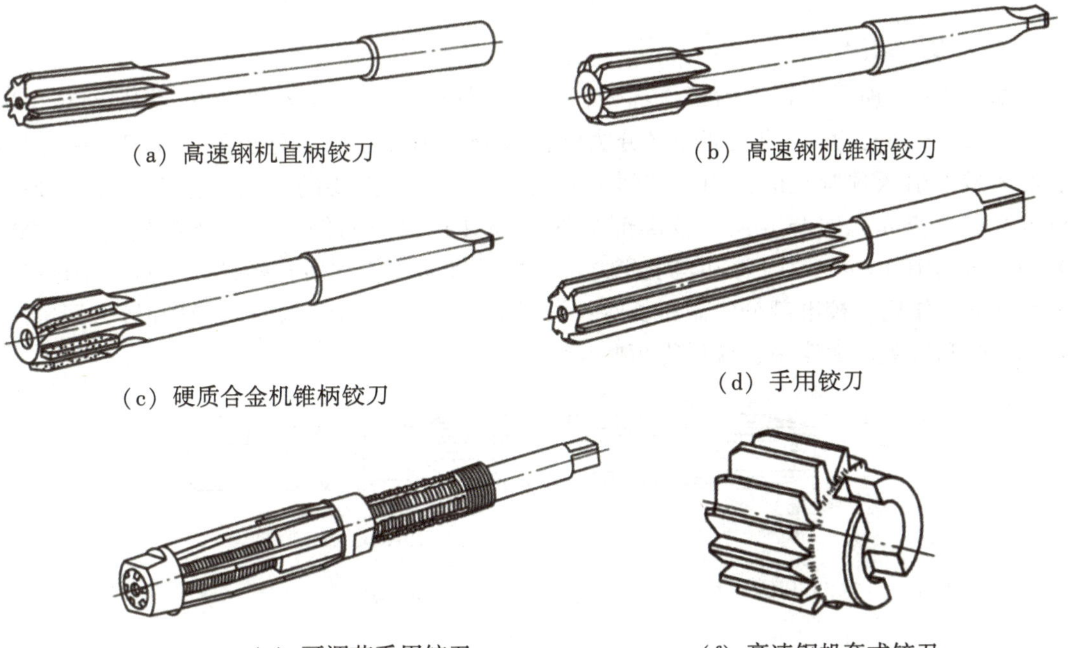

（a）高速钢机直柄铰刀　（b）高速钢机锥柄铰刀

（c）硬质合金机锥柄铰刀　（d）手用铰刀

（e）可调节手用铰刀　（f）高速钢机套式铰刀

图 5-22　铰刀的种类

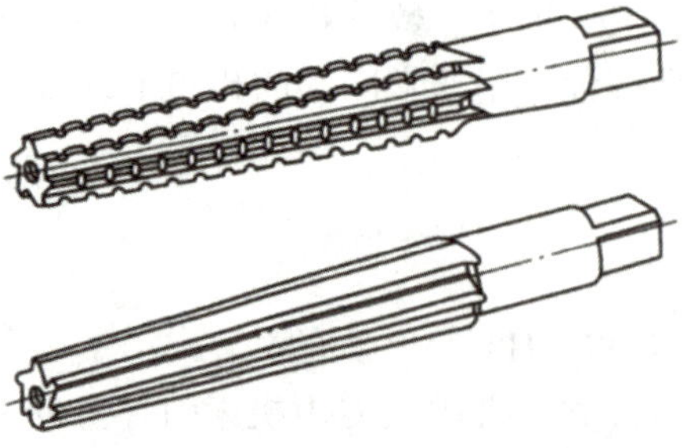

（g）圆锥铰刀

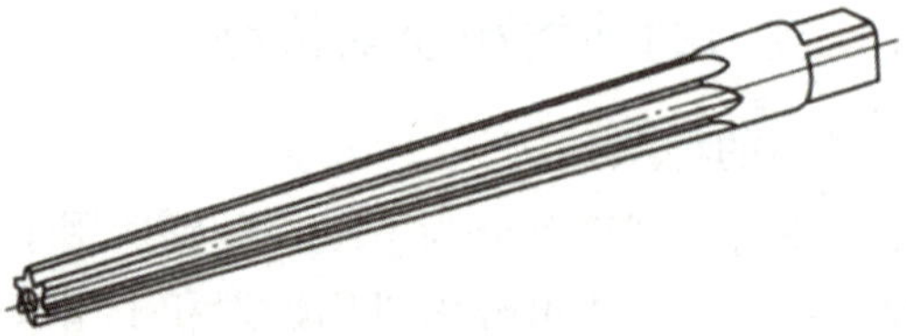

（h）1∶50锥度销孔铰刀

图5-22（续）

2. 铰削特点

铰刀是定尺寸工具，一把铰刀只能加工一种尺寸和一种精度要求的孔，且直径大于80 mm的孔不适宜铰削。由于铰削余量小，一般为0.05~0.2 mm，所以铰削时的切削厚度h_D很小。此时，在切削刃与校准刃之间的过渡部分形成一段切削厚度极薄的区域。由于铰刀切削刃存在一定钝圆半径r_n，所以经常在$h_D<r_n$的情况下进行切削。此时切削刃中起切削作用的前角为负值，因而产生挤刮作用。受挤刮作用的已加工表面弹性回复，又受到校准部分后角为0°的刃带挤压与摩擦，因此铰削过程是个非常复杂的切削、挤压与摩擦的过程。另外，铰削速度较低（$v_c<10$ m/min），易产生积屑瘤，使孔径扩大并增大表面粗糙度值。由于铰刀切削量小，为防止铰刀轴线与主轴轴线相互偏斜而引起孔轴线歪斜、孔径扩大等现象，铰刀与机床主轴之间常采用浮动连接。当采用浮动连接时，铰削不能校正底孔轴线的偏斜，故孔的位置精度应由前道工序来保证。

5.5.2 铰刀的结构及几何参数

1. 铰刀的结构

如图5-23所示，铰刀由工作部分、颈部和柄部组成。工作部分包括引导锥、切削部分和校准部分，其中校准部分又分为圆柱部分和倒锥部分。对于手用铰刀，引导锥仅起便于铰刀引入预制孔的作用；切削部分呈锥形，担负主要的切削工作；校准部分用于校准孔径、修光孔壁与导向。校准部分的后部具有很小的倒锥，其倒锥量为（0.005~0.006）mm/100 mm，用于减少与孔壁之间的摩擦和防止铰削后孔径扩大。对于手用铰刀，为增强导向作用，校准部分应做得长些；对于机用铰刀，为减少机床主轴和铰刀同轴度误差的影响和避免增大摩擦，应做得短些。

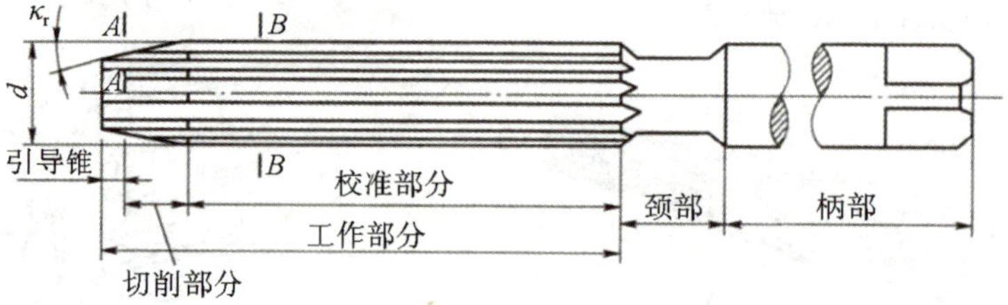

（a）手用铰刀

图5-23 铰刀的结构

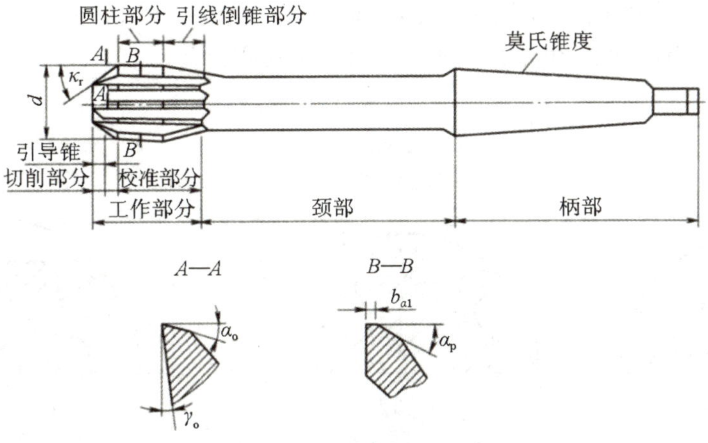

（b）机用铰刀

图 5-23（续）

2. 铰刀的齿数和齿槽

铰刀的齿数应根据直径大小、铰削精度和齿槽容屑空间要求而定。增加铰刀齿数，使切削厚度减小，铰刀导向性好，可提高孔的加工质量，但容屑空间减小。一般情况下，高速钢铰刀直径为 1~55 mm 时，齿数为 4~12。当硬质合金铰刀直径小于 6 mm 时，齿数≤3；当硬质合金铰刀直径大于 40 mm 时，齿数≥10；当硬质合金铰刀直径为 6~40 mm 时，齿数为 4~8。加工塑性材料时，取较少齿数；加工脆性材料时，取较多齿数。为了便于测量直径，铰刀齿数一般取偶数。

铰刀刀齿在圆周上的分布有等齿距和不等齿距两种形式，如图 5-24 所示。等齿距分布的铰刀制造简单，应用广泛。为避免铰刀颤振时使刀齿切入的凹痕定向重复加深，手用铰刀常采用不等齿距分布；为便于制造和测量，采用对顶齿间角相等的不等齿距分布。

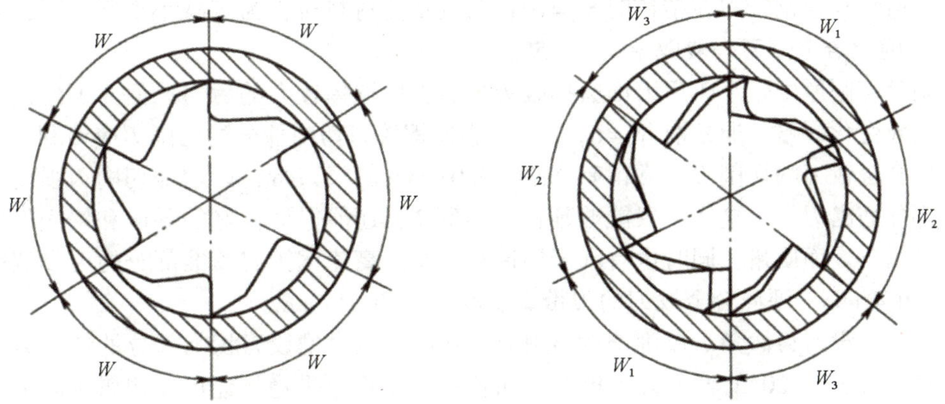

（a）等齿距分布　　（b）不等齿距分布

W—齿槽宽度

图 5-24　刀齿分布

铰刀的齿背形式有直线齿背、圆弧齿背和折线齿背三种，如图 5-25（a）、图 5-25（b）和图 5-25（c）所示。直线齿背形状简单，能用标准角度铣刀铣削，制造容易，一般机用和手用铰刀都采用这种槽形。铰刀直径 $d=4\sim7$ mm 时，$\theta=80°$；$d=14\sim20$ mm 时，

$\theta=70°$。圆弧齿背有较大的容屑空间，通常 $d>20$ mm 时，r 一般取 15 mm、20 mm、25 mm。折线齿背结构较简单，制造和刃磨方便，主要用于硬质合金铰刀。

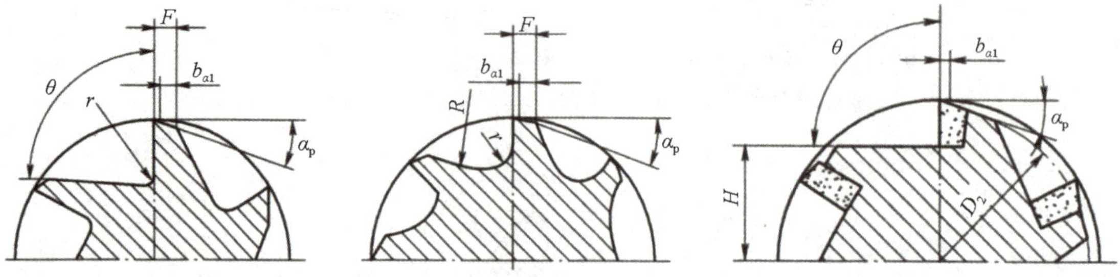

图 5-25　铰刀齿背形式

铰刀的齿槽可做成直槽或螺旋槽。直槽铰刀制造、刃磨和检验都比较方便，生产中常用；螺旋槽铰刀铰削较平稳，主要用于铰削深孔或带断续表面的孔，其旋向有左旋和右旋两种。右旋槽铰刀在铰削时切屑向后排出，适用于加工不通孔；左旋槽铰刀在铰削时切屑向前排出，适用于加工通孔。螺旋槽铰刀的螺旋角根据被加工材料选取：加工铸铁和硬钢时取 $\beta=7°\sim8°$；加工软钢、中硬钢、可锻铸铁时取 $\beta=12°\sim20°$；加工铝等轻金属时取 $\beta=35°\sim45°$。

3. 铰刀的几何角度

对于铰刀，可把主偏角 κ_r 看成切削部分半锥角。主偏角过大会使切削部分的长度过短，使进给力增大并造成铰削时定心精度差；主偏角过小会使切削宽度增大，切削厚度变小，不利于排屑。采用机用铰刀加工钢件等塑性材料时，一般取 $\kappa_r=12°\sim15°$；加工铸铁等脆性材料时，一般取 $\kappa_r=3°\sim5°$；手用铰刀一般取 $\kappa_r=1°\sim1°30'$。

铰削时切屑较薄，切屑与前刀面在刃口附近处接触，前角的大小对切削变形的影响并不显著。通常高速钢铰刀在精铰时 $\gamma_p=0°$；粗铰塑性材料时，为了减小切削变形，取 $\gamma_p=5°\sim15°$。硬质合金铰刀一般取 $\gamma_p=0°\sim5°$。

铰削时切削厚度较小，后刀面磨损较为显著，应选择较大的后角。但为了使铰刀使用时径向尺寸变化缓慢，通常取 $\alpha_o=6°\sim14°$。高速钢铰刀切削部分的切削刃应锋利，不留刃带；硬质合金铰刀的切削刃通常留有 0.01~0.07 mm 的窄刃带，以增加切削刃强度。在铰刀校准部分磨出刃带，这样不仅能够延长刀具寿命，还能保证良好的导向和修光作用，提高工件已加工表面质量，同时也有利于制造和检验。高速钢铰刀校准部分的刃带宽度通常取 0.15~0.4 mm，硬质合金铰刀的刃带宽度取 0.1~0.25 mm。

一般铰刀没有刃倾角。铰削塑性材料时，在高速钢直槽铰刀切削部分的切削刃上磨出与铰刀轴线成 15°~20°的轴向刃倾角 λ_s，可使铰刀工作更平稳，还可使切屑排向工件的待加工表面，提高已加工表面质量。

4. 工作部分的尺寸

在切削部分前端做出（1~2）mm×45°前导锥，便于将铰刀引入工件，并对切削刃起保护作用。

切削部分长度 l_1 根据主偏角 κ_r 和铰削余量 A 来确定，取 $l_1=(1.3\sim1.4)A\cot\kappa_r$。

高速钢机用铰刀校准部分有圆柱部分和倒锥部分。倒锥部分可减少刀具与孔壁的摩擦，减少扩张量，倒锥量为 0.005～0.02 mm。当铰刀直径 d=3～32 mm 时，取机用铰刀工作部分长度 l=（0.8～3）d，圆柱部分长度 l_2=（0.25～0.5）d。

硬质合金铰刀工作部分长度等于刀片长度，其校准部分允许倒锥量为 0.005 mm。在校准部分的末端应做出后锥角为 3°～5°、长度为 3～5 mm 的后锥，以防止退刀时划伤孔壁和挤碎刀片。

5.5.3　铰刀的刃磨与研磨

铰刀的切削厚度较小，磨损主要发生在后刀面上，为避免铰刀重磨后直径减小或校准部分刃带宽度减小，通常只重磨切削部分的后刀面，铰刀刃磨通常在工具磨床上进行，如图 5-26 所示。重磨时，铰刀轴线相对于工具磨床导轨倾斜一个角度，并使砂轮的端面相对于切削部分的后刀面倾斜 1°～3°，以避免两者接触面过大而烧伤刀齿。磨削时，为使后刀面和砂轮都处于垂直位置，支承在铰刀前刀面的支承片顶端应低于铰刀中心，高度差为（d_0/2）sin α_o，这样便可得到所要求的后角 α_o。重磨后的铰刀应用油石在切削部分和校准部分交接处研磨出宽度为 0.5～1 mm 的倒角，以提高铰削质量和延长刀具寿命。

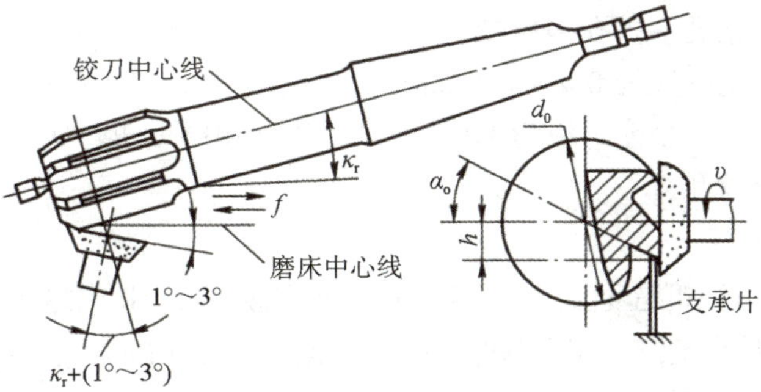

图 5-26　铰刀的刃磨

工具厂供应的新铰刀，通常留有 0.01 mm 左右的直径研磨量，使用前须经研磨才能达到要求的铰孔精度。磨损的铰刀可通过刃磨改制为铰削其他配合精度的孔。此外，在决定专用铰刀直径的尺寸公差时，若扩张量与收缩量无法事先确定，可将铰刀直径预先做得大一点，留有适当的研磨量，通过试切实测加以确定。铰刀的研磨可在车床上用铸铁研磨套沿校准部分刃带进行，如图 5-27 所示。研磨套用三个调节螺钉支承在外套的孔内。研磨套有开口斜槽，调节螺钉使研磨套产生变形，与铰刀圆柱刃带轻微接触，在接触面加入少量的研磨膏。研磨时，铰刀低速转动，研磨套沿轴向做往复运动。

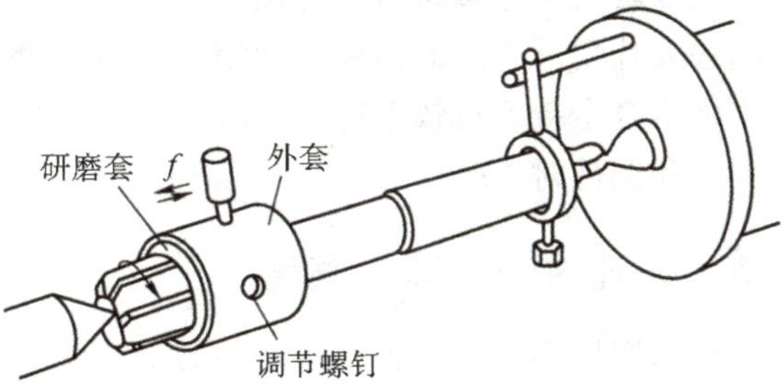

图 5-27　铰刀的研磨

5.5.4　铰削用量

铰削用量包括铰削余量（$2a_p$）、切削速度（v_c）和进给量（f）。

1. 铰削余量

铰削余量是指上道工序（钻孔或扩孔）完成后留下的直径方向的加工余量。铰削余量不宜过大，因为铰削余量过大会使刀齿切削负荷增大，变形增大，切削热增加，被加工表面呈撕裂状态，致使加工精度降低，表面粗糙度值增大，同时加剧铰刀磨损。

铰削余量也不宜太小，否则，上道工序的残留变形难以纠正，原有刀痕不能被去除，铰削质量达不到要求。选择铰削余量时，应考虑孔径大小、材料软硬、加工精度、表面粗糙度要求及铰刀类型等因素的综合影响。用普通标准高速钢铰刀铰孔时，铰削余量参见表 5-3。

表 5-3　铰削余量

铰孔直径 ϕ	<5	5~20	21~32	33~50	51~70
铰削余量/mm	0.1~0.2	0.2~0.3	0.3	0.5	0.8

此外，铰削余量的确定与上道工序的加工质量有直接关系。对铰削前预加工孔出现的弯曲、锥度、椭圆和不光洁等缺陷，应有一定限制。铰削精度较高的孔，必须经过扩孔或粗铰，才能保证最后的铰孔质量。因此，在确定铰削余量时，还要考虑铰孔的工艺过程。例如用标准铰刀铰削直径小于 40 mm、尺寸公差等级为 IT8、表面粗糙度 *Ra* 为 1.25 μm 的孔，其工艺过程是：钻孔→扩孔→粗铰→精铰。

精铰时的铰削余量一般为 0.1~0.2 mm。

用标准铰刀铰削尺寸公差等级为 IT9（H9）、表面粗糙度 *Ra* 为 2.5 μm 的孔，工艺过程是：钻孔→扩孔→铰孔。

2. 机铰切削速度

为了得到较小的表面粗糙度值，必须避免产生积屑瘤，减少切削热及变形，因而应选取较小的切削速度。用硬质合金铰刀铰削钢件（抗拉强度>1 000 MPa）时，v_c=4~10 m/min；铰削铸铁件（>200 HBW）时，v_c=5~10 m/min；铰削铜件时，v_c=6~12 m/min。

3. 机铰进给量

铰削时的进给量要适当，若进给量过大，则铰刀易磨损，也影响加工质量；若进给量过小，则很难切下金属材料，并使材料受到挤压，产生塑性变形和表面硬化，最后导致切削刃撕去大片切屑，表面粗糙度值增大，铰刀磨损加快。

用硬质合金铰刀机铰钢件时，f=0.25~1.2 mm/r；机铰铸铁件时，f=0.7~3.0 mm/r；机铰铜件和铝件时，f=0.15~0.5 mm/r；

5.5.5　铰孔时的冷却与润滑

铰削的切屑细碎且易黏附在切削刃上，甚至挤在孔壁与铰刀之间而刮伤表面，扩大孔径。铰削时必须用适当的切削液冲掉切屑，减少摩擦，并降低工件和铰刀温度，防止产生积屑瘤。选用切削液时可参考表 5-4。

表 5-4　铰孔时的切削液

加工材料	切削液（体积分数）
钢	① 10%~20%乳化液； ② 铰孔要求较高时，采用 30%煤油加 70%肥皂水； ③ 铰孔要求较高时，可采用苯油、柴油、猪油等

续表

加工材料	切削液（体积分数）
铸铁	① 煤油（但会引起孔径缩小，最大收缩量 0.02~0.04 mm）； ② 低浓度乳化液； ③ 也可不用切削液
铝	煤油
铜	乳化液

5.5.6 铰孔时的工作要点

① 装夹要可靠。将工件夹正、夹紧。对于薄壁零件，要防止夹紧力过大而将孔夹扁。

② 手铰时，两手用力要平衡、均匀、稳定，以免在孔的进口处出现喇叭孔或使孔径扩大；进给时，不要猛力推压铰刀，而应一边旋转，一边轻轻加压，否则，孔表面会很粗糙。

③ 注意变换铰刀每次停歇的位置，以消除铰刀在同一处停歇所造成的振痕。

④ 铰刀只能顺转，否则切屑扎在孔壁和刀齿后刀面之间，既会将孔壁拉毛，又易使铰刀磨损，甚至崩刃。

⑤ 当手用铰刀被卡住时，不要猛力扳转，而应及时取出铰刀，清除切屑，检查铰刀后再继续缓慢进给。

⑥ 机铰退刀时，应先将铰刀退出后再停机。铰通孔时，铰刀的校准部分不要全出头，以防孔的下端被刮坏。

⑦ 机铰时要注意机床主轴、铰刀及待铰孔三者间的同轴度是否符合要求，对于高精度孔，必要时应采用浮动铰刀夹头装夹铰刀。

⑧ 圆锥孔的铰削。铰削尺寸较小的圆锥孔时，先按圆锥孔小端直径并留铰削余量钻出圆柱孔，孔口按圆锥孔大端直径锪出 45°的倒角，然后用圆锥铰刀铰削。在铰削过程中，一定要及时使用精密配锥（或圆锥销）试深控制尺寸。铰削尺寸较大的圆锥孔时，铰孔前先将工件钻出阶梯孔。锥度为 1∶50 的圆锥孔可钻两节阶梯孔。锥度为 1∶10 圆锥孔、锥度为 1∶30 圆锥孔、莫氏锥孔、圆锥管螺纹底孔可钻三节阶梯孔。阶梯孔的最小直径按锥孔小端直径确定，并留有铰削余量，其余各段直径可根据锥度计算公式算得。

任务 5.6 镗削与镗刀

任务描述

在介绍完铰刀后，老张转向镗削与镗刀的讲解。他解释说，镗削是一种常用的孔加工方法，适用于加工大直径和高精度的孔。老张详细介绍了镗床及镗削运动、镗刀的分类及装夹方法、卧式镗床的主要工作以及镗削的工艺特点和应用。

任务分析

任务的目标是了解镗床、镗削运动、镗刀的分类及装夹方法、卧式镗床的主要工作和镗削的工艺特点及应用。通过学习，小林将能够掌握镗削的基本原理和操作技巧，提高孔加工的精度和效率。

任务实施

镗孔是利用镗刀对已钻出、铸出或锻出的孔进行加工的过程。对于直径较大的孔（一般 D>80~100 mm）内成形面或孔内环形槽等，镗孔是主要的加工方法。

5.6.1 镗床及镗削运动

镗床及镗削运动

图 5-28 所示为常用的卧式镗床，卧式镗床主要由床身、前立柱、主轴箱、主轴（镗轴）、平旋盘、工作台、后立柱和尾架（后尾筒）等组成。

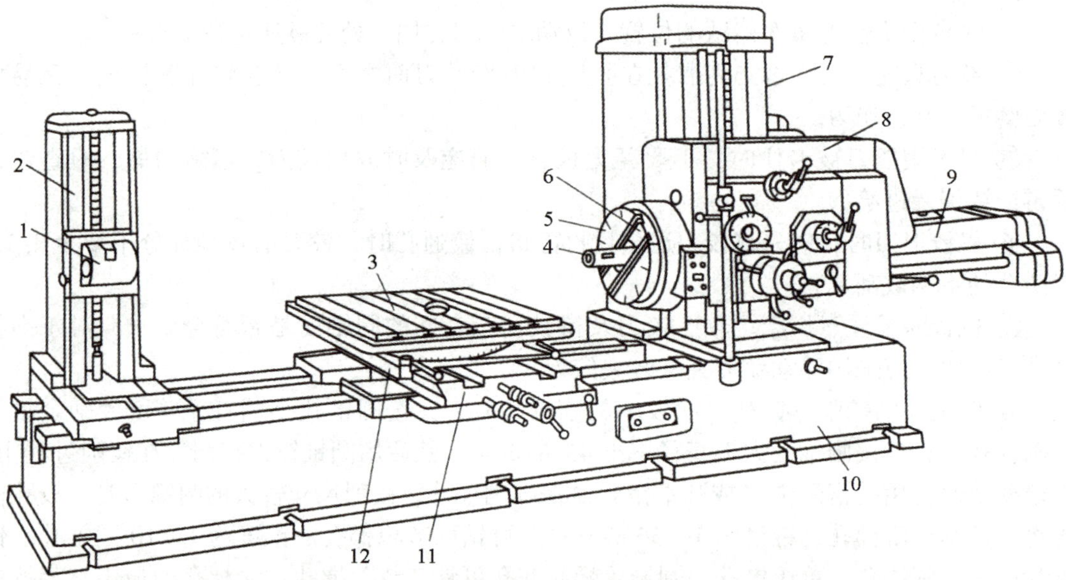

1—支架；2—后立柱；3—工作台；4—镗轴；5—平旋盘；6—径向刀具溜板；
7—前立柱；8—主轴箱；9—后尾筒；10—床身；11—下滑座；12—上滑座。

图 5-28　卧式镗床

1. 主轴与平旋盘

主轴与平旋盘可根据加工需要，分别由各自的传动链带动，独立地做旋转运动。主轴可沿本身轴线移动，做轴向进给运动。其前端的锥孔可安装镗杆或其他刀具。平旋盘装在主轴外层，其上装有径向刀架，刀具可沿导轨做径向进给运动。

2. 前立柱和主轴箱

前立柱固定在床身的右端，主轴箱可沿前立柱上的垂直导轨升降，实现其位置调整或使刀架做垂直进给运动。

3. 工作台

工作台装在床身的中部，由下滑座、上滑座和回转工作台组成。下滑座可沿床身导轨在平行于主轴方向上做纵向进给运动；上滑座可沿下滑座上的横向导轨在垂直于主轴方向上做横向进给运动；回转工作台可绕上滑座的环形导轨在水平面内回转任意角度。

4. 后立柱和支架

后立柱上安装支架，其作用是支承悬伸长度较长的镗杆，以增加镗杆刚度。后立柱可沿床身导轨做水平移动，以适应不同的镗杆长度。支架可在后立柱的垂直导轨上与主轴箱同时升降，以保证其支承孔与镗轴同轴，并镗削不同高度的孔。

此外，为了加工精度要求较高的孔，卧式镗床的主轴箱和工作台的移动部分都有精密的刻度尺和准确的读数装置。

5.6.2　镗刀分类及装夹

镗刀的种类很多，按结构特点和使用方式，一般可分为单刃镗刀和双刃镗刀。

1. 单刃镗刀

（1）机夹式单刃镗刀

图 5-29 所示为机夹式单刃镗刀，它具有结构简单、制造方便、通用性强等优点。为了使镗刀头在镗杆内有较大的安装长度，并有足够的位置安置压紧螺钉和调节螺钉，在镗不通孔或阶梯孔时，镗刀头在镗杆内的安装倾斜角 δ 一般取 10°~45°；镗通孔时，$\delta=0°$。在设计不通孔镗刀时，应使压紧螺钉不妨碍镗刀进行镗削。镗杆上应设置调节直径的螺钉。镗杆上的装刀孔通常对称于镗杆轴线，因而镗刀头装入刀孔后，刀尖高于工件中心，使切削时工作前角减小，后角增大。因此，在选择镗刀头的前角、后角时要相应增大前角、减小后角。

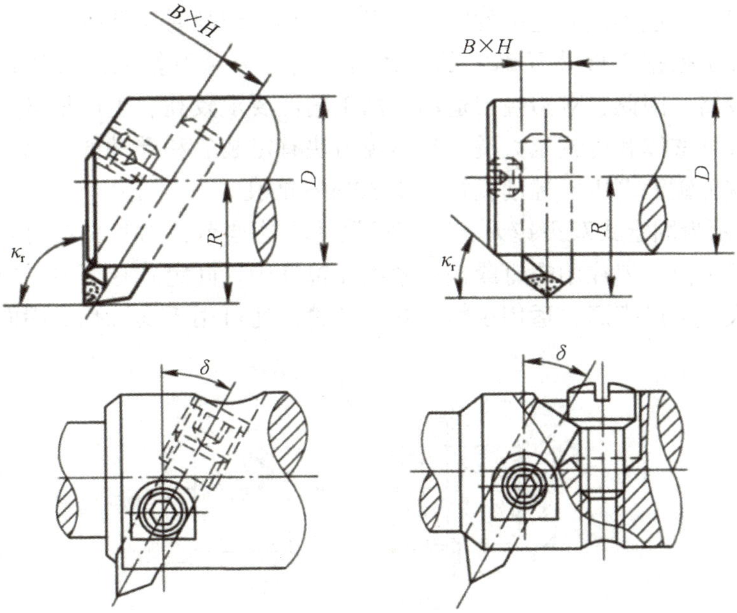

图 5-29　机夹式单刃镗刀

（2）微调镗刀

机夹式单刃镗刀尺寸调节较费时，调节精度不易控制。图 5-30 所示为坐标镗床和数控机床上使用的微调单刃镗刀。它们都有一个精密刻度盘，刻度盘的微调螺母同刀头的丝杠组成一对精密丝杠螺母副，转动刻度盘，丝杠由于用导航键定向只可做直线移动，从而实现微调。微调镗刀常用于孔的半精镗和精镗加工，并可用于组成多刃镗刀。

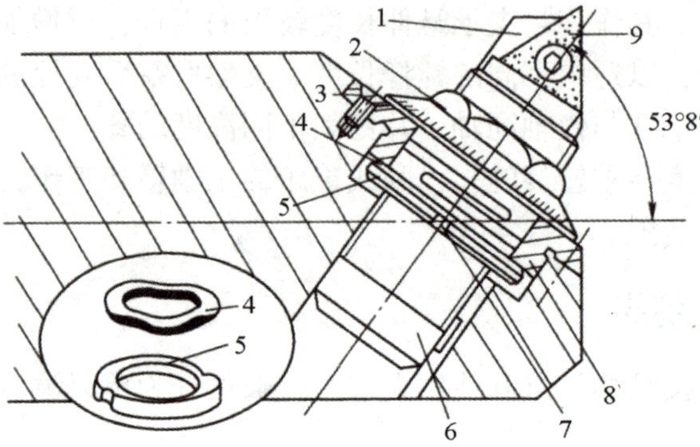

1—镗刀头；2—微调螺母；3—螺钉；4—波形垫圈；5—调节螺母；
6—镗杆；7—导航键；8—固定座套；9—刀片。

图 5-30　微调单刃镗刀

微调镗刀在镗杆上的安装角度通常采用两种形式，即直角型和倾斜型。倾斜型交角通常为 53°8′。若微调螺母的螺距为 0.5 mm，微调螺母每转过 1 格，镗刀头沿径向的移动量为

$$\Delta R=(0.5\ \text{mm}/80)\sin 53°8'=0.005\ \text{mm}$$

2. 双刃镗刀

双刃镗刀的两条切削刃在两个对称位置同时切削，可消除由径向切削力对镗杆的作用而造成的加工误差。这种镗刀是一种定直径尺寸刀具。切削时，孔的直径尺寸是由刀具保证的，刀具外径是根据工件孔径确定的，其结构比单刃镗刀复杂，刀片和刀杆制造较困难，但生产率较高。因此，双刃镗刀适用于加工精度要求较高、生产批量大的场合。

双刃镗刀块分整体和可调两大类。整体镗刀块有定装的和浮动的，这两种形式又都可做成可调的。双刃镗刀多用于镗削直径大于 30 mm 的孔。

图 5-31 所示为固定式双刃镗刀，其直径尺寸不能调节，刀片一端有定位凸肩，用于刀片在镗杆中的定位，刀片用螺钉或楔块紧固在镗杆中。固定式镗刀刚性好，不易引起振动，容屑空间大，生产率高，适用于粗镗和半精镗，还可用于锪沉孔及端面的加工。

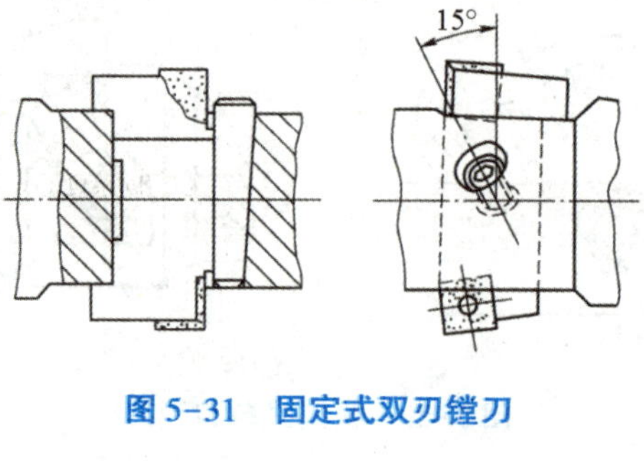

图 5-31　固定式双刃镗刀

图5-32所示为可调式硬质合金浮动镗刀。调节尺寸时，稍微松开紧固螺钉2，转动调节螺钉3推动刀体，可使直径增大。浮动镗刀的直径为20~330 mm，其调节量为2~30 mm。镗孔时，将浮动镗刀装入镗杆的方孔中，如图5-33所示，无须夹紧，通过作用在两侧切削刃上的切削力来自动定心，因此它能自动补偿由于刀具制造、安装误差和镗杆的全跳动而造成的加工误差，加工尺寸的公差等级可达IT7~IT6，表面粗糙度 Ra 为1.6~0.2 μm。但这种镗刀不能校正孔的直线度误差和孔的位置偏差。其优点是制造简单、刃磨方便，缺点是不能加工直径为20 mm以下的孔。在单件小批生产，特别是在通用机床上加工箱体零件上精度较高的大直径孔或孔系时，浮动镗刀是常用的加工刀具。

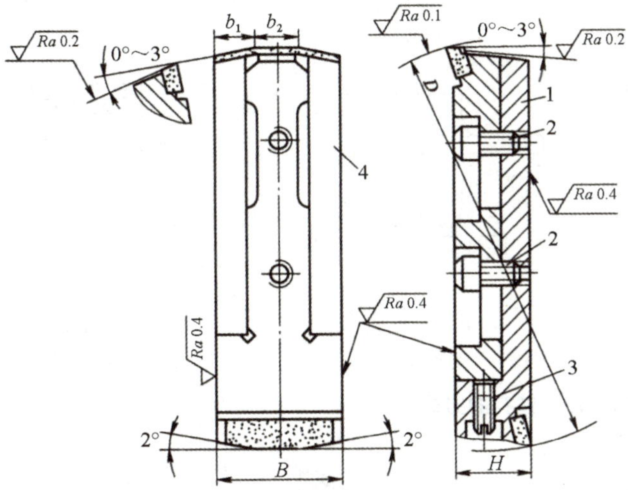

1—上刀体；2—紧固螺钉；3—调节螺钉；4—下刀体。

图5-32　可调式硬质合金浮动镗刀

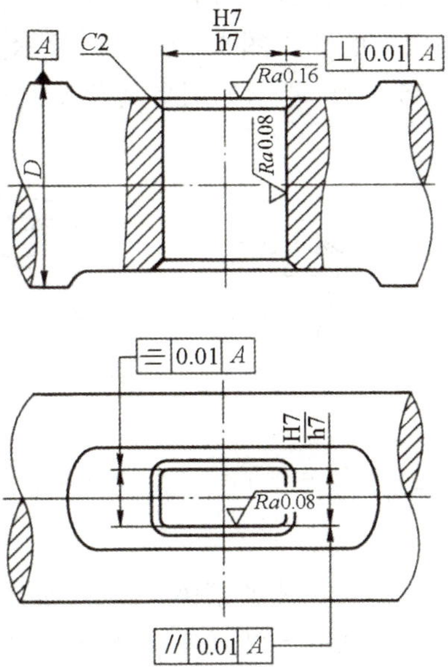

图5-33　安装浮动镗刀的镗杆

图5-34所示为滑槽式双刃镗刀。镗刀头3的凸肩置于刀体4的凹槽中，用螺钉1将镗刀头压紧在刀体上。调整尺寸时，稍微松开螺钉1，拧动调整螺钉5，推动镗刀头上的销6，使镗刀头沿槽移动来调整尺寸。其镗孔范围为 ϕ25~250 mm，目前广泛用于数控机床。

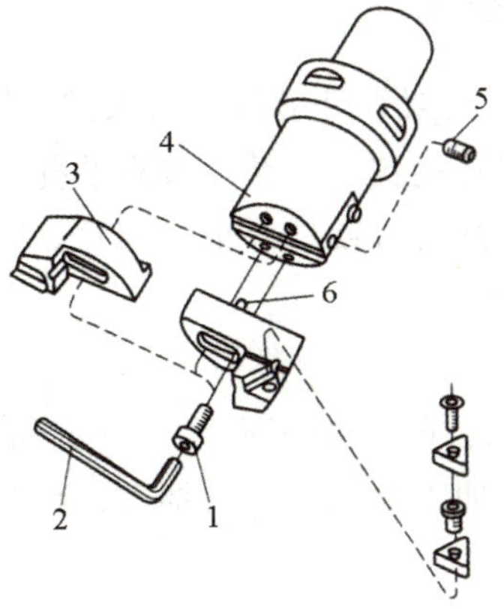

1—螺钉；2—内六角扳手；3—镗刀头；4—刀体；5—调整螺钉；6—销。

图5-34　滑槽式双刃镗刀

5.6.3 卧式镗床的主要工作

1. 镗孔

镗床镗孔的方式如图 5-35 所示。其进给形式包括主轴进给和工作台进给两种方式。

主轴进给方式如图 5-35（a）所示。在工作过程中，随着主轴的进给，主轴的悬伸长度是变化的，刚度也是变化的，易使孔产生锥度误差；另外，随着主轴悬伸长度的增加，其自重所引起的弯曲变形也随之增大，使镗出孔的轴线弯曲。因此，这种方式只适宜镗削长度较短的孔。

工作台进给方式如图 5-35（b）～（d）所示。图 5-35（b）所示为悬臂式，用于镗削较短的孔；图 5-35（c）所示为多支承式，用于镗削箱体两壁相距较远的同轴孔系；图 5-35（d）所示为用平旋盘镗大孔。

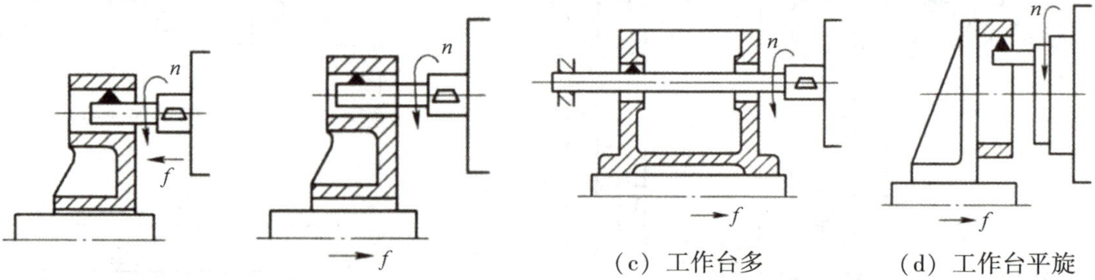

（a）主轴进给方式　（b）工作台悬臂式进给　（c）工作台多支承式进给　（d）工作台平旋盘镗大孔进给

图 5-35　镗床镗孔的方式

镗床上镗削箱体上的同轴孔系、平行孔系和垂直孔系的方法通常有坐标法和镗模法两种。图 5-36 所示为用镗模法镗削箱体孔系的情况。

2. 镗床其他工作

在镗床上不仅可以镗孔，还可以进行钻孔、扩孔、铰孔、铣平面、镗内槽、车外圆、车端面、切槽及加工螺纹等工作。

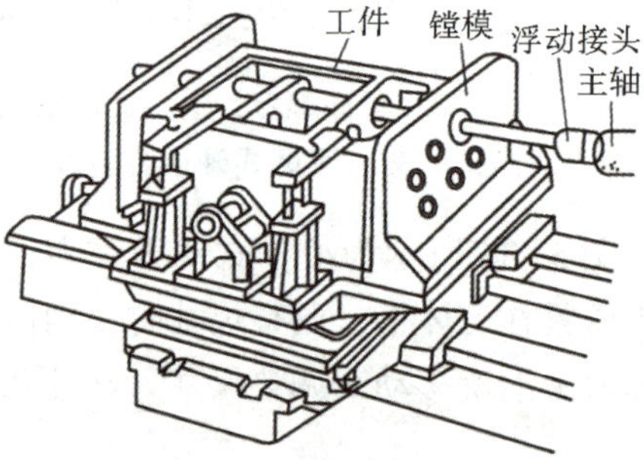

图 5-36　镗模法镗孔

5.6.4 镗削的工艺特点及应用

1. 镗床是加工机座、箱体、支架等外形复杂的大型零件的主要设备

在一些箱体上往往有一系列孔径较大、精度较高的孔，这些孔在一般机床上加工很困难，但在镗床上加工却很容易，并可方便地保证孔与孔之间、孔与基准平面之间的位置精度和尺寸精度要求。

2. 加工范围广泛

镗床是一种多功能通用机床，既可加工单个孔，又可加工孔系；既可加工小直径的孔，又可加工大直径的孔；既可加工通孔，又可加工台阶孔及内环形槽。除此之外，还可进行部分铣削和车削工作。

3. 能获得较高的精度和较低的表面粗糙度值

普通镗床镗孔的尺寸公差等级可达 IT8~IT7，表面粗糙度 Ra 可达 1.6~0.8 μm。若采用金刚镗床（因采用金刚石镗刀而得名）或坐标镗床，能获得更高的精度和更小的表面粗糙度值。

4. 生产率较低

由于镗床和刀具调整复杂，操作技术要求较高，在单件、小批量生产中使用镗模生产率较低，在大批、大量生产中则须使用镗模以提高生产效率。

项目小结

本项目首先介绍了孔加工刀具的种类及用途，包括在实体材料上加工孔的刀具和对已有孔进行加工的刀具。其次介绍了钻削用量及方法，掌握了钻削工艺特点及其用量的选择。再次，详细研究了麻花钻的结构、几何角度、切削要素、切削力和功率，以及几何形状的改进和刃磨方法。在深孔钻部分，我们学习了枪钻、喷吸钻、DF 系统深孔钻和套料钻的结构和工作原理。铰刀方面，了解了铰刀的种类、结构、几何参数、刃磨与研磨方法，以及铰削用量和工作要点。最后，在镗削与镗刀部分，掌握了镗床及镗削运动、镗刀分类及装夹、卧式镗床的主要工作、镗削的工艺特点及应用。通过本项目的学习，为实际的孔加工提供了全面的理论基础和实践指导。

项目工单

1. 项目实施记录

根据本项目的学习过程，完成表 5-5。

表 5-5　项目实施记录表

姓名		学号	
班级		指导教师	
遇到的难点			
学到的重点			
新的发现			

2. 考核评价

根据任务完成情况，填写表 5-6。

表 5-6 考核评价表

项目名称	评价内容	满分/分	评分/分		
			自评	互评	师评
职业素养 考核项目 40%	穿戴规范、整洁	8			
	安全意识、责任意识及服从意识强	8			
	积极参加教学活动，按时完成任务工单	8			
	团队合作、沟通能力强	8			
	劳动纪律良好	8			
专业能力 考核项目 60%	专业知识查找及时、准确	12			
	操作符合规范	18			
	态度认真，学习效率高	12			
	充分掌握孔加工刀具的使用方法和结构特性	18			
合计		100			
总评	自评(20%)+互评(20%)+师评(60%)=	综合等级	指导教师（签名）:		

课后练习

一、填空题

1. 扁钻是使用较早的钻孔工具，因为其________、________、________、________，所以被广泛应用。

2. 中心钻有三种结构：________、________和________。

3. 铰刀按使用方式可分为________和________两大类。

4. 工作台装在床身的中部，由________、________和________组成。

二、简答题

1. 孔加工刀具按用途分为哪几类？

2. 孔加工刀具有哪些共同的特点？

3. 镗孔的突出优点有哪些？

项目6　铣　刀

项目导读

铣削加工是机械制造中广泛应用的一种加工方式，铣刀的设计和使用直接影响到加工效率和工件质量。本项目将系统地介绍铣刀的几何参数、铣削用量和切削层参数、铣削力的计算、铣削方式、铣刀的磨损与防护措施，以及常用尖齿铣刀和可转位面铣刀的结构特点与应用，并深入探讨了铲齿成形铣刀的设计原理和应用。

学习目标

知识目标

1. 掌握铣刀的几何参数，学习圆柱形铣刀和面铣刀的几何角度。
2. 掌握铣削力的计算，学习铣削力的计算方法，了解铣削功率的影响因素。
3. 了解铣刀的磨损与防护，学习铣刀的磨损形式及其防止破损的措施。
4. 掌握可转位面铣刀的特点与应用，学习硬质合金可转位面铣刀及其他种类面铣刀的特点与应用。

能力目标

1. 能够根据具体的加工需求选择合适的铣刀，并了解其使用方法。
2. 能够根据加工要求，设计合理的铣削工艺，选择合适的加工参数。
3. 能够分析铣刀的磨损情况，采取相应的防护措施，提高铣刀的使用寿命。
4. 能够根据工件的形状要求，设计合适的铲齿成形铣刀，并进行刀齿廓形的计算。

素质目标

1. 培养学生在进行铣刀设计和工艺优化时的严谨态度，确保设计和操作的准确性。

2. 鼓励学生在设计和应用过程中提出创新性的解决方案，提高加工效率和质量。

3. 通过项目合作，培养学生的团队合作精神，使其能够与团队其他成员进行有效沟通和协作。

思政目标

强调在工业生产中的诚信和责任，培养学生良好的职业道德。通过项目实践，培养学生精益求精、追求卓越的工匠精神。强化学生在铣削操作和铣刀使用过程中的安全意识，确保其在实际操作中的安全。引导学生关注铣削刀具的环保性和可持续性，培养其对绿色制造的认识和责任感。

任务 6.1 铣刀的几何参数

任务描述

机械学徒小吴在车间实习时，对各种铣刀产生了浓厚的兴趣。他的师傅李师傅决定从铣刀的几何参数开始教起。李师傅拿起一把圆柱形铣刀和一把面铣刀，解释说："铣刀的几何参数直接影响铣削效果和刀具寿命。"他详细介绍了圆柱形铣刀和面铣刀的几何角度，包括前角、后角、主偏角和副偏角等，并通过实际测量工具演示了如何测量这些角度。

任务分析

任务的重点在于理解铣刀的几何参数，特别是圆柱形铣刀和面铣刀的几何角度。通过学习，小吴将能够掌握这些参数的测量和调整方法，从而优化铣刀的使用性能，提高铣削质量。

任务实施

铣削是被广泛采用的一种切削加工方法，如图 6-1 所示，它用于加工平面、台阶面、沟槽、成形表面以及切断等。铣刀是多齿刀具并进行断续切削，因此，铣削过程具有一些特殊规律。

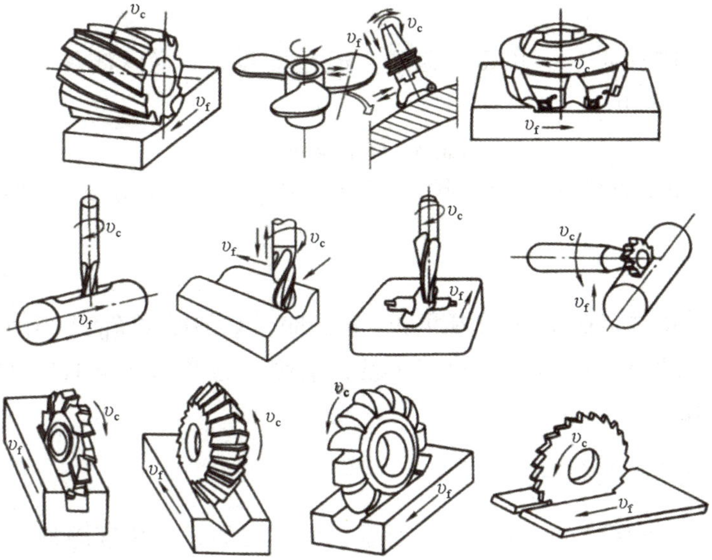

图 6-1　铣刀

6.1.1　圆柱形铣刀的几何角度

分析圆柱形铣刀的几何角度时，应首先建立铣刀的静止参考系。圆周铣削时，铣刀旋转运动是主运动，工件的直线移动是进给运动。圆柱形铣刀的正交平面参考系由 p_r、p_s 和 p_o 组成，如图 6-2（a）所示，其定义可参考车刀中的规定。

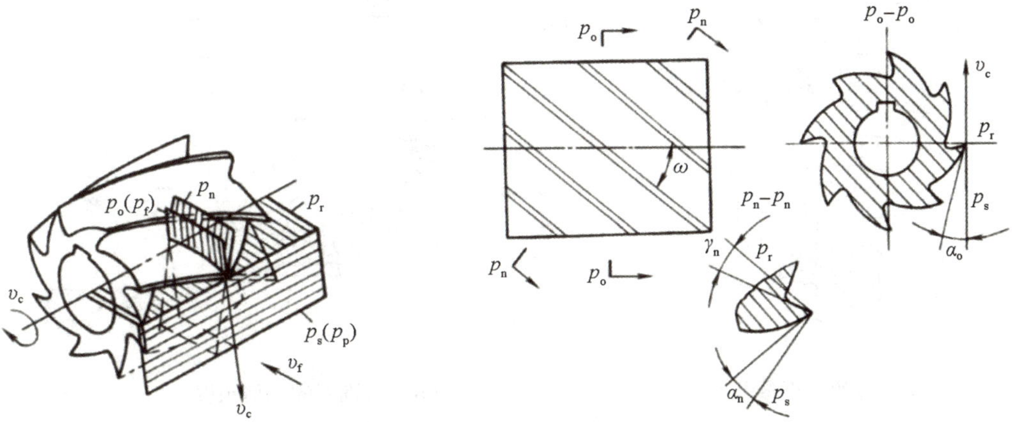

（a）圆柱形铣刀正交平面参考系　（b）圆柱形铣刀几何角度

图 6-2　圆柱形铣刀的正交平面参考系和几何角度

由于设计与制造的需要，还应采用法平面参考系来规定圆柱形铣刀的几何角度。

1. 螺旋角

螺旋角 ω 是螺旋切削刃展开成直线后，与铣刀轴线间的夹角。显然，螺旋角 ω 等于刃倾角 λ_s。它能使刀齿逐渐切入和切离工件，能增加实际工作前角，使切削轻快平稳；同时形成螺旋切屑，排屑容易，防止切屑堵塞现象。一般细齿圆柱形铣刀 $\omega=30°\sim35°$，粗齿圆柱形铣刀 $\omega=40°\sim45°$。

2. 前角

通常在图样上应标注 γ_n，以便于制造。但在检验时，通常测量正交平面内前角 γ_o。可按下式根据 γ_n 计算出 γ_o：

$$\tan\gamma_n = \tan\gamma_o\cos\omega \tag{6-1}$$

前角 γ_n 按被加工材料来选择。铣削钢时，取 $\gamma_n=10°\sim20°$；铣削铸铁时，取 $\gamma_n=5°\sim15°$。

3. 后角

圆柱形铣刀后角规定在 p_o 平面内度量。铣削时，切削厚度 h_D 比车削小，磨损主要发生在后面上，适当地增大后角 α_o，可减少铣刀磨损。通常取 $\alpha_o=12°\sim16°$，粗铣时取小值，精铣时取大值。

6.1.2 面铣刀的几何角度

面铣刀的静止参考系如图 6-3（a）所示，面铣刀的几何角度除规定在正交平面参考系内度量外，还规定在背平面、假定工作平面参考系内表示，以便于面铣刀的刀体设计与制造。

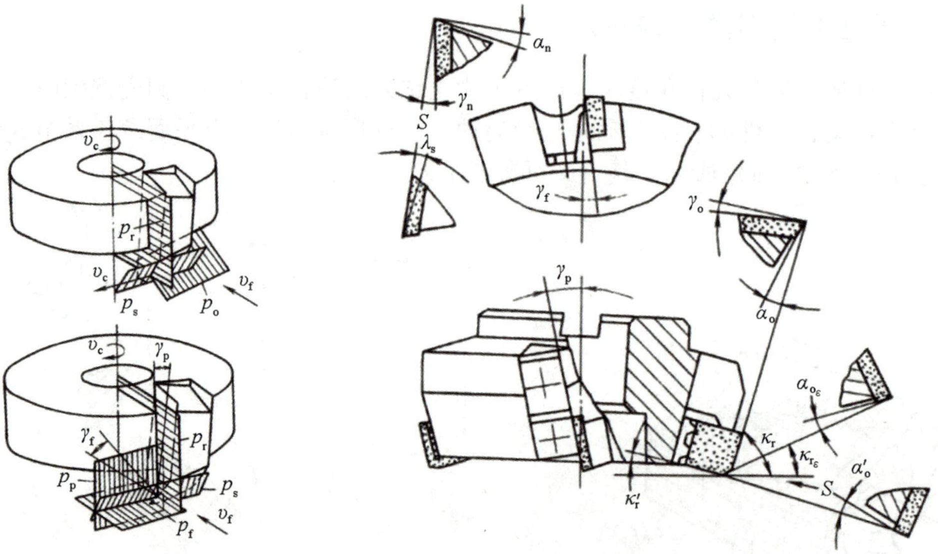

（a）面铣刀的静止参考系　　（b）面铣刀的几何角度

图 6-3　面铣刀的几何角度

如图 6-3（b）所示，在正交平面参考系中，标注角度有 γ_o、α_o、λ_s、κ_r、κ_r'、α_o'、α_{o_ε} 和 κ_{r_ε}。

机夹面铣刀的每个刀齿安装在刀体上之前，相当于一把车刀。为了获得所需的切削角度，使刀齿在刀体中径向倾斜 γ_f 角、轴向倾斜 γ_p 角。

硬质合金面铣刀铣削时，由于断续切削，刀齿经受很大的机械冲击，在选择几何角度时，应保证刀齿具有足够的强度。一般加工钢时取 $\gamma_o=-10°\sim5°$，加工铸铁时取 $\gamma_o=-5°\sim5°$，通常取 $\lambda_s=-15°\sim-7°$、$\kappa_r=10°\sim90°$、$\kappa_r'=5°\sim15°$、$\alpha_o=6°\sim12°$、$\alpha_o'=8°\sim10°$。

任务 6.2　铣削用量和切削层参数

任务描述

在了解了铣刀的几何参数后，李师傅继续讲解铣削用量和切削层参数。他解释说，铣削用量的选择直接影响加工效率和刀具寿命，而切削层参数则决定了切削效果。李师傅通过实际操作演示了如何根据工件材料、刀具类型和加工要求选择合适的铣削用量，并介绍了切削层参数的计算方法。

任务分析

任务的目标是掌握铣削用量的选择方法和切削层参数的计算。通过学习，小吴将能够理解铣削工艺的基本要求，掌握选择铣削用量的技巧，从而优化铣削加工过程，提高效率和质量。

任务实施

6.2.1　铣削用量

如图 6-4 所示，铣削用量由下列几个要素组成。

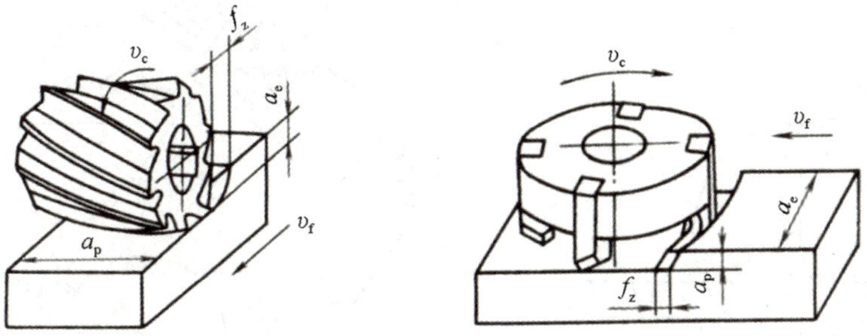

（a）圆周铣削　　（b）端铣

图 6-4　铣削用量

1. 背吃刀量 a_p

在通过切削刃选定点并垂直于假定工作平面的方向上测量的吃刀量。端铣时，a_p 为切削层深度；圆周铣削时，a_p 为被加工表面的宽度。

2. 侧吃刀量 a_e

在平行于假定工作平面并垂直于切削刃选定点的进给运动方向上测量的吃刀量。端铣时，a_e 为被加工表面宽度；圆周铣削时，a_e 为切削层深度。

3. 进给运动参数

铣削时进给量有三种表示方法，如下所示。

（1）每齿进给量f_z。指铣刀每转过一齿，相对工件在进给运动方向上的位移量，mm/z。

（2）进给量f。指铣刀每转一转，相对工件在进给运动方向上的位移量，mm/r。

（3）进给速度v_f。指铣刀切削刃选定点相对工件的进给运动的瞬时速度，mm/mm。

通常在铣床铭牌上列出进给速度，因此应根据具体加工条件选择f_z，然后计算出v_f。按v_f调整机床，三者之间的关系为

$$v_f = fn = f_z zn \tag{6-2}$$

式中　v_f——进给速度；

z——铣刀齿数。

4. 铣削速度 v_c

铣削速度指铣刀切削刃选定点相对工件主运动的瞬时速度，可按下式计算

$$v_c = \pi dn/1\ 000 \tag{6-3}$$

式中　v_c——主运动瞬时速度，m/min 或 m/s；

d——铣刀直径，mm；

n——铣刀转速，r/min 或 r/s。

6.2.2　切削层参数

铣削时的切削层为铣刀相邻两个刀齿在工件上形成的过渡表面之间的金属层，如图6-5所示。切削层形状与尺寸规定在基面内度量，它对铣削过程有很大影响。切削层参数有以下几个。

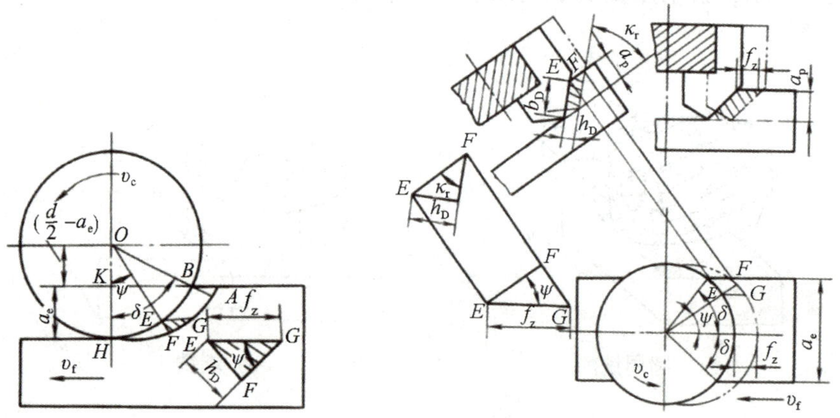

（a）圆柱形铣刀　　（b）面铣刀

图6-5　铣刀切削层参数

1. 切削层公称厚度 h_D（简称切削厚度）

h_D指相邻两个刀齿所形成的过渡表面间的垂直距离，图6-5（a）为直齿圆柱形铣刀的切削厚度。当切削刃转到F点时，其切削厚度为

$$h_D = f_z \sin\psi \tag{6-4}$$

式中　ψ——瞬时接触角，它是刀齿所在位置与起始切入位置间的夹角。

由式（6-4）可知，切削厚度随刀齿所在位置的不同而变化。刀齿在起始位置H点

时，$\psi=0$，因此 $h_D=0$。刀齿转到即将离开工件的 A 点时，$\psi=\delta$，切削厚度 $h_D=f\sin\delta$，h_D 为最大值。

螺旋齿圆柱形铣刀切削刃是逐渐切入和切离工件的，切削刃上各点的瞬时接触角不相等，因此，切削刃上各点的切削厚度也不相等。

图 6-5（b）所示为端铣时切削厚度 h_D，刀齿在任意位置时的切削厚度为

$$h_D=\overline{EF}\sin\kappa_r=f_z\cos\psi\sin\kappa_r \tag{6-5}$$

端铣时，刀齿的瞬时接触角由最大变为零，然后由零变为最大。因此，由式（6-5）可知，刀齿刚切入工件时，切削厚度为最小，然后逐渐增大，到中间位置时，切削厚度为最大，然后逐渐减小。

2. 切削层公称宽度 b_D（简称切削宽度）

b_D 指切削刃参加工作长度。由图 6-6 可知，直齿圆柱形铣刀的 b_D 等于 a_p；而螺旋齿圆柱形铣刀的 b_D 是随刀齿工作位置不同而变化的，刀齿切入工件后，b_D 由零逐渐增大至最大值，然后又逐渐减小至零，因而铣削过程较为平稳。

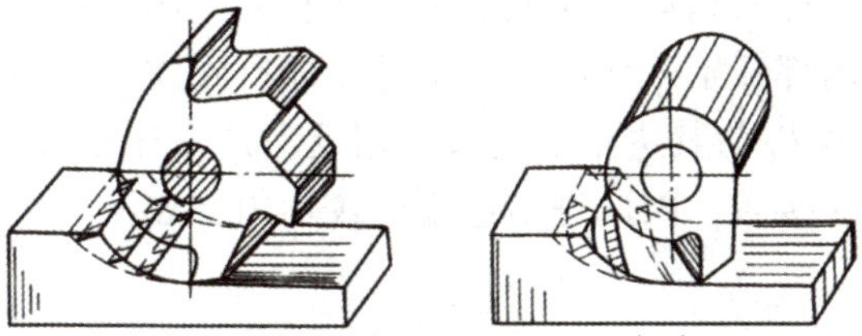
（a）　　（b）
图 6-6　圆柱形铣刀切削层参数

如图 6-5（b）所示，端铣时每个刀齿的切削宽度始终保持不变，其值为

$$b_D=a_p/\sin\kappa_r \tag{6-6}$$

3. 平均总切削层公称横截面积 A_{Dav}（简称平均总切削面积）

A_{Dav} 它是铣刀同时参与切削的各个刀齿的切削层公称横截面积之和。铣削时，切削厚度是变化的，而螺旋齿圆柱形铣刀的切削宽度也是随时变化的，此外铣刀的同时工作的齿数也在变化，所以铣削总切削面积是变化的。铣削时平均总切削面积可按下式计算：

$$A_{Dav}=\frac{Q_v}{v_e}=\frac{a_p a_e v_f}{\pi dn}=\frac{a_p a_e f_z zn}{\pi dn}=\frac{a_p a_e f_z z}{\pi d} \tag{6-7}$$

式中　Q_w——单位时间内的金属切除量；

z——铣刀的齿数。

任务 6.3　铣 削 方 式

任务描述

接下来，李师傅讲解了不同的铣削方式。他解释说，铣削方式的选择取决于加工任务和工件特点。李师傅详细介绍了圆柱平面铣刀加工平面的铣削方式和面铣刀加工平面时的铣削方式，通过实际操作演示了每种方式的特点和适用场景。

任务分析

任务的目标是了解和掌握不同类型的铣削方式。通过学习，小吴将能够根据加工任务

和工件特点选择合适的铣削方式，从而提高加工效率和质量。

任务实施

6.3.1 圆柱平面铣刀加工平面的铣削方式

1. 逆铣

铣刀旋转切入工件的方向与工件的进给运动方向相反称为逆铣，如图 6-7（a）所示。逆铣时，刀齿的切削厚度从 $a_c=0$ 至 a_{cmax}。当 $a_c=0$ 时，刀齿在工件表面上受挤压和摩擦，刀齿较易磨损。同时，工件表面受到较大的挤压应力，冷硬现象严重，更会加剧刀齿磨损，并影响已加工表面质量。此外，逆铣时刀齿作用于工件上的垂直进给力 F_{fn} 朝上有挑起工件的趋势，这就要求工件装夹紧固，如图 6-7（b）所示。但是逆铣时刀齿是从切削层内部开始工作的，当工件表面有硬皮时，对刀齿没有直接影响；同时作用于工件上的进给力 F_f 与其进给运动方向相反，使铣床工作台进给机构中的丝杠螺母始终保持良好的右侧面接触，因此进给速度比较均匀，如图 6-7（c）所示。

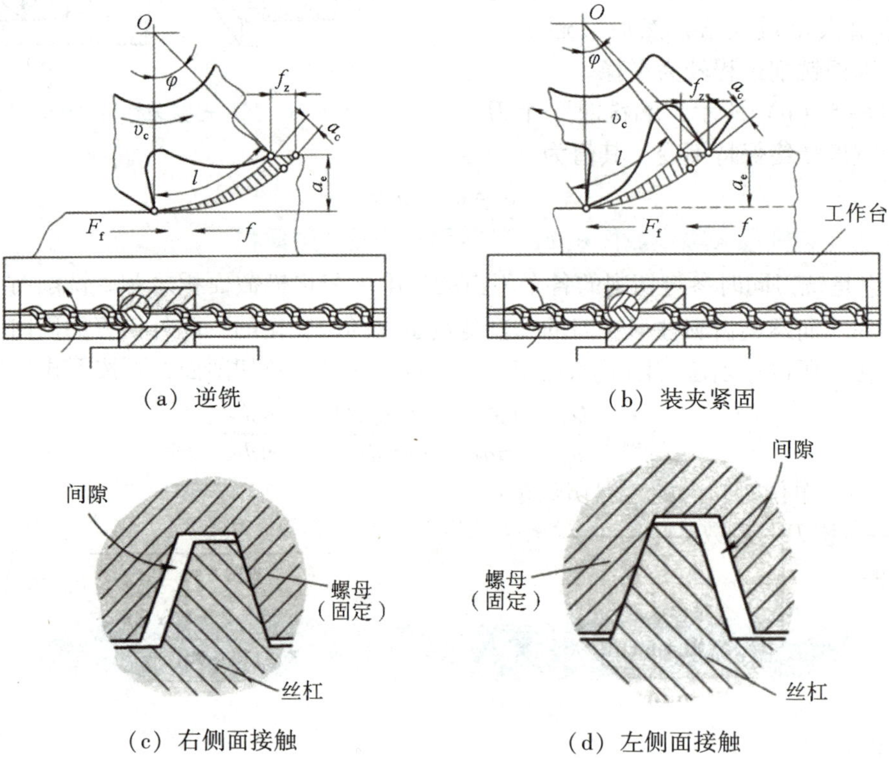

（a）逆铣　（b）装夹紧固

（c）右侧面接触　（d）左侧面接触

图 6-7　圆柱平面铣刀加工平面时的铣削方式

2. 顺铣

铣刀旋转切入工件的方向与工件进给运动方向相同称为顺铣，如图 6-7（b）所示。顺铣时，刀齿的切削厚度从 a_{cmax} 到 $a_c=0$，容易切下切削层，刀齿磨损较少，已加工表面质量较高。有些试验表明，顺铣法可提高刀具寿命 2~3 倍，尤其铣削难加工材料时效果更加明显。但在顺铣过程中，作用于工件上的进给力 F_f 是与进给运动方向相同的，如

图 6-7（c）和图 6-7（d）所示，此时如果工作台下面的传动丝杠与螺母之间的间隙较大，则力 F_f 有可能使工作台连同丝杠一起沿进给运动方向移动，导致丝杠与螺母之间的间隙转移到另一侧面上去，如图 6-7（d）所示，引起进给速度时快时慢，影响工件表面粗糙度，有时甚至会因进给量突然增加很多而损坏铣刀刀齿。因此，使用顺铣法加工时，要求铣床的进给机构具有消除丝杠螺母间隙的装置。此外，用顺铣法加工时，要求工件表面没有硬皮，否则铣刀很易磨损。

6.3.2　面铣刀加工平面时的铣削方式

1. 对称铣削

刀齿切入工件与切出时的切削厚度 a_c 相同者称为对称铣削。一般面铣时常用这种铣削方式，如图 6-8（a）所示。

2. 不对称铣削

刀齿切入时的切削厚度小于或大于切出时的切削厚度者称为不对称铣削，如图 6-8（b）和图 6-8（c）所示。

采用不对称铣削，可以调节切削厚度，以提高刀具寿命。如铣削 9Cr2 钢与高强度低合金钢时，选用切入时较小的不对称铣削，减小了冲击，刀具寿命能提高近一倍，如图 6-8（b）所示；而铣削加工 2Cr13、1Cr18Ni9Ti 和 4Cr14Ni14W2M 等不锈钢和耐热钢时，选用切入时 a_c 较大的不对称铣削，刀具寿命可提高 3 倍左右，如图 6-8（c）所示。

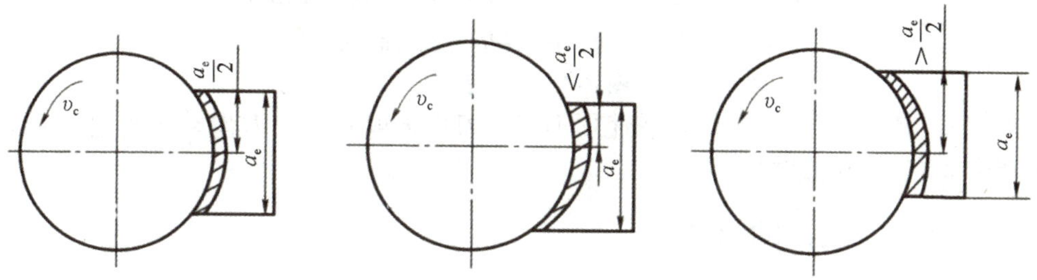

（a）对称铣削　　（b）切入小于切出铣削　　（c）切入大于切出铣削

图 6-8　面铣刀加工平面时的铣削方式

任务 6.4　铣刀的磨损

任务描述

李师傅继续讲解铣刀的磨损及其防止措施。他解释说，铣刀的磨损是影响加工质量和刀具寿命的主要因素之一。李师傅通过实际案例和试验数据，介绍了铣刀磨损的不同形式，以及如何通过选择合适的材料、调整切削参数和使用冷却润滑液等措施来防止铣刀磨损。

任务分析

任务的重点在于理解铣刀的磨损形式及其防止措施。通过学习，小吴将能够掌握防止铣刀磨损的技巧，从而延长刀具寿命，提高加工效率和质量。

任务实施

6.4.1 铣刀的磨损

铣刀的磨损

铣刀磨损的基本规律与车刀相似。高速钢铣刀的切削厚度较小，尤其在逆铣时，刀齿对工件表面挤压、滑行较严重，所以铣刀磨损主要发生在后面上，如图 6-9（a）所示。用硬质合金面铣刀铣削钢件时，因切削速度高，切屑沿前面滑动速度大，故后面磨损的同时，前面也有较小磨损，如图 6-9（b）所示。此外，硬质合金面铣刀进行高速断续切削，使刀齿经受着反复的机械冲击和热冲击，产生裂纹而引起刀齿的疲劳破损。铣削速度愈高，产生这种疲劳破损就愈早和愈严重。大多数硬质合金面铣刀因疲劳破损而失去切削能力。

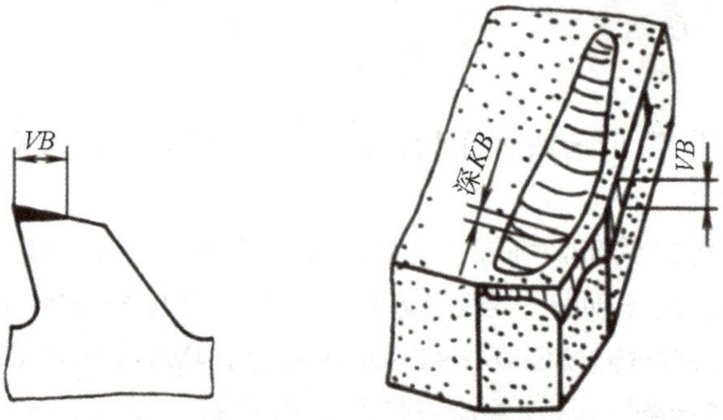

（a）后面磨损　　（b）前、后面同时磨损

VB—后刀面的磨损量；*KB*—前刀面的磨损量

图 6-9　铣刀磨损

如果铣刀几何角度选择不合理或使用不当，刀齿强度差，则刀齿在承受很大的冲击力后，会产生没有裂纹的破损。

6.4.2 防止铣刀破损的措施

1. 合理选择铣刀刀片牌号

应选用韧性高、抗热裂纹、敏感性小，且具有较好耐热性和耐磨性的刀片材料。例如，铣削钢时，可采用 YBM251、YBM351 等牌号刀片；铣削铸铁时，可选用 YBD152、YBD252 等牌号刀片（具体牌号可参见各公司样本）。

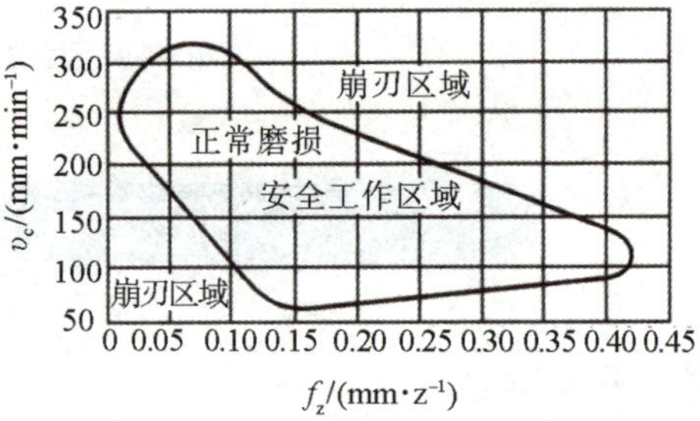

图 6-10　硬质合金面铣刀安全工作区域

2. 合理选用铣削用量

在一定加工条件下，存在一个不产生破损的安全工作区域，如图 6-10 所示。选择在安全工作区内的 v_c 和 f_z，能保证铣刀正常工作。

3. 合理选择工件与铣刀之间的相对位置

合理地选择面铣刀安装位置对减少面铣刀破损起着重要作用。

铣刀安装位置直接影响切入角 δ 和切离角 δ_1。如图 6-11（a）所示，铣削时，刀齿的切削面积为 *STUV*。面铣刀切入工件时，前面与工件的接触点可能是 *S*、*T*、*U*、*V* 区域范围内的某一点。为了增加刀齿抗冲击能力，减少刀齿破损现象，希望开始接触点在 U 点而不在 S 点。这就取决于面铣刀的几何角度和相对于工件的安装位置。由图 6-11（c）可知，若 $\gamma_f>\delta$，根据 γ_p 的大小，刀齿以 S 点或 T 点或 $\overline{ST}$ 线首先接触工件。若 $\gamma_f<\delta$，则刀齿以 V 点或 U 点或 $\overline{UV}$ 线首先接触工件。若 $\gamma_f=\delta$、$\gamma_p=0°$，刀齿切入时，前面与工件发生 $STUV$ 面接触，刀齿经受很大冲击力，极易产生破损。

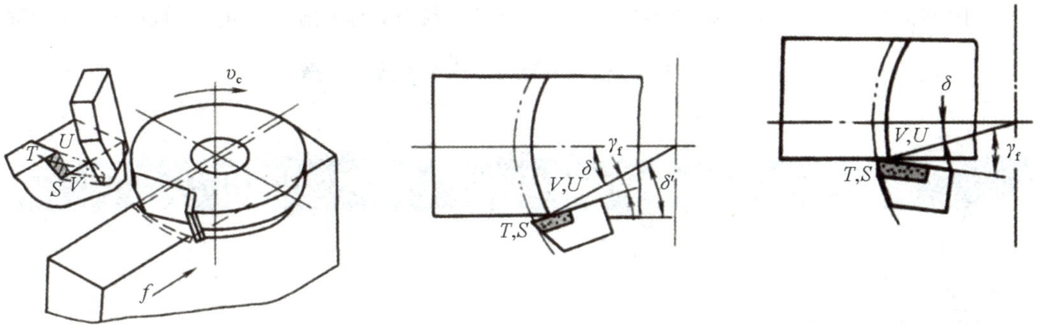

（a）面铣刀刀齿切削面积　　（b）$\gamma_f<\delta$　　（c）$\gamma_f>\delta$

图 6-11　面铣刀切入工件时，前面与工件的接触位置

根据理论计算，得出前面和工件开始接触位置的几种可能及其所必须满足的条件，见表 6-1。若已知铣刀直径 d、铣刀轴线至工件切入平面距离 A、铣刀的侧前角 γ_f、背前角 γ_P 和主偏角 κ_r，即可求得面铣刀切入工件时开始接触点位置。

根据切削实验及分析，当被铣削工件的宽度已经给定时，面铣刀直径和安装位置的选择方案如图 6-12 所示。

表 6-1　各种接触位置必须满足的条件

接触位置	第一个必须满足的条件	第二个必须满足的条件	接触位置	第一个必须满足的条件	第二个必须满足的条件
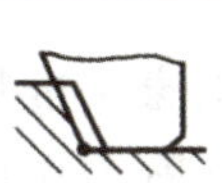	$\gamma_f>\delta$	$\cot\kappa_r<\dfrac{\tan\gamma_p}{\tan\gamma_f-\tan\delta}$		$\gamma_f>\delta$	$\cot\kappa_r=\dfrac{\tan\gamma_p}{\tan\gamma_f-\tan\delta}$
	$\gamma_f>\delta$	$\cot\kappa_r>\dfrac{\tan\gamma_p}{\tan\gamma_f-\tan\delta}$		$\gamma_f<\delta$	$\cot\kappa_r=\dfrac{\tan\gamma_p}{\tan\gamma_f-\tan\delta}$
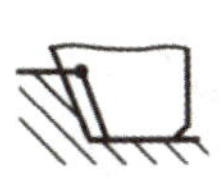	$\gamma_f<\delta$	$\cot\kappa_r<\dfrac{\tan\gamma_p}{\tan\gamma_f-\tan\delta}$		$\gamma_f=\delta$	$\gamma_P>\delta$
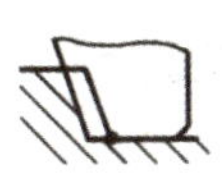	$\gamma_f<\delta$	$\cot\kappa_r>\dfrac{\tan\gamma_p}{\tan\gamma_f-\tan\delta}$		$\gamma_f=\delta$	$\gamma_P<\delta$
			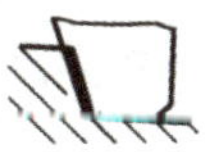	$\gamma_f=\delta$	$\gamma_P=\delta$

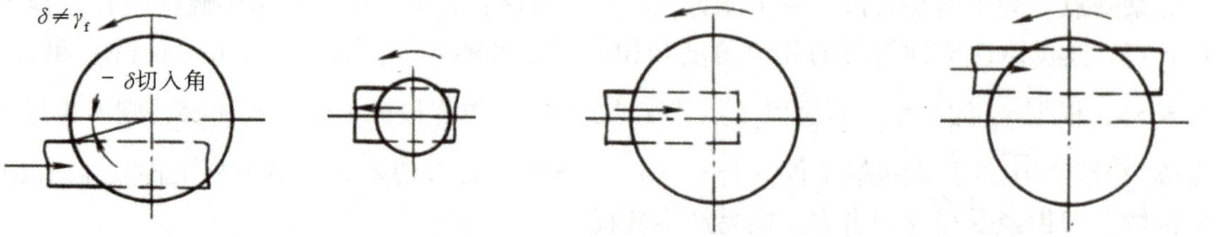

（a）不对称顺铣　（b）对称铣削　（c）大直径铣刀对称铣削　（d）大直径铣刀不对称铣削

图 6-12　最佳铣刀直径与安装位置的选择

任务 6.5　常用尖齿铣刀的结构特点与应用

任务描述

李师傅讲解了常用尖齿铣刀的结构特点和应用。他拿出几种不同类型的尖齿铣刀，包括立铣刀、键槽铣刀、三面刃铣刀、角度铣刀和模具铣刀，详细介绍了每种刀具的结构特点和适用场景。李师傅通过实际操作和案例分析，展示了这些刀具在加工中的具体应用。

任务分析

任务的目标是掌握常用尖齿铣刀的结构特点和应用。通过学习，小吴将能够识别和区分不同类型的尖齿铣刀，并了解它们在实际加工中的应用，从而在操作中选择合适的工具。

任务实施

6.5.1　立铣刀

图 6-13 为高速钢立铣刀，它主要用于加工凹槽、台阶面以及成形表面。国家标准规定：直径 $d=2\sim71$ mm 的立铣刀做成直柄或削平型直柄；直径 $d=6\sim63$ mm 的立铣刀做成莫氏锥柄；$d=25\sim80$ mm 的立铣刀做成 7∶24 锥柄等。

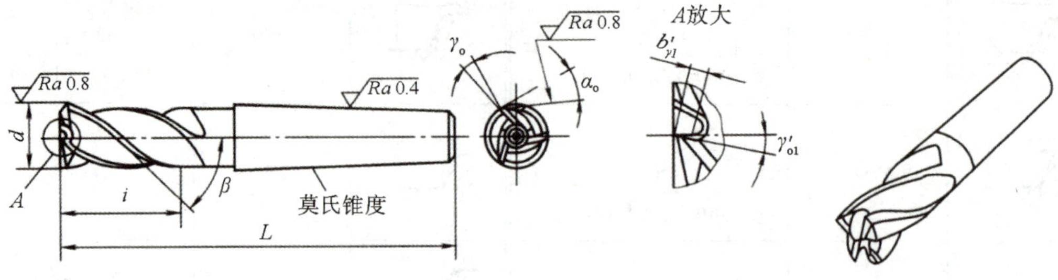

（a）端面切削刃不通过中心　（b）端面切削刃通过中心

图 6-13　高速钢立铣刀

图6-13（a）所示立铣刀圆柱面上的切削刃是主切削刃，端面上的切削刃没有通过中心，是副切削刃。工作时不宜做轴向进给运动。为了保证端面切削刃具有足够强度，在端面切削刃的前面上磨出 $b_{r1}=0.4\sim1.5$ mm、$\gamma_{o1}=6°$的倒棱。

国内外许多工厂生产有1~2个端面切削刃通过中心的立铣刀，如图6-13（b）所示。加工时它可以进行轴向进给或钻浅孔，特别适用于模具加工。

硬质合金立铣刀可分为整体式和可转位式。通常直径 $d=1\sim20$ mm 制成整体式，直径 $d=12\sim63$ mm 制成可转位式。

整体硬质合金立铣刀根据被加工材料不同，可分为适用于通用加工GM系列、高硬度钢加工HM系列、不锈钢、耐热合金加工SM系列和铝合金加工AL系列。

GM系列是TiAlN涂层立铣刀。用于加工碳素钢、合金钢、硬度≤50 HRC的淬硬钢和球墨铸铁等材料。HM系列为AlTiN涂层立铣刀，用于加工60~68 HRC淬硬钢。它在保证足够容屑空间的条件下，采用了大芯厚，兼顾了刀具的刚度以及排屑性能。合适的前角设计，兼顾了刀具刃口强度与锋利性，扩大了立铣刀的应用范围。SM系列为AlTiN涂层立铣刀，它最适合加工不锈钢、镍基高温合金等难切削材料。它选用大的螺旋角和前角，切削刃锋利；独特的切削刃形状可抑制切削热对刀尖的影响，大大提高了耐磨性以及耐熔附性。AL系列可实现铝合金的一般加工到超高速加工。

整体式硬质合金立铣刀常用螺旋角为30°、45°和60°，其齿数为2、4、6齿（图6-14）。30°螺旋角立铣刀齿数少，容屑空间大，适用于粗加工。45°螺旋角立铣刀齿数多，切削平稳，用于精加工。一般精加工铝合金的立铣刀选用60°螺旋角。

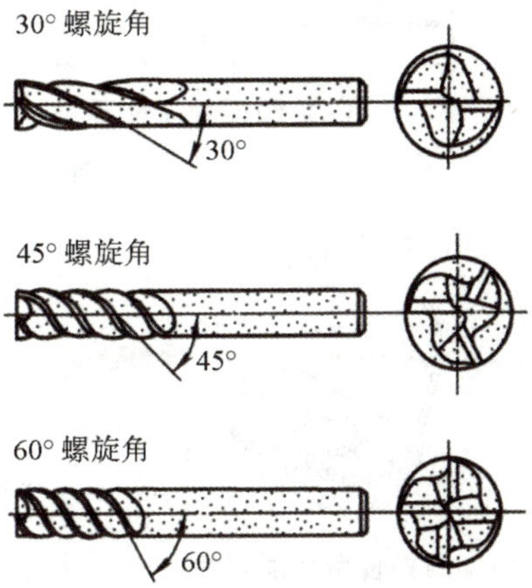

图6-14 硬质合金立铣刀

可转位立铣刀按其结构和用途可分为普通型、钻铣型和螺旋齿型。可转位立铣刀直径较小，夹紧刀片所占空间受到很大限制，所以一般采用压孔式。它又可分为平装刀片压孔式和立装刀片压孔式等。

普通可转位立铣刀如图6-15（a）所示，其直径 $d=12\sim63$ mm，齿数为1~6齿，广泛用于铣削平面、台阶面和沟槽等。一般选88°平行四边形刀片。刀片前面为正径向前角和轴向前角的波纹形曲面，因而切削轻快。采用负倒棱来增强切削刃强度，如图6-16所示，刀片后角为11°。国内外许多工厂都生产端刃过中心可转位立铣刀，它有一端刃过中心，特别适宜轴向进给，如图6-15（b）所示。

圆刀片立铣刀如图6-15（c）所示。主要用于铣削根部有内圆角的凸台、肋条、型腔以及曲面。圆刀片具有可多次转位的非常坚固的切削刃。背吃刀量不应超过刀片半径。圆刀片立铣刀有直柄和莫氏锥柄两种。当铣刀直径 $d>40$ mm 时，制成套装式。

用普通可转位立铣刀加工表面形状复杂的型腔时，为了高效切除腔内材料，铣刀的进给方式和路线的选择是十分重要的。坡走铣是加工凹窝和型腔的一种常用有效的方法，在 x-y 和 z 方向进行线性坡走铣的最大坡走角由刀具直径所决定。进给路线的选择主要考虑如何最通畅地排出切屑。如图6-17（a）所示，_轴坡走铣的坡走角的计算式为 $\tan\alpha=$

a_p/l_m。坡走角与刀具直径、刀体和工件的间隙、刀片尺寸和背吃刀量有关。所允许的坡走角根据刀具直径可从样本查得。对于大直径凹窝，螺旋插补铣是一种高效的铣削方法，如图 6-17（b）所示，铣刀直径约为工件孔径的 1/2。确定加工参数时应考虑刀具所允许的最大坡走角。加工时，仅用一把刀就可完成加工，一般不会产生断屑、排屑或振动等问题。圆弧插补铣可用于大型凹窝铣削加工，如图 6-17（c）所示，先进行钻孔，然后进行圆弧插补铣。

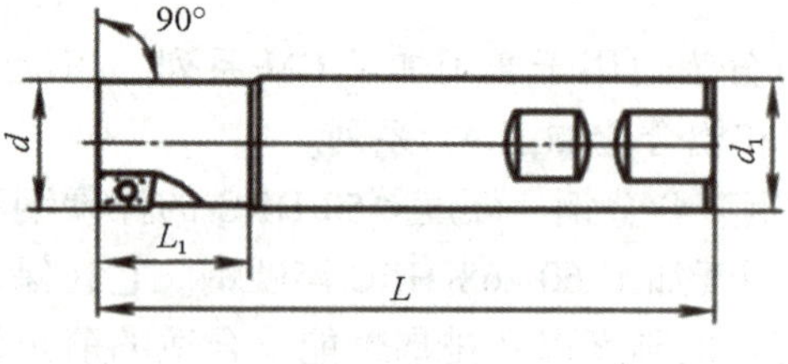

（a）普通可转位立铣刀

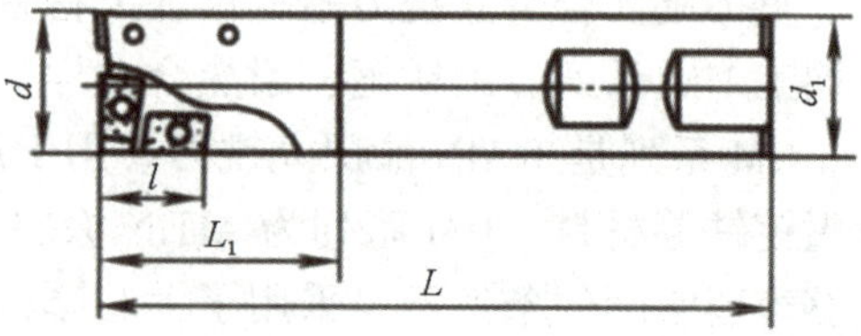

（b）端刃过中心可转位立铣刀

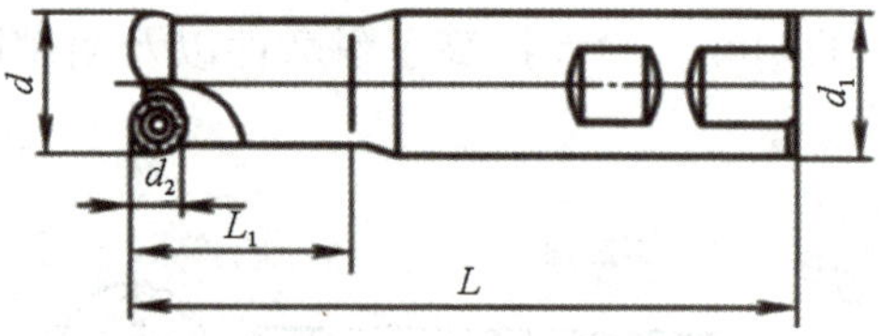

（c）圆刀片立铣刀

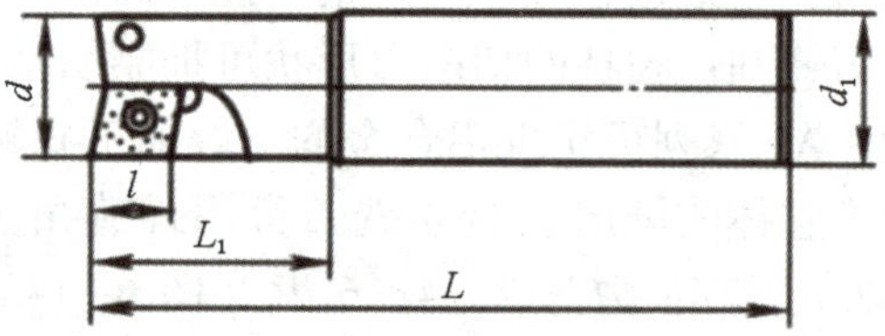

（d）钻铣刀

图 6-15　普通可转位立铣刀和钻铣刀

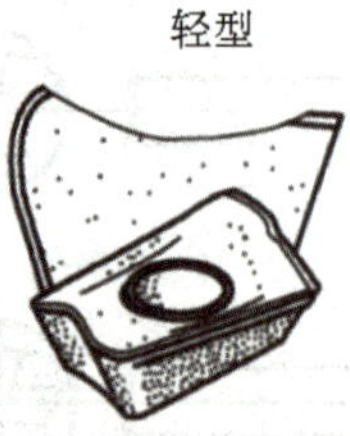

（a）轻型切削刀片

（b）大多数材料普通加工用刀片

（c）重载切削刀片

图 6-16　前面为波纹形曲面的立铣刀刀片

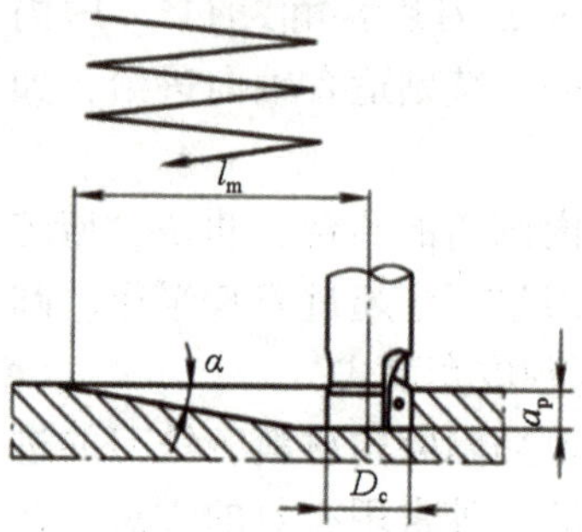

（a）二轴坡走铣

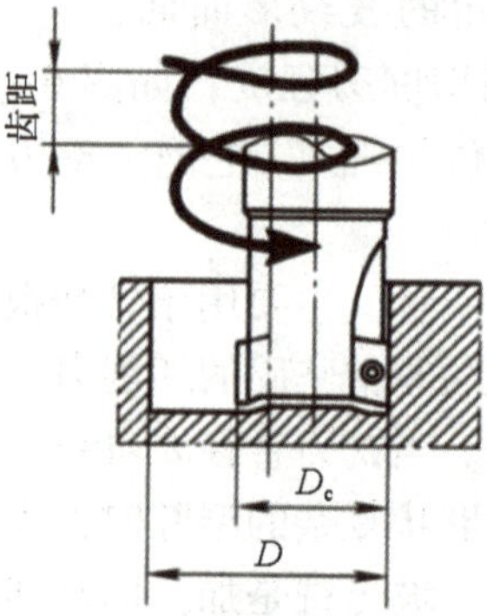

（b）螺旋插补铣

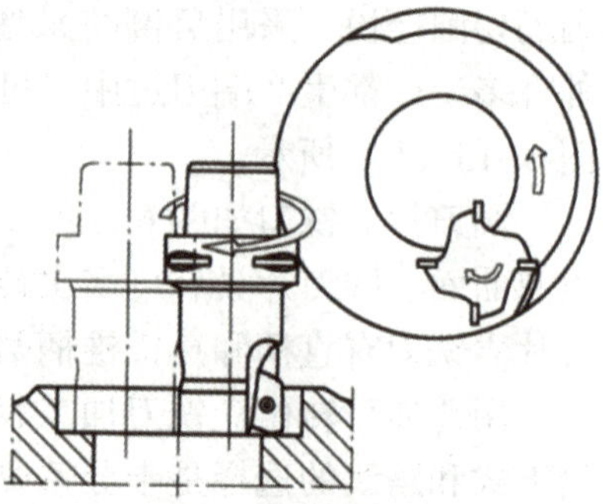

（c）圆弧插补铣

图 6-17　加工凹窝、型腔的常用方法

可转位钻铣刀和普通立铣刀结构上有区别，如图 6-15（d）所示，它有一个刀片的切削刃在径向超过中心，而又稍低于中心线 0.15~0.3 mm，通常取 $\gamma_p=2°\sim3°$，$\gamma_f=-10°\sim-4°$，$\kappa_r=90°\sim100°$。它不仅可以铣台阶面和开口槽，还可以钻浅孔、铣封闭槽和坡铣斜槽，如图 6-18 所示。

可转位螺旋立铣刀（图 6-19）的每个螺旋刀齿上装上若干硬质合金可转位刀片，相邻两个刀齿上的硬质合金刀片相互错开，切削刃呈玉米状分布，减小了切削宽度。在保持切削功率不变的情况下，可较大地提高进给速度。为了减小切削力，可选用正前角或有断屑槽的刀片。通常直径 $d=32\sim50$ mm，制成直柄或莫氏锥柄。它又分为左旋（$\omega=30°$）和右旋（$\omega=25°$）两种。

可转位螺旋齿立铣刀的头部刚性差，容易损坏，可以做成模块式（图 6-20），以便于更换，比整体式更经济。

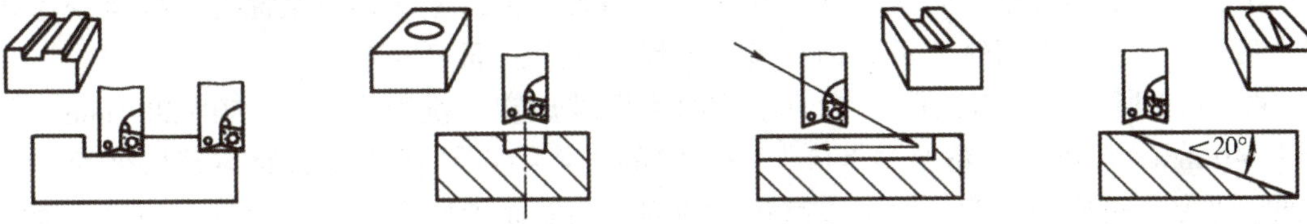

（a）铣台阶面和开口槽　（b）钻浅孔　（c）铣封槽　（d）坡铣斜槽

图 6-18　钻铣刀用途

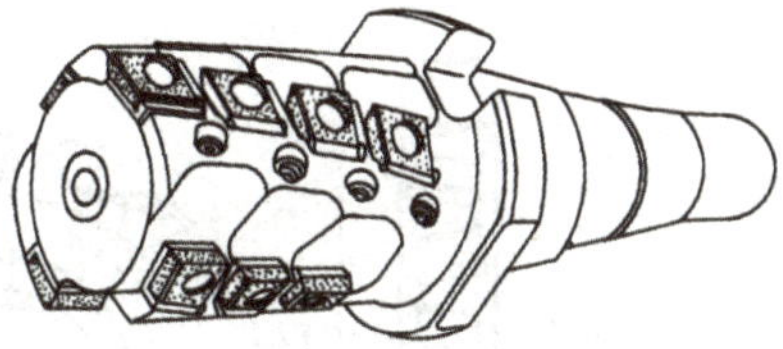

图 6-19　可转位螺旋立铣刀

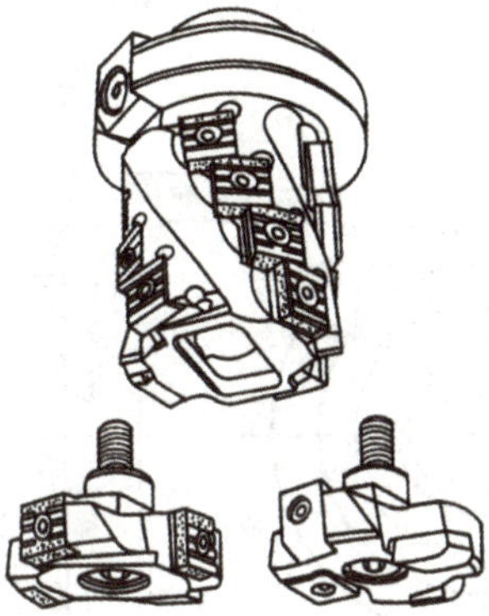

图 6-20　模块式螺旋齿立铣刀

6.5.2　键槽铣刀

图 6-21 所示为键槽铣刀，它主要用于加工圆头封闭键槽。它有两个刀齿，圆柱面和端面上都有切削刃，端面上的切削刃延至中心，工作时能沿轴线做进给运动。按国家标准规定，直柄键槽铣刀 $d=2\sim22$ mm，锥柄键槽铣刀直径 $d=14\sim50$ mm。键槽铣刀直径的精度等级有 e8 和 d8 两种，通常分别加工 H9 和 N9 键槽。

键槽铣刀的圆周切削刃仅在靠近端面的一小段长度内发生磨损。重磨时只需刃磨端面切削刃，铣刀直径不变。

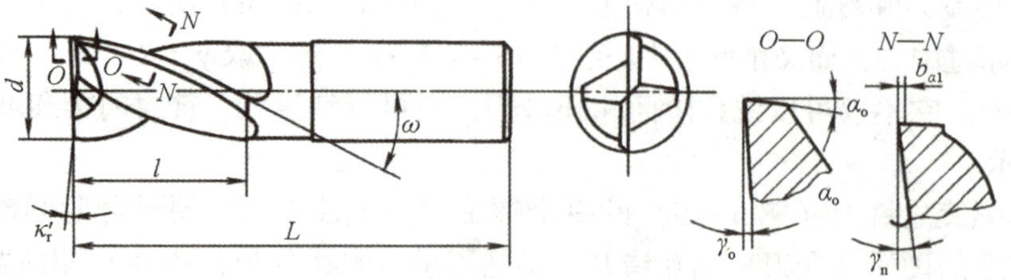

图 6-21　键槽铣刀

6. 5. 3　三面刃铣刀

三面刃铣刀适用于加工凹槽和阶台面。三面刃铣刀除圆周具有主切削刃外，两侧面也有副切削刃，从而改善了切削条件，提高了切削效率和减小了表面粗糙度，但重磨后厚度尺寸变化较大。三面刃铣刀可分为直齿、错齿和镶齿三面刃铣刀。

图 6-22 所示为直齿三面刃铣刀。按国家标准规定，铣刀直径 $d=50\sim200$ mm，厚度 $L=4\sim40$ mm。厚度尺寸精度为 K11、K8。它的主要特点是圆周齿前面与端齿前面是一个平面，可一次铣成和刃磨，使工序简化；圆周齿和端面齿均留有凸出刃带，便于刃磨，且重磨后能保证刃带宽度不变。但侧刃前角 $\gamma_o'=0°$，切削条件差。

错齿三面刃铣刀（图 6-23）的 γ_o' 近似等于 λ_s。与直齿三面刃铣刀相比，它具有切削平稳，切削力小，排屑容易和容屑槽大等优点。

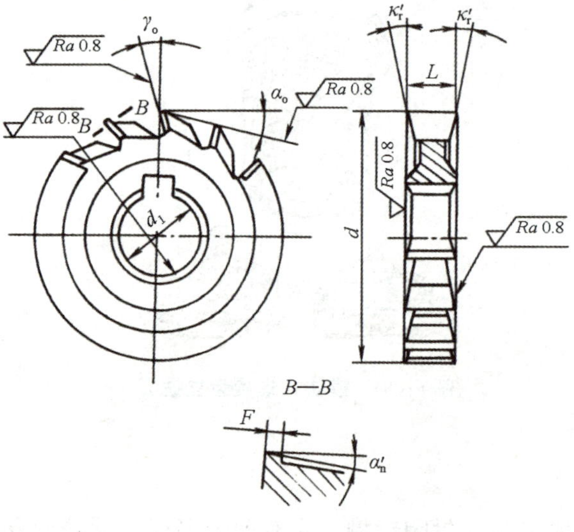

图 6-22　直齿三面刃铣刀

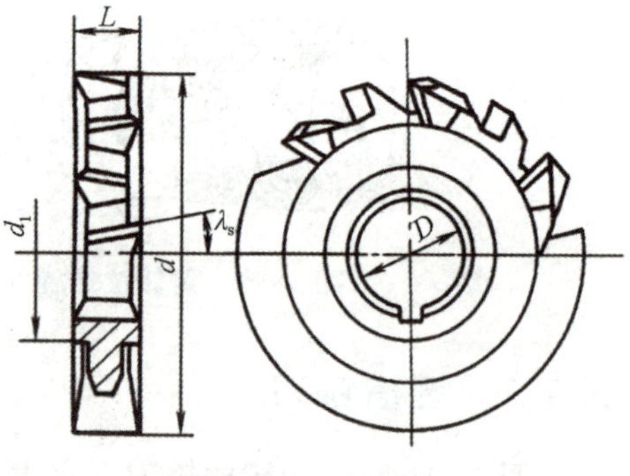

图 6-23　错齿三面刃铣刀

图 6-24 所示为镶齿三面刃铣刀，该铣刀直径 $d=80\sim315$ mm，厚度 $L=12\sim40$ mm。在刀体上开有带 50 斜度齿槽，带齿纹的楔形刀齿楔紧在齿槽内。各个同向齿槽的齿纹依次错开 P/z（z 为同向倾斜的齿数；P 为齿纹齿距）。铣刀磨损后，可依次取出刀齿，并移至下一个相邻同向齿槽内。调整后铣刀厚度增加 $2P/z$，再通过重磨，可恢复铣刀厚度尺寸。

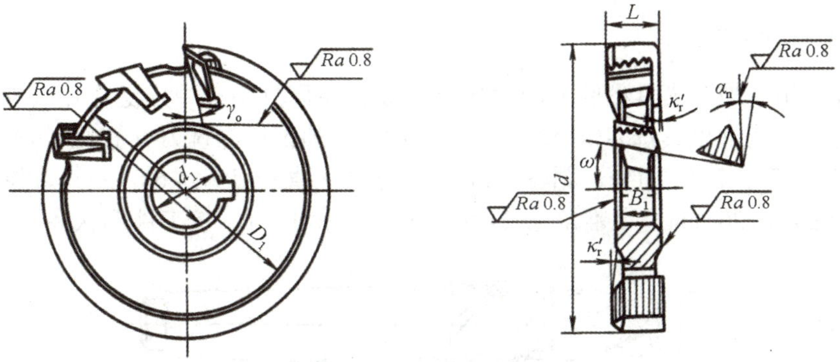

图 6-24　镶齿三面刃铣刀

硬质合金可转位三面刃铣刀（图 6-25）一般通过楔块螺钉或压孔式将刀片夹紧在刀体上，刀片的安装多数采用平装，也有立装的。三个切削刃同时参加切削，排屑条件差，因此三面刃铣刀的齿数较少，以保证足够的容屑空间。可转位三面刃铣刀的前角一般取 $\gamma_p=+3°\sim5°$，$\gamma_f=-2°\sim7°$。取 $\kappa_r'=40'\sim1°$。常用可转位三面刃铣刀直径 $d=80\sim315$ mm，厚度 $L=10\sim32$ mm。一般可转位三面刃铣刀有两个键槽，以便于组合使用时，将刀齿错开，使切削平稳。

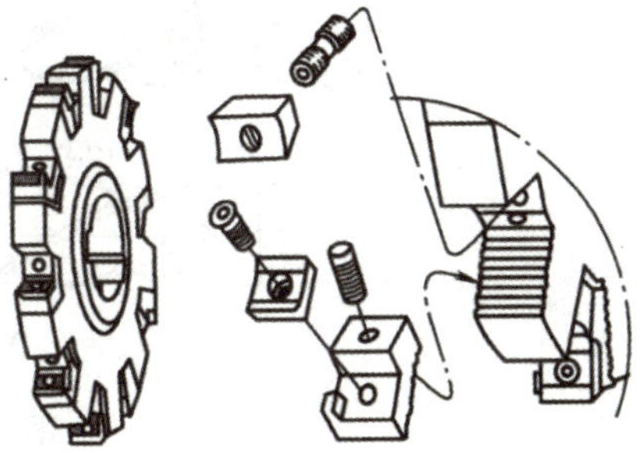

图 6-25　硬质合金可转位三面刃铣刀

6.5.4　角度铣刀

图 6-26 所示为角度铣刀，它主要用于加工带角度的沟槽和斜面。图 6-26（a）所示为单角铣刀，圆锥切削刃为主切削刃，端面切削刃为副切削刃。图 6-26（b）所示为双角铣刀，两圆锥面上的切削刃均为主切削刃。它分为对称双角铣刀和不对称双角铣刀。

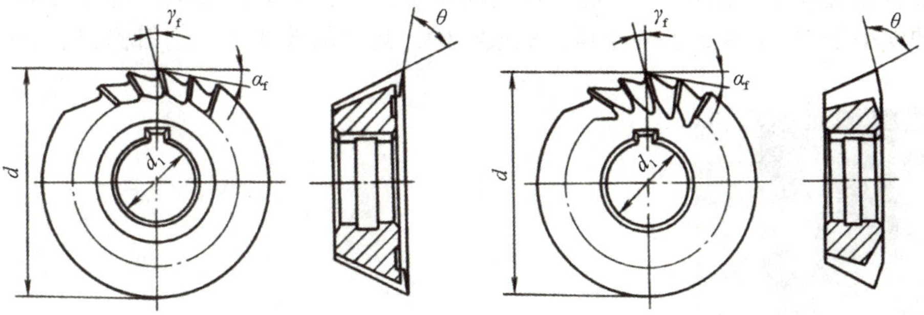

（a）单角铣刀　　（b）双角铣刀

图 6-26　角度铣刀

国家标准规定，单角铣刀直径 $d=40\sim100$ mm，两切削刃间夹角 $\theta=18°\sim90°$。不对称双角铣刀直径 $d=40\sim100$ mm，夹角 $\theta=50°\sim100°$。对称双角铣刀直径 $\theta=50\sim100$ mm，夹角 $\theta-18°\sim90°$。

6.5.5 模具铣刀

模具铣刀用于加工模具型腔或凸模成形表面，在模具制造中广泛应用。它是由立铣刀演变而成的。高速钢模具铣刀（图6-27）主要分为圆锥形立铣刀（直径 $d=6\sim20$ mm，半锥角 $\alpha/2=3°$、5°、7°和10°）、圆柱形球头立铣刀（直径 $d=4\sim63$ mm）和圆锥形球头立铣刀（直径 $d=6\sim20$ mm，半锥角 $\alpha/2=3°$、5°、7°和10°），按工件形状和尺寸来选择。

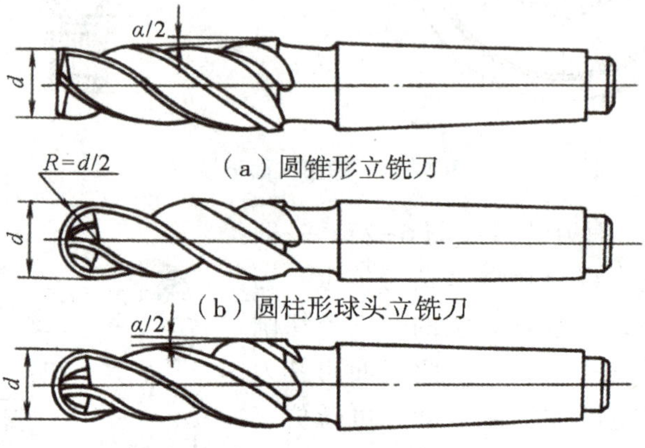

图6-27 高速钢模具铣刀

硬质合金球头铣刀可分为整体式和可转位式。整体式硬质合金球头铣刀直径 $d=3\sim20$ mm，螺旋角 $\omega=30°$或45°，齿数 $z=2\sim4$ 齿。它适用于高速、大进给铣削，加工表面粗糙度小，主要用于精铣。

可转位球头立铣刀（图6-28）前端装有一片或两片可转位刀片，它有两个圆弧切削刃，直径较大的可转位球头立铣刀除端刃外，在圆周上还装有长方形可转位刀片，以增大最大吃刀量。用这种球头铣刀进行坡铣时，向下的最大坡走角不宜大于30°。铣削表面粗糙度较大，主要用于高速粗铣和半精铣。

硬质合金旋转锉（图6-29）是一种机动钳工工具，可取代金刚石锉刀和磨头来加工淬火后硬度小于65 HRC的各种模具及机械零件，其切削效率较金刚石锉刀和磨头可提高几十倍。

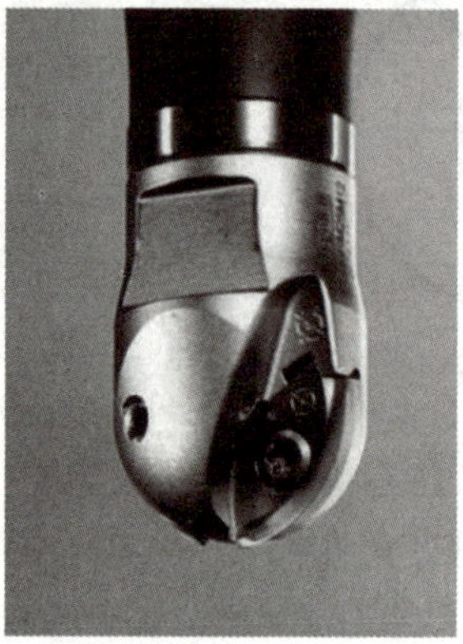

图6-28 可转位球头立铣刀

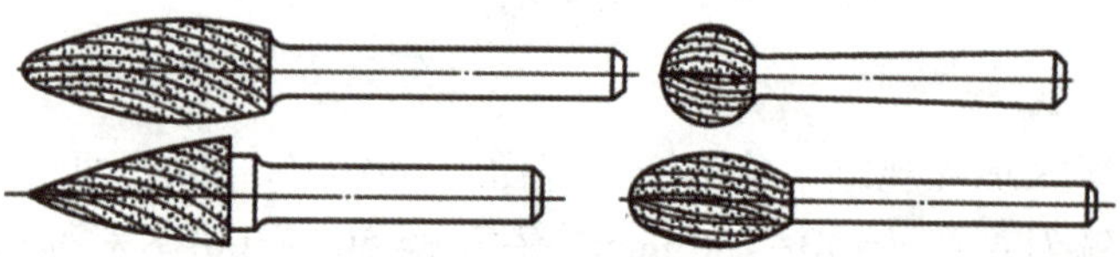

图6-29 硬质合金旋转锉

任务 6.6 可转位面铣刀

任务描述

李师傅继续讲解可转位面铣刀。他解释说，可转位面铣刀通过更换刀片来延长刀具寿命，提高生产效率。李师傅详细介绍了硬质合金可转位面铣刀的结构特点和其他种类的面铣刀，并通过实际操作演示了如何安装和更换刀片。

任务分析

任务的重点在于了解可转位面铣刀的结构特点和使用方法。通过学习，小吴将能够掌握可转位面铣刀的安装和更换技巧，从而提高刀具的使用效率和寿命。

任务实施

6.6.1 硬质合金可转位面铣刀

硬质合金可转位面铣刀适用于高速铣削平面。图 6-30 所示为典型的可转位面铣刀。它由刀体 5、刀垫 1、紧固螺钉 3、刀片 6、楔块 2 和偏心销 4 等组成。刀垫通过楔块和紧固螺钉夹紧在刀体上，在夹紧前旋转偏心销将刀垫轴向支承点的轴向跳动调整到一定数值范围内。刀片安放在刀垫上后，通过楔块夹紧。偏心销还能防止切削时刀垫受过大轴向力而产生的窜动。

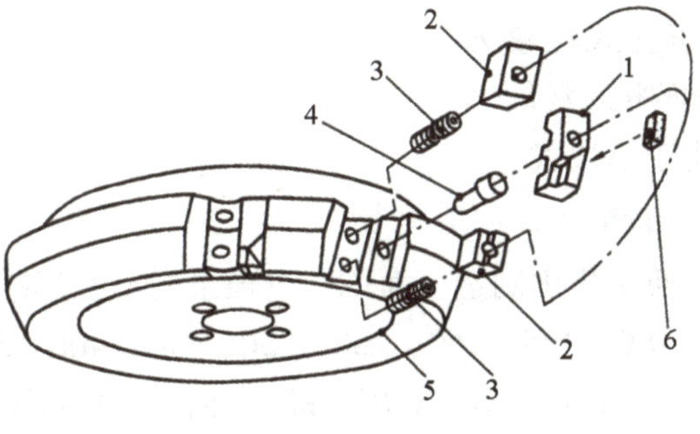

1—刀垫；2—楔块；3—紧固螺钉；4—偏心销；5—刀体；6—刀片。

图 6-30 硬质合金可转位面铣刀

切削刃磨损后，将刀片转位或更换刀片后即可继续使用。与可转位车刀一样，它具有加工质量好、加工效率高、加工成本低、使用方便等优点，因而得到了广泛使用。

1. 可转位面铣刀结构

(1) 上压式

刀片可直接由螺钉或由螺钉和压板夹紧在刀体上，如图 6-31 (a) 和图 6-31 (b) 所示。它具有结构简单、紧凑、制造方便等优点。但切削刃的径向、轴向跳动取决于刀槽和刀片的制造精度。上压式适用于小直径面铣刀。

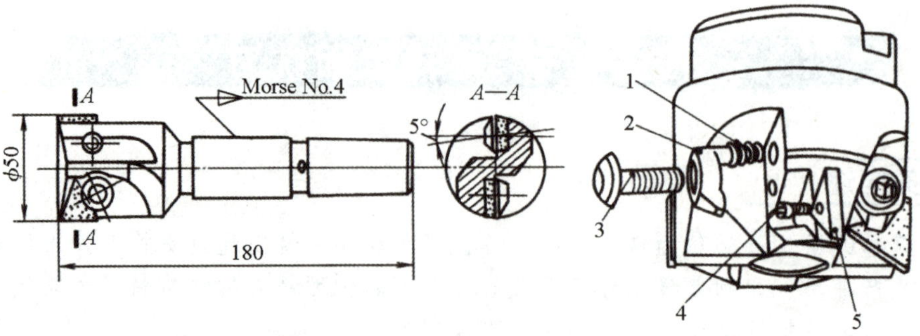

（a）螺钉夹紧　　　　（b）螺钉和压板夹紧

1—弹簧；2—压块；3—螺钉；4—刀垫螺钉；5—刀垫。

图 6-31　上压式

（2）楔块式

如图 6-30 所示，它具有结构可靠、刀片转位和更换方便、刀体结构工艺性好等优点。但刀片一部分被覆盖，容屑空间小；夹紧元件的体积较大，铣刀齿数较少。

（3）压孔式

如图 6-32 所示，锥头螺钉的轴线相对刀片锥孔的轴线有一偏心距。旋转锥头螺钉向下移动，锥头螺钉的锥面推动刀片移动而压紧在刀槽内。它具有结构简单、紧凑、夹紧元件不阻碍切屑流出等优点。随着带断屑槽铣刀片应用越来越广泛，压孔式压紧刀片的方式被越来越多地使用。它的制造精度要求高、夹紧力小于楔块式。

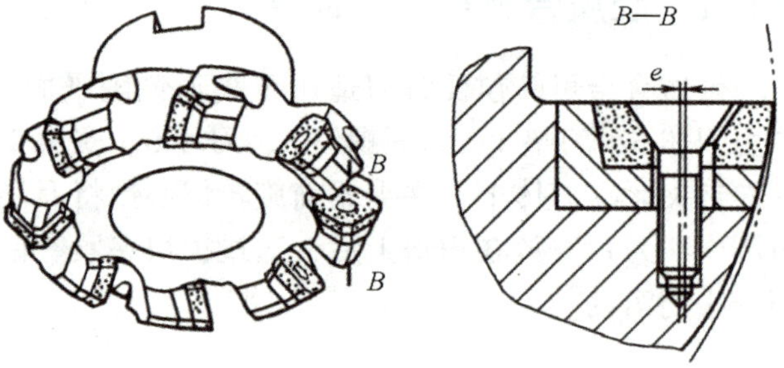

图 6-32　压孔式

2. 可转位面铣刀直径和齿数

为了减少铣刀规格，便于集中制造，面铣刀直径系列已经标准化，其标准系列为（单位为 mm）：50、63、80、100、125、160、200、250、315、400、500。

端铣时，应根据侧吃刀量 a_e 选择合理的铣刀直径，通常取可转位面铣刀直径 $d \geq (1.2 \sim 1.6)\ a_e$ mm。

同一直径的可转位面铣刀的齿数分为粗齿、中齿、细齿三种。粗铣长切屑工件或同时参加切削的刀齿过多引起振动时可选用粗齿面铣刀。铣短切屑工件或精铣钢件时可选用中齿面铣刀。细齿面铣刀的每齿进给量较小，常适用于加工薄壁铸件，在较小的 f_z 时，能使进给速度 v_f 增大，从而能获得较高的生产率。

3. 可转位面铣刀几何角度

（1）背前角 γ_p 和侧前角 γ_f

可转位面铣刀的背前角 γ_p 和侧前角 γ_f 有三种组合：正前角型、负前角型和正负前角型。

① 正前角型的 γ_f 和 γ_p 均为正值。采用带后角刀片。它的主要特点是切削轻快、排屑容易；但切削刃强度差。可在切削刃上磨出负倒棱，以提高切削刃强度。它适用于加工普通钢、铸铁、不锈钢和非铁材料。通常取 $\gamma_p=7°$，$\gamma_f=0°$。铣削铝合金时取 $\gamma_p=15°$，$\gamma_f=14°$。

② 负前角型的 γ_f 和 γ_p 均为负值。可以采用不带后角、两面均可使用的刀片，因而刀片的利用率高。适用于粗铣铸钢、铸铁和高硬度、高强度钢。但铣削时，切削力大，功率消耗多，所以机床的动力与刚性要足够。通常取 $\gamma_p=-10°\sim-5°$，$\gamma_f=-10°\sim-3°$。

③ 正负前角型综合了上述两类铣刀的优点，既保证了切削刃具有足够的耐冲击性能，又不致使切削力过大。通常取负 γ_f 和正 γ_p。负 γ_f 能保证切入时前面和工件开始接触点远离刀尖，正 γ_p 有利于使切屑从过渡表面排出。一般取 $\gamma_p=0°\sim10°$，$\gamma_f=-10°\sim0°$。

可转位铣刀片的型号表示方法与可转位车刀片相似。常用的可转位铣刀片有三角形、矩形、圆形和正方形等几类。每类又有带后角和不带后角两种。

常用可转位铣刀片的几何形状如图 6-33 所示，前面上磨出 -10° 的负倒棱，以增强切削刃的强度。刀片上磨有平行于进给方向的修光刃，宽度 $b'_\varepsilon=1.4\sim2$ mm，有助于减小表面粗糙度。当铣刀每转进给量大于修光刃宽度 b'_ε 时，根据需要，可在铣刀上安置刃长为 10 mm 或 4.5 mm 的修光刀片。

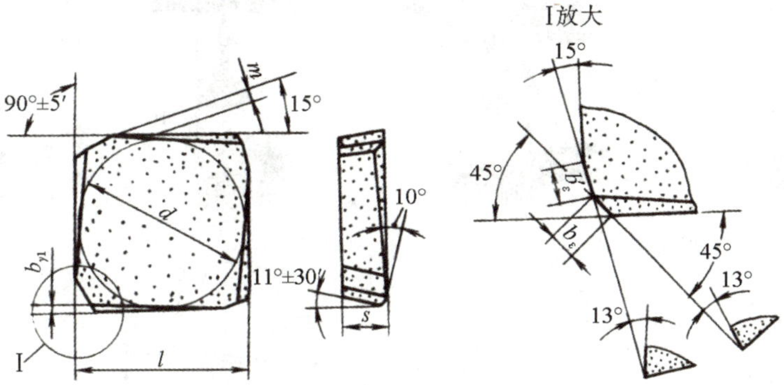

图 6-33　可转位铣刀片的几何形状

随着耐机械冲击和热冲击的新硬质合金牌号的出现，刀片制造工艺不断改进，国内外很多工具厂开发了有断屑槽的铣刀刀片，可转位铣刀铣削刀片的切断槽型见表 6-2。同一把铣刀更换不同材质、不同断屑槽的刀片，就可加工不同材料的工件。

表 6-2　可转位铣刀铣削刀片的断屑槽型

类型	轻型（L）	普通（M）	重型（H）
简图	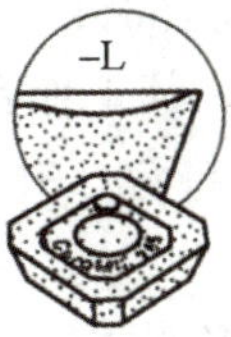	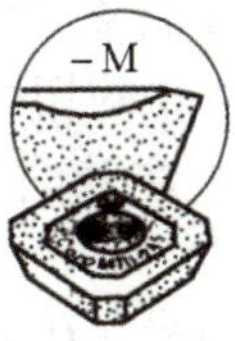	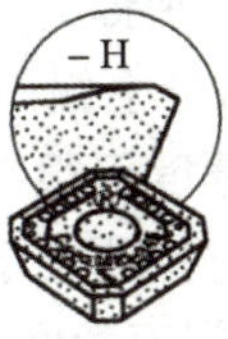

续表

特点	锋利的正前角切削刃，平稳的切削性能。用于低进给率，低机床功率和低切削力要求场合	用于混合加工的正前角槽形，中等进给率场合	用于高安全性要求和高进给率要求场合

（2）主偏角

可转位面铣刀的主偏角大小直接影响切削厚度、切削力和刀具寿命等。目前常用可转位面铣刀的主偏角有 90°、45°、10°，以及主偏角随背吃刀量变化的圆刀片，如图 6-34 所示。

① 90°主偏角面铣刀铣削时，进给力 F_f 很大，不会产生被加工表面承受的垂直进给力 F_{f_n}，因此，适用于铣削低强度结构的工件或薄壁工件以及获得直角边方肩铣。

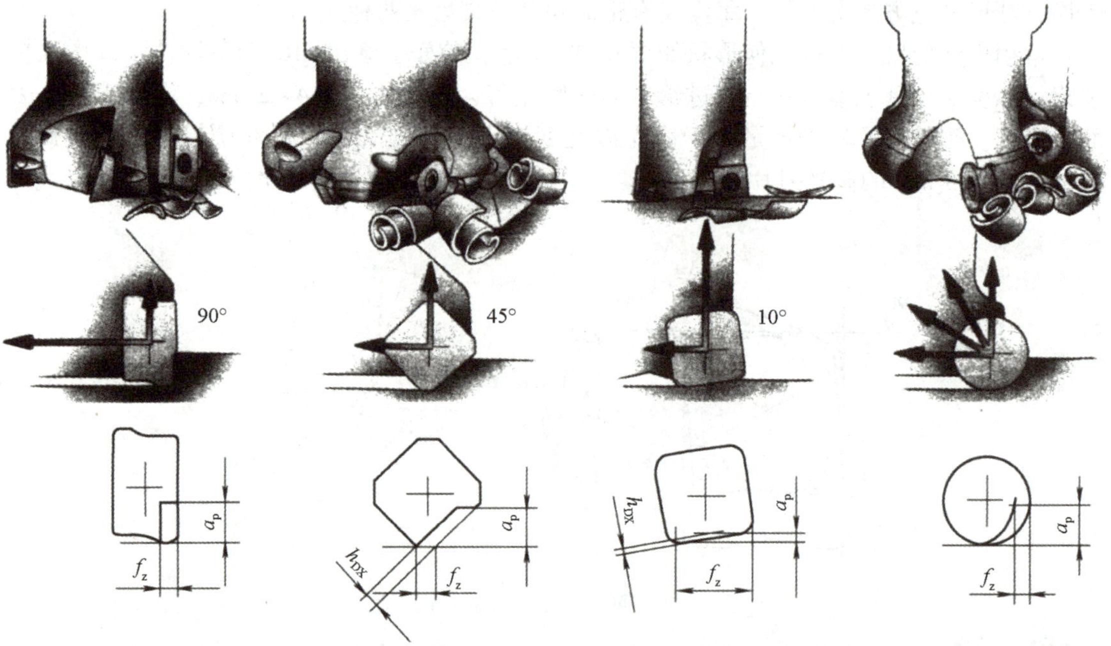

（a）90° 主偏角面铣刀　（b）45° 主偏角面铣刀　（c）10° 主偏角面铣刀　（d）圆刀片面铣刀

图 6-34　常用面铣刀主偏角及其对切削力和切削厚度的影响

② 45°主偏角面铣刀的进给力 F_f 和垂直进给力 F_{f_n} 大小接近相等，切削平稳。铣削时，机床消耗功率相对较小。铣刀开始切入时较轻快，当用大悬伸或小刀柄刀具铣削时，会减弱振动趋势。该铣刀减小了切削厚度，在保持中等切削刃负载的情况下，可增大工作台进给速度，来提高生产效率。它适用于普通用途端铣及短切屑材料的铣削。

③ 10°主偏角面铣刀允许在非常高的切削参数下进行切削。其工作台进给速度非常高，但切削厚度仍很小。切削力主要产生在轴向，因而可降低振动趋势，并获得很高的金属切除率。它主要用于高进给铣削等。

④ 圆刀片面铣刀随背吃刀量不同，刀片的主偏角和切削负载均会有所变化。刀片有非常坚固的切削刃，可多次转位使用。它是高进给率、高金属切除率的粗加工铣刀，适用于耐热合金和钛合金加工以及大余量、高进给加工。

6.6.2 其他种类面铣刀

1. 陶瓷可转位面铣刀

由于刀片成分、压制工艺及刀具几何参数的不断改进，陶瓷刀具已成功地用于铣削加工。但其刀片较脆，主要用于加工灰铸铁、球墨铸铁、可锻铸铁、冷硬铸铁和表面淬火钢等。在正常情况下，它的寿命比一般硬质合金高几倍。

陶瓷刀片材料有氧化铝陶瓷（Al_2O_3）、混合陶瓷（Al_2O_3+TiC）和氮化硅陶瓷（Si_3N_4），可根据加工材料和加工条件等来选择。

陶瓷可转位面铣刀分为双负前角型和正负前角型。粗铣时都选用双负前角型。主偏角常采用 $\kappa_r=45°$、75°。一般采用 0.2 mm×20°负倒棱，以提高切削刃的强度，延长刀具寿命。

2. 立方氮化硼可转位面铣刀

立方氮化硼（CBN）可转位面铣刀用于精铣和半精铣高硬度（45～65 HRC）的冷硬铸铁、淬火钢、镍基冷硬耐磨工件，以及渗碳、渗氮和表面淬硬工件。它也适用于硬度在30 HRC 以下磨蚀性很强，用其他材料无法铣削的珠光体灰铸铁。立方氮化硼面铣刀的寿命比陶瓷或硬质合金面铣刀高十几倍。

立方氮化硼面铣刀都采用双负前角型。一般取−7°～−5°。刀片的后角为0°，刀片须磨出 0.2 mm×20°负倒棱或倒 0.05～0.13 mm 刃口圆角。刀片采用楔块式或上压式夹紧在刀体上。

铣削 50～60 HRC 白口铸铁时，$v_c=150\sim300$ m/min，$f_z=0.15\sim0.38$ mm/z，$a_p=3.8$ mm。

3. 聚晶金刚石面铣刀

聚晶金刚石（PCD）面铣刀主要用于加工有色金属及其合金和非金属材料。特别适用于加工高硅铝合金，但它不能用于加工钢、铁等黑色金属。

用聚晶金刚石铣刀加工工件，具有尺寸稳定、生产效率高、加工表面粗糙度小等优点。在汽车工业中，广泛用于加工气缸体、气缸盖、变速箱壳体等，不仅用于连续切削，也可用于断续切削的铣削加工。

这种铣刀的刀片是以硬质合金刀片为基体，将一定形状的聚晶金刚石复合刀片毛坯焊接在硬质合金刀片上。这种刀片只有一个切削刃，不能转位使用，如图 6-35 所示。

实践证明，聚晶金刚石面铣刀铣削铝合金时，切削速度高于 1 000 m/min，采用正负前角型（$+\gamma_p$、$-\gamma_f$）效果较佳。因为此时，不仅加强了切削刃强度，不会像双正前角那样容易崩刃，又很少产生积屑瘤，既可获得很好的加工质量和很高的生产效率，又可大大延长刀具寿命。

聚晶金刚石面铣刀使用时，切削速度高，离心力大，要特别注意刀片夹紧可靠性。并应对面铣刀进行动平衡，确保铣削时不产生振动。刀片切削刃的跳动应严格控制在 0.005 mm 以内，修光刃应与铣削平面平行，因此刀片在轴向和径向都可以进行微调。

使用聚晶金刚石面铣刀时，需使用充足的冷却液，切削用量逐步调整到最佳值，并及时更换刀片。

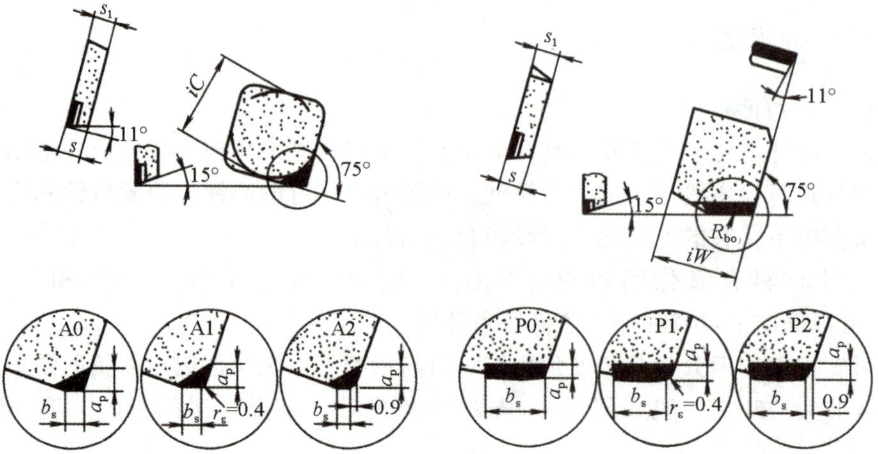

（a）切削刀片　　（b）修光刀片

图 6-35　聚晶金刚石铣刀片形状

项目小结

本项目首先介绍了铣刀的几何参数，包括圆柱形铣刀和面铣刀的几何角度，掌握了这些参数对铣削质量的影响。其次介绍了铣削用量和切削层参数，了解了如何合理选择铣削参数以提高加工效率。通过学习不同的铣削方式，我们掌握了圆柱平面铣刀和面铣刀加工平面的具体方法。在铣刀磨损部分，了解了铣刀磨损的原因及防止破损的措施。通过本项目的学习，读者能够掌握常用尖齿铣刀的结构特点与应用，为实际的铣削加工提供全面的理论基础和实践指导。

项目工单

1. 项目实施记录

根据本项目的学习过程，完成表 6-3。

表 6-3　项目实施记录表

姓名		学号	
班级		指导教师	
遇到的难点			
学到的重点			
新的发现			

2. 考核评价

根据任务完成情况，填写表 6-4。

表 6-4　考核评价表

项目名称	评价内容	满分/分	评分/分		
			自评	互评	师评
职业素养 考核项目 40%	穿戴规范、整洁	8			
	安全意识、责任意识及服从意识强	8			
	积极参加教学活动，按时完成任务工单	8			
	团队合作、沟通能力强	8			
	劳动纪律良好	8			
专业能力 考核项目 60%	专业知识查找及时、准确	12			
	操作符合规范	18			
	态度认真，学习效率高	12			
	充分认识铣刀的工作特性	18			
合计		100			
总评	自评(20%)+互评(20%)+师评(60%)=	综合等级	指导教师（签名）:		

课后练习

一、填空题

1. 圆周铣削时，铣刀旋转运动是________，工件的直线移动是________。

2. 螺旋角 ω 是螺旋切削刃展开成________后，与________的夹角。

3. 铣削加工与车削加工一样，铣刀每个刀齿上都受到一定的________，它也可以分解为三个方向的分力：________、________和________。

4. 整体式硬质合金立铣刀常用螺旋角为________、________和________，其齿数为2、4、6 齿。

5. 可转位面铣刀的背前角 γ_p 和侧前角 γ_f 有三种组合：________、________和________。

二、简答题

1. 铣削时进给量有哪些表示方法？

2. 顺铣和逆铣有何区别？

3. 成形铣刀有哪些分类？

项目7　拉　刀

项目导读

拉削加工是一种高效、高精度的孔加工方法，拉刀的设计和使用对于提高生产效率和保证加工质量具有重要意义。本项目将系统地介绍拉刀的种类和用途、拉刀的基本结构、圆孔拉刀的设计要点、花键拉刀和齿轮拉刀的结构特点，以及拉刀的合理使用方法。

学习目标

知识目标

1. 了解拉刀的种类和用途，掌握不同类型的拉刀及其适用的加工场景。

2. 掌握拉刀的结构，学习拉刀的非工作部分和工作部分的具体组成。

3. 掌握圆孔拉刀设计，理解拉刀工作部分的设计原理，掌握非工作部分的组成，了解拉刀的检验方法。

4. 了解花键拉刀和齿轮拉刀的结构特点，学习花键拉刀和齿轮拉刀的余量切除方式和切削齿形状。

5. 掌握拉刀的合理使用方法，学习防止拉刀断裂及刀齿损坏的措施，掌握消除拉削表面缺陷的方法。

能力目标

1. 能够根据具体的加工需求选择合适的拉刀，并了解其使用方法。

2. 能够根据加工要求，设计合理的拉刀结构，选择合适的加工参数。

3. 能够进行拉刀的检验，确保其设计和制造的准确性，并能够进行维护以延长拉刀的使用寿命。

4. 能够应用所学知识，分析和解决拉削过程中的实际问题，提高加工效率和质量。

素质目标

1. 培养学生在进行拉刀设计和工艺优化时的严谨态度，确保设计和操作的准确性。

2. 鼓励学生在设计和应用过程中提出创新性的解决方案，提高加工效率和质量。

3. 通过项目合作，培养学生的团队合作精神，使其能够与团队其他成员进行有效沟通和协作。

思政目标

强调在工业生产中的诚信和责任，培养学生良好的职业道德。通过项目实践，培养学生精益求精、追求卓越的工匠精神。强化学生在拉削操作和拉刀使用过程中的安全意识，确保其在实际操作中的安全。引导学生关注拉刀设计的环保性和可持续性，培养其对绿色制造的认识和责任感。

任务7.1　拉刀的种类和用途

任务描述

机械学徒小王在车间实习时，对各种拉刀产生了浓厚的兴趣。他的师傅陈师傅决定从拉刀的种类和用途开始教起。陈师傅拿起几把不同类型的拉刀，解释说："拉刀主要用于加工内孔和齿形，种类繁多，用途广泛。"他详细介绍了圆孔拉刀、花键拉刀、齿轮拉刀等工具，并逐一说明了它们的用途和适用场景。

任务分析

任务的重点在于理解拉刀的种类及其用途。通过学习，小王将能够识别和区分不同类型的拉刀，并了解它们在实际加工中的应用，从而在操作中选择合适的工具。

任务实施

拉刀上有很多刀齿，后一个刀齿（或后一组刀齿）的齿高要高于（或齿宽要宽于）前一个刀齿（或前一组刀齿），所以当拉刀做直线运动时（对某些拉刀来说则为旋转运动或螺旋运动），便能依次地从工件上切下很薄的金属层，如图7-1所示。因此拉刀加工质量好，生产效率高。拉刀寿命长，并且拉床结构简单。但拉刀结构复杂，制造比较麻烦，价格较高，一般是专用刀具，因而多用于大批量生产的精加工。

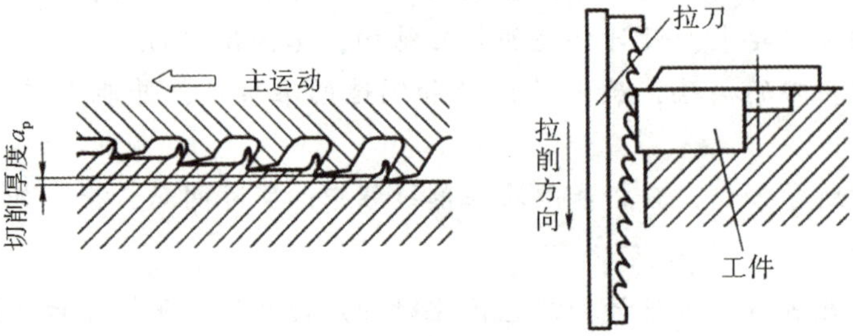

图 7-1　拉削过程

拉刀种类很多，通见的分类方法如下。

① 按照加工表面的不同，可分为加工圆形、方形、花键槽、键槽、多边形等通孔的内拉刀，和加工平面、燕尾槽、燕尾头等外表面的外拉刀，常见类型拉刀的形状如图 7-2 所示。

② 按照结构的不同，可分为整体式拉刀和装配式拉刀，后者多为大型外拉刀。

拉刀是在拉伸状态下工作的，刀具承受拉力。实际生产中还常采用一种叫作推刀（图 7-3）的刀具，它是在压缩状态下工作的。它的工作部分与拉刀相似，但齿数少，长度短，制造比较容易，主要用于精校孔或校准热处理后（硬度小于 45 HRC）变形的孔。

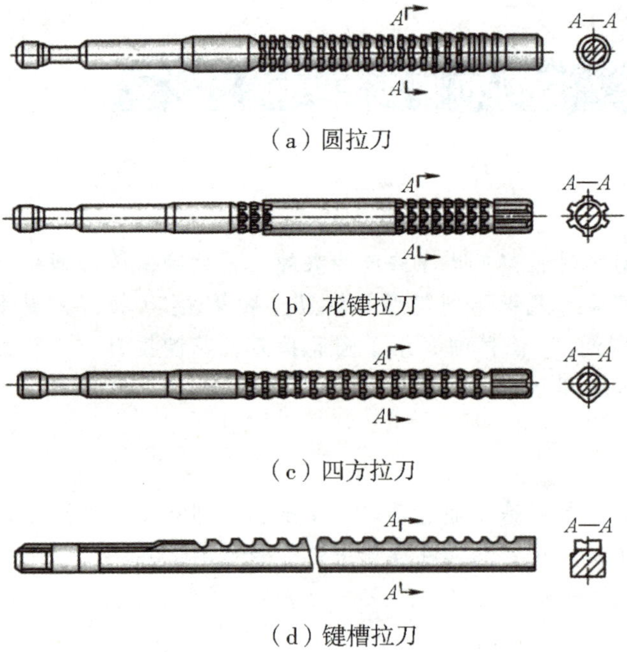

图 7-2　拉刀形状

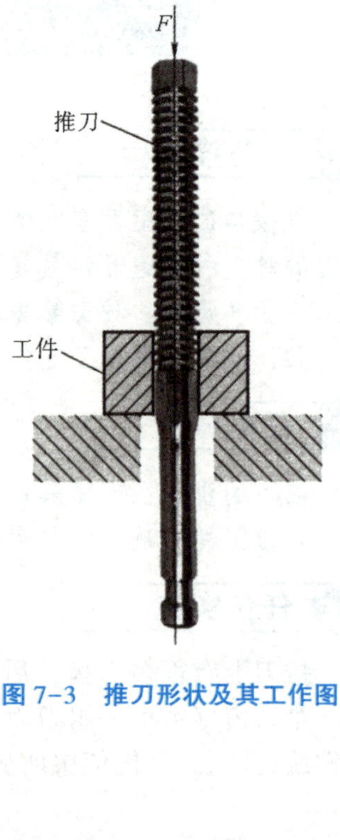

图 7-3　推刀形状及其工作图

任务 7.2　拉刀的结构

任务描述

在了解了拉刀的种类后，陈师傅继续讲解拉刀的结构。他解释说，拉刀的结构分为非工作部分和工作部分，每一部分的设计都直接影响拉刀的性能和使用寿命。陈师傅详细介绍了拉刀的非工作部分和工作部分的组成，包括柄部、过渡部分、颈部等非工作部分，以及切削齿、校准齿等工作部分，并通过实际结构图演示了这些部分的组成。

任务分析

任务的目标是掌握拉刀的结构，特别是非工作部分和工作部分的组成。通过学习，小王将能够理解拉刀的结构设计原理，掌握各部分的功能和作用，从而优化拉刀的使用性能，提高拉削质量。

任务实施

拉刀种类很多，但其组成部分基本上相同，下面以圆孔拉刀为例来说明。如图 7-4 所示，圆孔拉刀由非工作部分与工作部分组成。

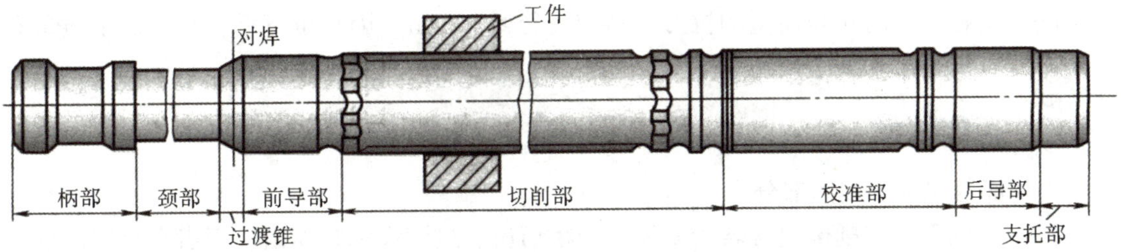

图 7-4　圆孔拉刀结构

7.2.1　非工作部分

非工作部分包括下列几部分。

(1) 柄部。供拉床夹头夹住以传递动力。其直径 D_1 至少应比拉削前的孔径小 0.5 mm。柄部形状如图 7-5 所示，各尺寸可查有关资料。

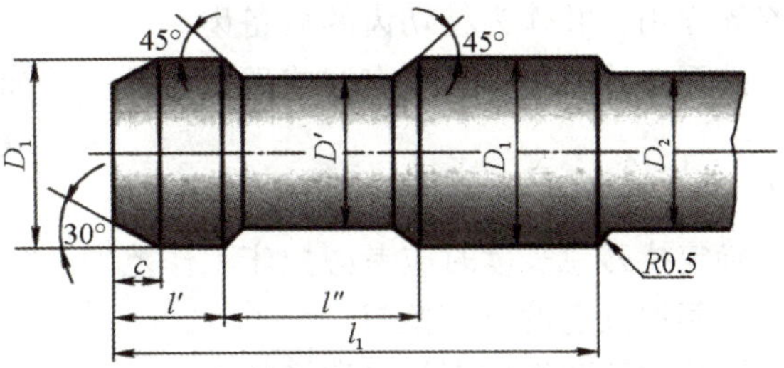

图 7-5　拉刀柄部

(2) 颈部。连接柄部与其后各部分。其长度能使拉刀第一刀齿未进入工件孔之前，拉床夹头可以夹住柄部。拉刀的标记也位于颈部。

颈部长度 l_2（图 7-6）为

$$l_2 \geqslant m+B+A-l_3$$

式中 m——拉床夹头与拉床床壁的间隙，$m=10\sim20$ mm；

B——拉床床壁厚度；

A——拉床花盘法兰厚度；

l_3——过渡锥长度，一般有 10 mm、15 mm、20 mm 三种。

颈部直径 D_2 可比 D_1 小 0.3～1 mm，或 $D_2=D_1$（便于磨制）。

图样上通常不标注颈部长度，而标注柄部前端到第一刀齿之间的长度 L_1'。

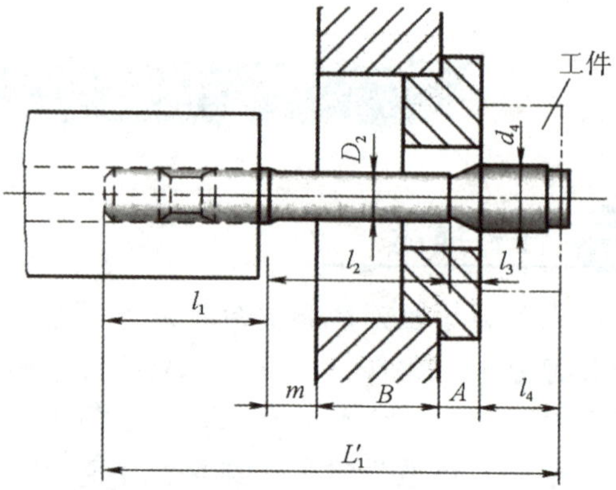

图 7-6　拉刀颈部、过渡锥和前导部尺寸

（3）过渡锥。使拉刀容易进入工件孔中，起对准中心的作用。

（4）前导部。起导向和定心作用，防止拉刀歪斜，并可检查拉削前孔径是否太小，以免拉刀第一刀齿负荷太大而损坏。其直径 d_4 应等于拉削前孔的最小直径 d_{wmin}，长度 l_4 一般等于拉削孔长度 l；若孔的长度与直径的比值大于 1.5 时，可取 $l_4=0.75l$，但不小于 40 mm。

（5）后导部。保持拉刀最后的正确位置，防止拉刀即将离开工件时，工件下垂而损坏已加工表面。其直径等于拉削后孔的最小直径 d_{mmin}，长度等于（0.5～0.7）l，但不小于 20 mm。

（6）支托部。防止长而重的拉刀（拉刀直径≥60 mm）因自重下垂，影响加工质量和损坏刀齿。

7.2.2　工作部分

工作部分包括下列两部分。

（1）切削部。切削部包含若干刀齿，分粗切齿、过渡齿和精切齿，刀齿直径逐齿依次增大，它们起切削作用，切去全部加工余量。

（2）校准部。有几个校准齿，其直径都相同，基本上等于拉削后的孔径，它们起校准与修光作用，并作为精切齿的后备齿。

拉刀总长度是拉刀所有组成部分长度的总和，一般拉刀总长度 L 为

$$L=(30\sim40)\,d_0$$

式中 d_0——拉刀直径。

确定拉刀总长度时应考虑拉床工作范围及拉刀制造的可能性，若设计的拉刀太长，可设计成两把以上的成套拉刀。

圆孔拉刀两端做有带保护锥的中心孔，作为制造与重磨时的基准。

任务 7.3 圆孔拉刀设计

任务描述

陈师傅继续讲解圆孔拉刀的设计。他解释说，圆孔拉刀的设计直接影响加工质量和效率。陈师傅详细介绍了圆孔拉刀工作部分的设计，包括切削齿和校准齿的设计方法，以及非工作部分的组成，如柄部、颈部等的尺寸和材料选择。他还提到了拉刀的检验方法，以确保设计符合要求。

任务分析

任务的重点在于掌握圆孔拉刀的设计方法，包括工作部分和非工作部分的设计。通过学习，小王将能够理解圆孔拉刀的设计原理，掌握设计要点和检验方法，从而优化拉刀的设计，提高加工效率和质量。

任务实施

通常设计拉刀前应分析被拉削工件材料及拉削要求、所用拉床规格及夹头结构、拉刀制造工艺及设备等。

图 7-7 为综合式圆拉刀设计图。

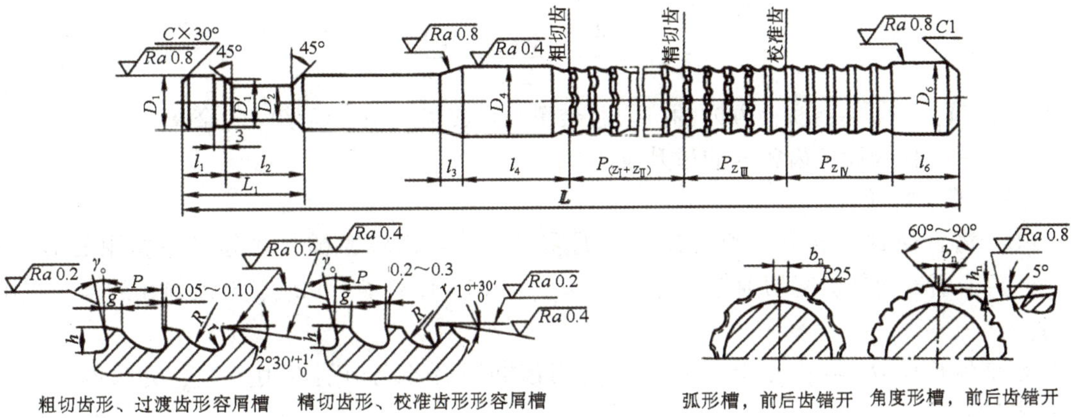

图 7-7 综合式圆拉刀设计图

7.3.1 拉刀工作部分设计

1. 确定齿升量、齿数和刀齿直径

综合式拉刀的前面齿由分块拉削方式的粗切齿和过渡齿组成，后面齿由同廓拉削方式的精切齿和直径相等的校准齿组成。

(1) 齿升量

各齿的齿升量f_z是指相邻刀齿半径之差。齿升量的确定原则如下。

① 粗切齿齿升量$f_{z_Ⅰ}$。为了缩短拉刀长度，应尽量加大$f_{z_Ⅰ}$，使各刀齿切除总余量60%~80%左右。例如拉削碳钢，其直径小于50 mm的孔，$f_{z_Ⅰ}$=0.03~0.06 mm。

② 精切齿齿升量$f_{z_Ⅲ}$。按拉削表面质量要求选取，一般$f_{z_Ⅲ}$=0.01~0.02 mm。

③ 过渡齿齿升量$f_{z_Ⅱ}$。在各齿上是变化的，变化规律在$f_{z_Ⅰ}$与$f_{z_Ⅲ}$之间逐齿递减，以使拉削力平稳过渡。

④ 校准齿齿升量$f_{z_Ⅳ}$。$f_{z_Ⅳ}$=0，起最后修光、校准拉削表面作用。

图7-8为上述刀齿齿升量的分布示意图。

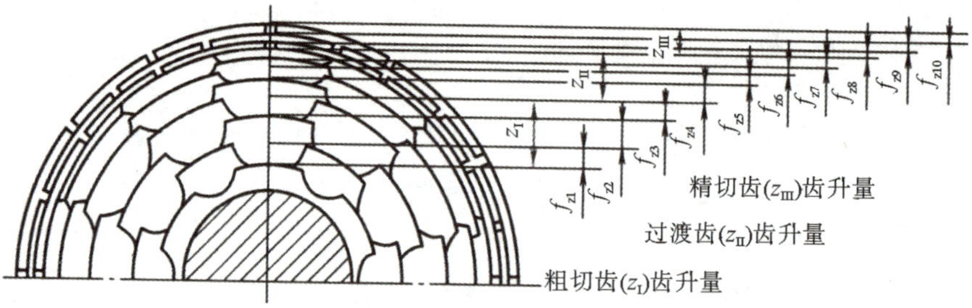

图7-8　拉刀齿升量的分布

(2) 齿数

过渡齿齿数$z_Ⅱ$=4~8，精切齿齿数$z_Ⅲ$=3~7，校准齿齿数$z_Ⅳ$=5~10，而粗切齿齿数按下式确定：

$$z_Ⅰ=\frac{A-(A_Ⅱ+A_Ⅲ)}{2f_Ⅰ} \tag{7-1}$$

式中　A、$A_Ⅱ$、$A_Ⅲ$——直径方向的拉削总余量和过渡齿、精切齿切除的余量；

$f_Ⅰ$——粗切齿各齿相等的齿升量。

(3) 刀齿直径

第一齿直径$D_{Ⅰ_1}$取决于预制孔的表面质量，若表面较粗糙，要起光整作用的$D_{Ⅰ_1}=d_{wmin}$；若表面较光洁，起切削作用的$D_{Ⅰ_1}=d_{wmin}+(1\sim1.5)f_{z_Ⅰ}$，$d_{wmin}$为预制孔的最小极限尺寸。

校准齿直径$D_Ⅳ=d_{wmax}$，用它亦可作为刀齿磨损后补充切削齿用。d_{wmax}为预制孔的最大极限尺寸。

其余各刀齿直径D_x按下式推算

$$D_x=D_{x-1}+2f_{z_x} \tag{7-2}$$

2. 选择几何参数

(1) 前角γ_o。按被加工材料不同，γ_o在10°~15°之间选取。

(2) 后角α_o。拉削普通钢、铸铁切削齿α_o=2.5°~4°，校准齿α_o=0.5°~1°。

(3) 刃带后角α_{b1}和宽度b_α。刀齿上刃带是起支承拉刀平稳工作，保持重磨后直径不变和便于检测直径尺寸。一般取α_{b1}=0，粗切齿b_α=0~0.05 mm，精切齿b_α=0.1~0.15 mm，校准齿0.3~0.5 mm。

3. 确定齿距、容屑槽和分屑槽

（1）拉刀齿距

齿距 P 为相邻刀齿间的轴向距离。齿距大小影响拉刀长度、容屑空间及同时工作齿数。齿距通常由下列经验公式确定

$$P=1.28\sim1.8\sqrt{L} \tag{7-3}$$

式中，系数 125～1.5 适用于分层拉削方式；系数 1.45～1.8 适用于分块拉削方式。

精切齿和校准齿的齿距应小些，一般为（0.6～0.8）P。

（2）拉刀容屑槽

它的形状和尺寸要求：能宽敞地容屑，有利于切屑卷曲，不削弱刀齿强度和便于制造。

目前使用的容屑槽有三种形式，如图 7-9 所示。

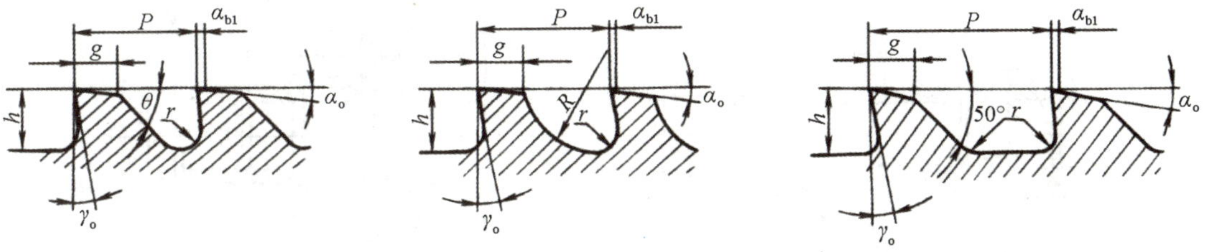

（a）直线齿背型　　（b）圆弧齿背型　　（c）直线加长齿背型

图 7-9　容屑槽形式

① 直线齿背型。制造简单，适用于拉削脆性材料和分层拉削拉刀上，如图 7-9（a）所示。

② 圆弧齿背型。容屑空间较大，适用于拉削塑性材料和综合拉削拉刀上，如图 7-9（b）所示。

③ 直线加长齿背型。容屑空间大，制造较易，适用于分块拉削拉刀上，如图 7-9（c）所示。

一般可根据齿距 P 和槽深 h 来确定容屑槽的槽形尺寸。

（3）分屑槽

一般拉削宽度超过 5 mm 时，在拉刀切削刃宽度上磨制分屑槽，以利于切屑变形和卷曲，便于容屑。分屑槽有三种形式，如图 7-10 所示。

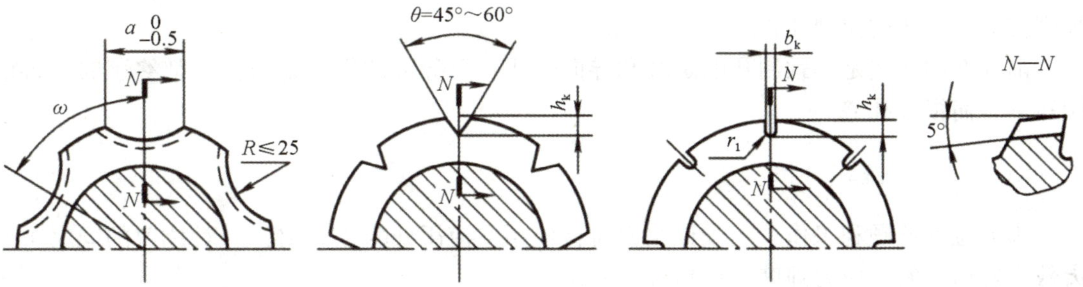

（a）弧形槽　　（b）角度槽　　（c）直形槽

图 7-10　分屑槽的形式

① 弧形槽。拉削宽度小，槽转角处强度高，散热快，适用于分块拉削刀齿上，如图 7-10（a）所示。

② 角度槽和直形槽。槽数多，制造容易，适用于分层拉削刀齿上，如图 7-10（b）和图 7-10（c）所示。

相邻刀齿上分屑槽交错分布，且槽深大于 f_{z_I}，分屑槽底后角 $\alpha_n=\alpha_o+2°$（α_o 为刀齿后角），校准齿上不做分屑槽。

分屑槽的槽数及各尺寸参数均可从其规格资料中选取。

7.3.2 非工作部分组成

拉刀非工作部分组成及作用如图 7-11 所示。

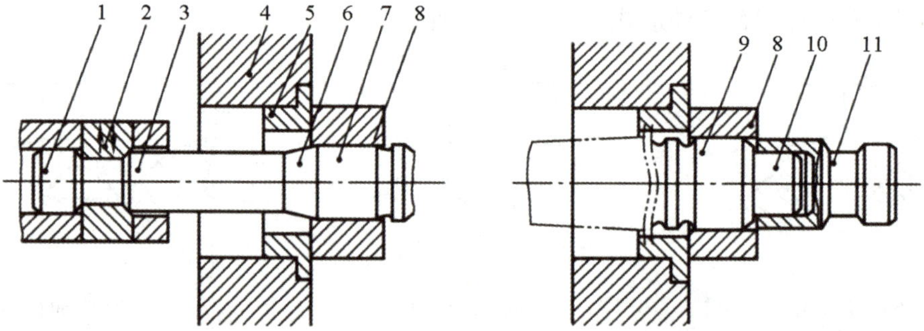

（a）拉削起始位置　　（b）拉削终了位置

1—柄部；2—拉床夹头；3—颈部；4—床壁；5—衬套；6—过渡锥；
7—前导部；8—工件；9—后导部；10—后柄；11—承托柄。

图 7-11 拉刀非工作部分组成及作用

拉削在起始位置时，拉床夹头 2 夹持拉刀柄部 1，此时被拉工件 8 套置在拉刀前导部 7 上，因此拉刀颈部需穿越拉床床壁 4，如图 7-11（a）所示。过渡锥 6 引导工件预制孔进入拉刀前导部上。

拉削终了时，未被取出的工件 8 仍然套在拉刀的后导部 9 上，如拉削长而重的工件，在拉削过程中拉床的托架支撑住拉刀后柄 10 上的承托柄 11 处，如图 7-11（b）所示。

前导部与后导部直径的基本尺寸分别为拉削前、后被拉工件孔径的最小极限尺寸，其长度应大于 2/3 的拉削孔长度。

前导部的作用是起预制孔的定心和导向作用；后导部的作用是防止拉削终了时工件的倾斜下垂而损坏孔壁。

7.3.3 拉刀检验

为使拉刀能顺利工作，在设计拉刀时，包括在使用外购拉刀前，应对拉刀的同时工作齿数、容屑空间、拉刀强度等项目进行检验。

1. 同时工作齿数检验

由式（7-3）确定的齿距 P 会影响刀齿在拉削长度 L 内的同时工作齿数 z_e。为了确保拉削过程的稳定性，一般应使 $z_e=3\sim8$。故在设计或使用拉刀时，应按下式检验同时工作齿数：

$$z_e=\frac{L}{P}+1\geqslant 3 \tag{7-4}$$

如若 $z_e<3$，则将若干零件叠夹拉削，或适当减小齿距 P。

2. 容屑空间检验

容屑空间的设计或检验是指在拉刀的假定进给平面中，一个刀齿容屑槽的有效面积 A 应大于该刀齿切下的金属层面积 A_D，即

$$A>A_D \text{ 或 } A=KA_D$$

如图 7-12 所示，$A=\frac{\pi h^2}{4}$，$A_D=Lh_D$ 或 $A_D=Lf_z$

因此，容屑槽深度 h 为

$$\frac{\pi h^2}{4}=KLh_D\text{，}h=1.13\sqrt{KLh_D} \tag{7-5}$$

式中　K——容屑系数，分块式拉削 $K=2\sim3.5$；

　　　L——拉削长度。

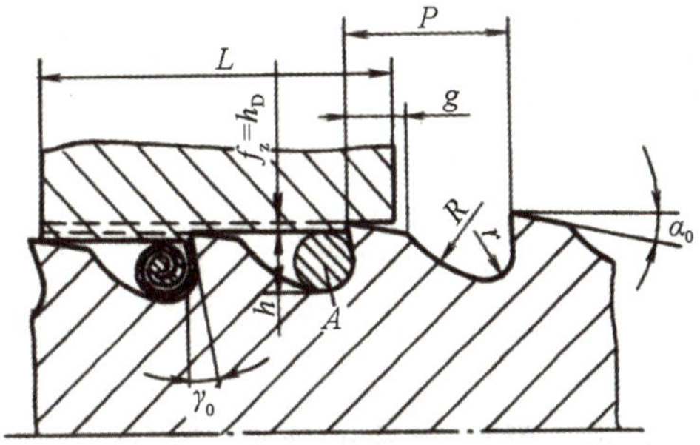

图 7-12　容屑槽有效面积与金属层面积

此外，也可在已确定容屑槽深度 h 后来检验容屑空间所容许的齿升量 f_z（h_D）：

$$f_z=h_D=\frac{0.781h^2}{KL} \tag{7-6}$$

通常设计容屑槽时，是根据式（7-5）求出 h 及根据式（7-3）求出 P，在容屑槽系列标准中再确定槽的齿宽 g、齿背圆弧 R 及槽底圆弧 r 的尺寸。

3. 拉刀强度检验

拉刀强度检验是重要的检验项目，在生产中常因工件材料强度高，拉刀齿升量过大，拉刀上受力面积小及切屑严重堵塞而引起拉刀折断。为使拉刀强度足够，应使拉削时产生的拉应力 σ 小于拉刀材料的许用拉应力 $[\sigma]$，即

$$\sigma=\frac{F_{c_{max}}}{S_{min}}\leqslant[\sigma] \tag{7-7}$$

式中　$F_{c_{max}}$——作用于拉刀刀齿上主运动方向的最大切削力，N；

　　　S_{min}——拉刀上强度最薄弱位置处的截面积，通常为颈部或第一刀齿槽底的截面积，mm^2；

$[\sigma]$——拉刀材料的许用拉应力，MPa，高速钢 $[\sigma]$ =2 500~4 000 MPa。

作用在拉刀刀齿上最大切削力 $F_{c_{max}}$ 可由下列实验公式求得

$$F_{c_{max}} = F'_c b_{D_{max}} z_e K \tag{7-8}$$

式中 F'_c——作用在刀齿单位切削宽度上的切削力，N/mm，可在拉刀设计资料中查出。

任务 7.4 花键拉刀的结构特点

任务描述

接下来，陈师傅讲解了花键拉刀的结构特点。他解释说，花键拉刀主要用于加工花键孔，其结构特点决定了加工精度和表面质量。陈师傅详细介绍了花键拉刀的余量切除方式和切削齿形状，并通过实际案例演示了这些结构特点在加工中的应用。

任务分析

任务的目标是了解和掌握花键拉刀的结构特点，特别是余量切除方式和切削齿形状。通过学习，小王将能够理解花键拉刀的工作原理，掌握其设计和使用的关键技术，从而提高花键加工的效率和质量。

任务实施

7.4.1 余量切除方式

矩形花键拉刀按其用途不同，可设计成单独加工花键的花键拉刀，也可设计成拉圆孔—花键、拉倒角—花键，以及拉倒角—圆孔—花键等各种复合式的拉刀，其切除余量的方式有以下几种。。

1. 单独拉花键

拉刀刀齿全部是花键齿，这种拉刀结构简单，但对工件的内径精度要求较高。

2. 拉花键及倒角

有先拉倒角后拉花键及先拉花键后拉倒角两种拉刀。后者的倒角刀齿只做倒角拉削，倒角刀齿的齿数较少。这种拉刀对拉削前孔的内径精度要求较高，以保证内花键内外径同心。

3. 拉花键及圆孔

有先拉花键后拉圆孔及先拉圆孔后拉花键两种拉刀，前者由于圆孔余量已被花键刀齿分割，所以圆形刀齿上不必做出分屑槽，并且齿升量可以加大，还能消除花键槽的毛刺。这种拉刀可以保证花键槽内外径的同轴度，对拉削孔的内径精度要求不高。

4. 拉圆孔、花键及倒角顺序

其顺序可有三种：①圆孔—花键—倒角；②倒角—花键—圆孔；③倒角—圆孔—花键。

这种复合拉刀，生产效率高，但结构复杂，制造麻烦，故应用较少。

7.4.2　切削齿形状

切削齿形状

1. 花键刀齿

花键拉刀刀齿形状如图 7-13 所示。

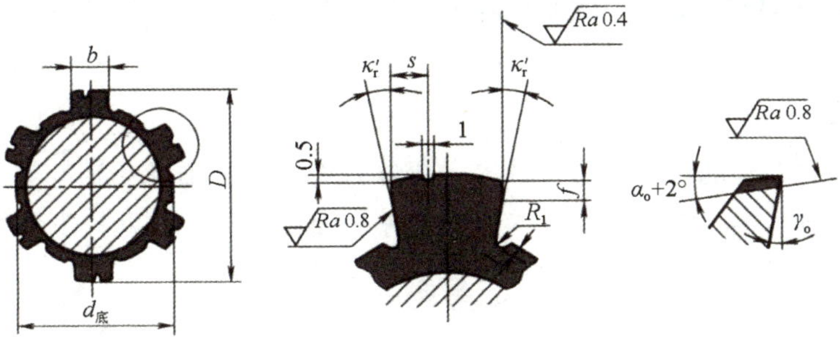

图 7-13　矩形花键拉刀刀齿形状

(1) 刀齿宽度 b 为

$$b = B_{max} \pm u \tag{7-9}$$

式中　B_{max}——花键槽最大宽度；

u——拉削后键槽宽的扩张量或收缩量，由试验来确定，扩张时取“-”号，收缩时取“+”号，拉削钢料通常为 0。

(2) 刀齿侧刃及其刃带。花键刀齿高度大于 1.5 mm 时，刀齿侧刃上磨出副偏角 $\kappa_r' = 1°30'$。为使重磨后刀齿宽度减小较少及起修光作用，侧刃上须留有刃带，其宽度 f 应大于齿升量，约为 (0.8±0.2) mm。

2. 倒角刀齿的计算

倒角刀齿用于切出键槽底所需倒角尺寸 f，也可作为清除键槽齿角毛刺之用。

设计倒角刀齿时，需先求出最后一个倒角刀齿的直径 d_2，如图 7-14 所示，再根据其齿升量 f_z 来确定其余倒角刀齿的直径。计算直径 d_2 的方法如下：

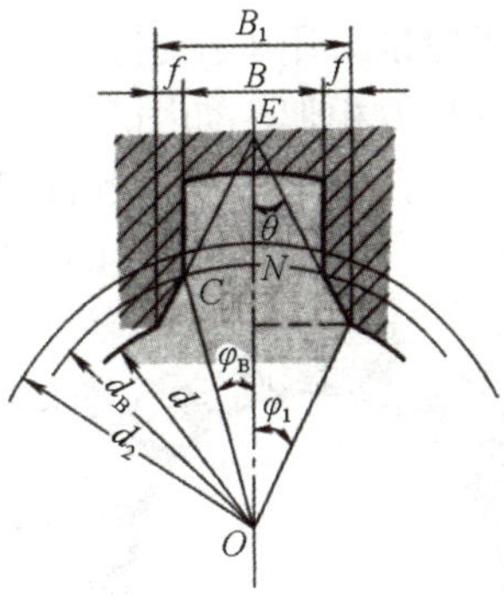

图 7-14　花键拉刀倒角刀齿的计算

若已知键槽宽度 B、开始倒角处的直径 d（圆孔拉刀的校准齿直径）、倒角角度 θ（θ 数值随花键齿数不同而异，可查有关资料）以及倒角尺寸 f，则

$$B_1 = B + 2f$$

$$\sin\varphi_1 = \frac{B_1}{d}$$

由图 7-14 知

$$\tan\varphi_B = \frac{B}{2\overline{ON}} = \frac{B}{2(\overline{OE} - \overline{NE})} = \frac{B\sin\theta}{d\sin(\theta + \varphi_1) - B\cos\theta}$$

求出 φ_B 后，于是得出

$$d_B - \frac{B}{\sin\varphi_B}$$

为了保证重磨后仍能拉削出全部倒角部分，最后一个倒角刀齿的直径 d_2 应稍大于 d_B，取为

$$d_2 = d_B + (0.1 \sim 0.3)\ \text{mm} \tag{7-10}$$

任务 7.5　齿轮拉刀的结构特点

任务描述

陈师傅继续讲解齿轮拉刀的结构特点。他解释说，齿轮拉刀主要用于加工齿轮孔，其结构特点决定了加工精度和表面质量。陈师傅详细介绍了齿轮拉刀的余量切削方式和切削齿形状，通过实际案例演示了这些结构特点在加工中的应用。

任务分析

任务的重点在于掌握齿轮拉刀的结构特点，特别是余量切削方式和切削齿形状。通过学习，小王将能够理解齿轮拉刀的工作原理，掌握其设计和使用的关键技术，从而提高齿轮加工的效率和质量。

任务实施

7.5.1　余量切削方式

齿轮拉刀用来拉削直齿或斜齿内齿轮，余量切削方式分为粗拉与精拉。粗拉切削方式与花键拉刀相似，如图 7-15（a）所示，可设计成只拉渐开线或拉倒角—渐开线，以及拉倒角—圆孔—渐开线等各种组合方式。齿轮粗拉后，工件齿面留有加工余量，由精切部分刀齿拉削，如图 7-15（b）所示。

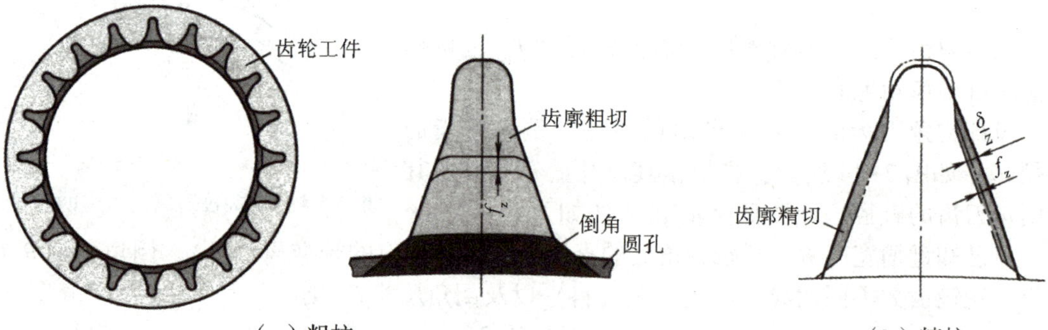

（a）粗拉　　（b）精拉

图 7-15　齿轮拉刀余量切削方式

粗切齿升量在半径方向度量，精切齿升量在齿轮齿廓法向度量。粗拉齿升量可根据工件模数，按照表 7-1 选取。

表 7-1　齿轮粗拉齿升量　（单位：mm）

模数 m_n	0.8	1~1.25	1.5~3.5	4~5	6~8
齿升量 f_z	0.03~0.04	0.035~0.05	0.04~0.065	0.07~0.1	0.07~0.15

为了保证工件齿面拉削精度，精拉齿升量可选择较小值，一般选为 0.005~0.05 mm。

7.5.2　切削齿形状

齿轮拉刀粗拉部分刀齿采用渐成式布置，拉刀靠前的刀齿较矮，背吃刀量较小，靠后的刀齿高度与背吃刀量逐渐增加，最后一个刀齿为成形齿。图 7-16（a）所示为粗拉成形齿切削刃法向投影廓形示意图，粗拉切削刃可分为过渡圆角切削刃、过渡斜线切削刃、粗切刃廓切削刃、倒角切削刃及齿顶圆拉削切削刃几个部分。过渡斜线切削刃是一段与过渡圆角相切的斜线切削刃，切点为 q 点，斜线与齿廓对称中线的夹角为 α_q，粗切刃廓切削刃形状与工件法向齿廓形状相同，为了在工件齿面上留有拉削余量，粗切部分的刀齿变窄，切削刃相对于工件齿廓法向移动总齿升量 $\dfrac{\delta}{z}$。

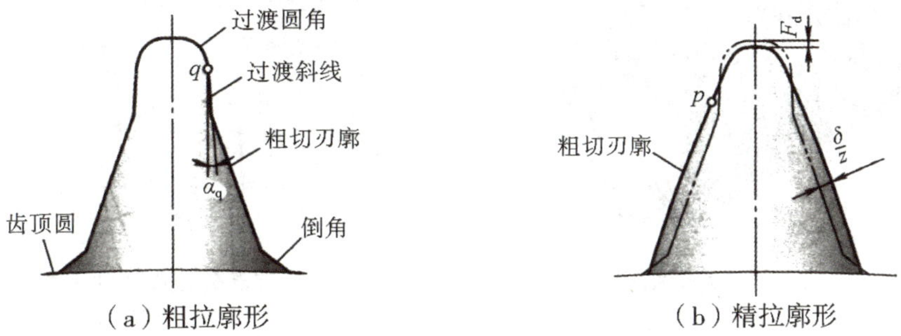

图 7-16　齿轮拉刀粗切与精切切削刃法向投影廓形

齿轮拉刀精拉部分刀齿的切削刃形状与粗拉部分不同，精拉部分刀齿采用同廓式布置，拉刀靠前的刀齿齿宽较窄，背吃刀量较小，后面的刀齿宽度与背吃刀量逐渐增加。图 7-16（b）所示为精拉成形齿切削刃法向投影廓形示意图，精拉部分切削刃主要由精切切削刃与顶刃组成，精切切削刃起主要切削作用，精切削刃的形状必须满足：在拉削运动过程中相对于工件形成的齿槽曲面的法向廓形与工件法向廓形相同；刀尖相对于粗拉成形刀齿刀尖矮 F_d，拉削时不参与切削，起保护刀尖的作用。p 点是切削刃上与工件齿廓终点对应的点，设计粗拉部分刀齿时，须保证过渡斜线切削刃不超过 p 点。

为了拉削过程的平稳性，可将齿轮拉刀容屑槽设计成螺旋槽，如图 7-17 所示，螺旋拉刀容屑槽导程角为 β_h，容屑槽一般为 3~6 头，键槽螺旋角为工件螺旋角 β，旋向与工件齿轮的旋向相同。

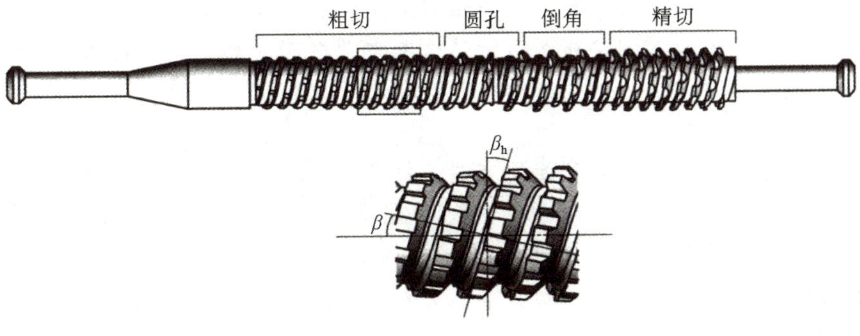

图 7-17　螺旋拉刀结构示意图

当齿轮工件直径较大时，拉刀的体积也变大，总体质量增加，拉刀通常选择装配式结构，将精拉部分作为一个单独构件制造，如图 7-18（a）所示，拉削时与粗拉部分装配到一起使用。由于螺旋拉刀容屑槽导程角 β_h 与键槽螺旋角 β 不一致，导致拉刀刀齿两侧切削刃前角不同，一侧切削刃的前角为正，另一侧为负，如图 7-18（b）所示。将正前角一侧的切削刃定义为锐边，负前角一侧的切削刃定义为钝边，则锐边切削刃的前角 γ_a 与钝边切削刃的前角 γ_o 可分别表示为

$$\begin{cases}\gamma_a = \beta - \beta_h \\ \gamma_o = \beta_h - \beta\end{cases} \tag{7-11}$$

（a）精拉刀套结构

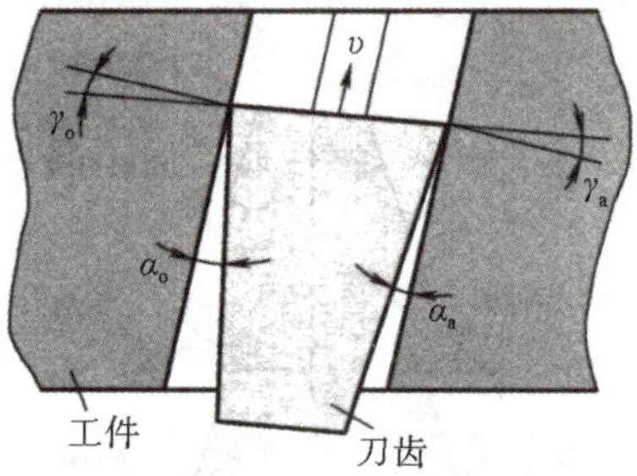

（b）精拉部分刀齿切削角度

图 7-18　螺旋拉刀精拉部分刀具结构

拉刀刀齿侧切削刃工作前角的变化会影响切削刃切削状态，尤其对精拉部分的切削刃影响最为明显。为了使两侧切削刃拉削工件的表面质量相近，需根据工件材料的切削特点，同时考虑拉刀可刃磨次数，设计两侧切削刃的后角，切削刃后角越大对工件表面拉削质量越有利，但随着后角增大拉刀可刃磨的次数就会减少。

任务 7.6　拉刀的合理使用

任务描述

最后，陈师傅讲解了拉刀的合理使用方法。他解释说，拉刀的使用直接影响刀具寿命和加工质量。陈师傅详细介绍了如何防止拉刀的断裂及刀齿损坏，以及如何消除拉削表面缺陷。他通过实际操作和案例分析，展示了这些技巧在实际加工中的应用。

任务分析

任务的目标是掌握拉刀的合理使用方法，特别是防止断裂、刀齿损坏和消除表面缺陷的技巧。通过学习，小王将能够理解拉刀的使用要求，掌握操作要点，从而延长刀具寿命，提高加工效率和质量。

任务实施

在生产中常由于拉刀结构和使用方面存在问题，而影响拉削质量和拉刀使用寿命，严

重时会损坏拉刀。其中较常出现的弊病及解决的措施简述如下。

7.6.1　防止拉刀的断裂及刀齿损坏

拉削时由于刀齿上受力过大，拉刀强度不够，而造成拉刀损坏。造成刀齿受力过大的因素很多，例如，拉刀齿升量过大、拉刀弯曲、切削刃各点拉削余量不均匀、刀齿径向圆跳动大、预制孔太粗糙、材料内部有硬质点、工件强度过高、严重粘屑和容屑槽挤塞以及工件夹持偏斜等。

为了使拉刀顺利拉削，可采取如下措施。

① 要求预制孔精度 IT10~IT8、表面粗糙度 $Ra \leqslant 5$ μm，预制孔与定位端面垂直度偏差不超过 0.05 mm。

② 严格检查拉刀的制造精度。对于外购拉刀可进行齿升量、容屑空间和拉刀强度检查。

③ 拉削高性能和难加工材料，可选取适当热处理改善材料的加工性，也常使用高性能材料的拉刀或涂层拉刀。

④ 保管、运输拉刀时，防止拉刀弯曲变形和碰坏刀齿。

7.6.2　消除拉削表面缺陷

拉削时表面产生鳞刺、纵向划痕、压痕、挤光、环形波纹和啃刀等是影响拉削表面质量的常见缺陷，其形成的原因很多，其中主要有：刃口钝化或微小崩刃、刃口粘屑，刀齿刃带过宽或宽度不均，前角太大或太小，拉削过程中产生振动等。

消除拉削缺陷，提高拉削表面质量的途径如下。

① 提高刀齿刃磨质量，防止刃口微崩产生并保持刃口锋利。各齿前角和刃带宽度保持一致。

② 保持拉削过程的稳定性，增加同时工作齿数，减小精切齿和校准齿的齿距，提高拉削工艺系统刚性。

③ 合理选用拉削速度。生产实践中经常遇到因拉削速度很低，拉削时产生爬行，或拉削速度过高出现振动等情况。此外，拉削速度是影响拉削表面质量、拉刀磨损和拉削效率的重要因素。

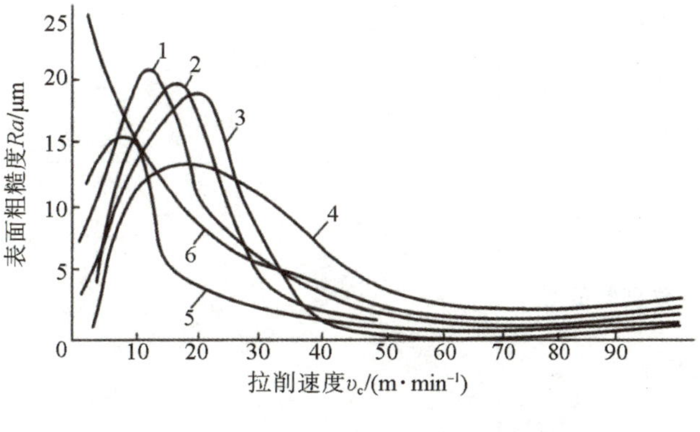

1、2、3、5—耐热钢；4—碳钢；6—轴承钢。

图 7-19　拉削速度 v_c 与表面粗糙度 Ra 关系

图 7-19 所示为拉削速度 v_c 与表面粗糙度 Ra 的关系。以拉削 45 钢为例，由于积屑瘤影响，$v_c<3$ m/min 时，拉削表面粗糙度 Ra 小；$v_c=10\sim20$ m/min 时，拉削表面粗糙度 Ra 增大；v_c 超过 20 m/min，表面粗糙度 Ra 随拉削速度提高而减小。实验表明，当 $v_c \geqslant 40$ m/min 时，可达到很小的表面粗糙度值，且延长了拉刀寿命。高速拉削不仅提高了拉削表面质量，而且也促进了拉床结构改进和高性能拉刀材料的发展。

④ 使用硬质合金拉刀、涂层拉刀、激光强化高速钢拉刀等，对于提高拉削速度、减少拉刀磨损、延长拉刀寿命和改善拉削表面质量均有良好作用。

⑤ 合理选用与充分浇注切削液。例如，拉削碳钢与合金钢时，若选用极压乳化液、硫化油和添加极压添加剂的切削油，对延长拉刀寿命、减小表面粗糙度均有明显效果。

项目小结

本项目首先介绍了拉刀的种类和用途，深入探讨了拉刀的结构，包括非工作部分和工作部分的设计。其次介绍了圆孔拉刀和花键拉刀的设计方法及检验标准，掌握了余量切除方式和切削齿形状等关键要素。最后，探讨了齿轮拉刀的结构特点，并学习了拉刀的合理使用方法，包括防止拉刀断裂、刀齿损坏及消除拉削表面缺陷，通过本项目的学习，可为人们在实际操作中提高拉削加工的效率和质量提供扎实的理论基础和实践指导。

项目工单

1. 项目实施记录

根据本项目的学习过程，完成表 7-2。

表 7-2　项目实施记录表

姓名		学号	
班级		指导教师	
遇到的难点			
学到的重点			
新的发现			

2. 考核评价

根据任务完成情况，填写表 7-3。

表 7-3　考核评价表

项目名称	评价内容	满分/分	评分/分		
			自评	互评	师评
职业素养 考核项目 40%	穿戴规范、整洁	8			
	安全意识、责任意识及服从意识强	8			
	积极参加教学活动，按时完成任务工单	8			
	团队合作、沟通能力强	8			
	劳动纪律良好	8			
专业能力 考核项目 60%	专业知识查找及时、准确	12			
	操作符合规范	18			
	态度认真，学习效率高	12			
	充分了解拉刀的结构与特点	18			
合计		100			
总评	自评(20%)+互评(20%)+师评(60%)=	综合等级	指导教师（签名）:		

课后练习

一、填空题

1. 通常设计拉刀前应分析被拉削________及拉削要求、所用________及夹头结构、拉刀制造工艺及________等。

2. 综合式拉刀的前面齿是由分块拉削方式的________和________组成，后面齿是由同廓拉削方式的精切齿和直径相等的________组成。

3. 拉刀容屑槽的形状和尺寸要求：能________，有利于切屑卷曲，不削弱________和便于制造。

4. 齿轮拉刀精拉部分刀齿的________与粗拉部分不同，精拉部分刀齿采用同廓式布置，拉刀靠前的刀齿________，背吃刀量较小，后面的________与背吃刀量逐渐增加。

5. 拉削时由于刀齿上________，拉刀强度不够，而造成________。

二、简答题

1. 拉刀种类很多，通常有哪些分类？
2. 拉刀工作部分包括哪些？
3. 花键拉刀有哪几种切除余量的方式？

项目8　磨　削

项目导读

磨削加工是机械制造中高精度、高表面质量要求的关键工序之一，砂轮的选择和使用直接影响到加工效率和工件质量。本项目将系统地介绍磨削过程的基本原理、砂轮的组成与特性、砂轮表面形貌的检测方法、磨削力及功率的计算、磨削温度及工件表层状态的分析、磨粒磨损与砂轮磨耗的机理、砂轮的修整方法，以及先进磨削技术的应用。通过本项目的学习，学生将全面掌握磨削加工的基本原理、设计要点和使用方法，能够根据具体的加工需求选择合适的砂轮和磨削工艺，并能够进行合理地工艺设计和参数选择。

学习目标

知识目标

1. 学习磨削过程的概述、磨粒切除切屑的几何图形、磨粒与工件的接触状态、磨削方式及各参数的关系、磨削循环。

2. 掌握砂轮表面形貌的检测方法，学习静态法、动态法和工件复印法。

3. 理解磨削力及功率的计算，学习磨粒的受力情况、磨粒负前角对磨削力的影响、砂轮上的磨削力及其影响因素、磨削功率消耗、磨削用量及单位时间磨除量。

4. 掌握磨削温度及工件表层状态的分析，学习磨削时的能量消耗、磨削温度、工件表面烧伤及硬度变化、磨削加工表面的残余应力、磨削条件与表面粗糙度的关系。

能力目标

1. 能够根据具体的加工需求选择合适的砂轮和磨削工艺，并了解其使用方法。
2. 能够根据加工要求，设计合理的磨削工艺，选择合适的加工参数。
3. 能够进行砂轮的检测和维护，确保其使用寿命和加工质量。
4. 能够应用所学知识，分析和解决磨削过程中的实际问题，提高加工效率和质量。

素质目标

1. 培养学生在进行磨削工艺设计和优化时的严谨态度，确保设计和操作的准确性。
2. 鼓励学生在设计和应用过程中提出创新性的解决方案，提高加工效率和质量。
3. 通过项目合作，培养学生的团队合作精神，使其能够与团队其他成员进行有效沟通和协作。

思政目标

强调在工业生产中的诚信和责任，培养学生良好的职业道德。通过项目实践，培养学生精益求精、追求卓越的工匠精神。强化学生在磨削操作和砂轮使用过程中的安全意识，确保其在实际操作中的安全。引导学生关注磨削工艺的环保性和可持续性，培养其对绿色制造的认识和责任感。

任务8.1 磨削过程

任务描述

机械学徒小李在车间实习时，对磨削过程产生了浓厚的兴趣。他的师傅赵师傅决定从磨削过程开始教起。赵师傅解释说："磨削过程是复杂而精细的，涉及多个参数和状态。"他详细介绍了磨削的基本概念、磨粒切除切屑的几何图形、磨粒与工件的接触状态，以及磨削循环和参数关系。赵师傅还通过实际操作演示了不同磨削方式的效果和参数影响。

任务分析

任务的重点在于理解磨削过程中的各个要素，特别是磨粒切除切屑的几何图形、接触状态、磨削方式及循环。通过学习，小李将能够掌握磨削的基本原理和参数关系，从而优化磨削过程，提高加工精度和效率。

任务实施

磨削是用带有磨粒的工具来对工件进行加工的方法。下文将对砂轮及其形貌、磨削过程、磨削力及功率、磨削温度及工件表层状态、磨粒的磨损与砂轮的磨耗、砂轮的修整及高生产率磨削等部分分别来进行阐述。

8.1.1 概述

磨削在我国历史最为悠久，早在1668年我国就有磨砺铣刀用的工具磨床和用磨石磨削铜环的平面磨床。磨削的应用早于切削，我国在商代就曾有玉器的琢磨工作。

磨削过去一般常用于半精加工和精加工，加工精度可达IT5～IT6，加工粗糙度可小至$Ra=1.25\sim0.01$ μm，镜面磨削时可达$Ra=0.04\sim0.01$ μm。磨削比较常用于加工淬硬钢、耐热钢及特殊合金材料等坚硬材料。磨削的加工余量可以很小，在毛坯预加工工序如模锻、模冲压、精密铸造等的精确度日益提高的情况下，磨削是直接提高工件精度的一个重要加工方法。近年来，磨床在机床中的比重日见增加。我国在汽车制造厂中，磨床约占机床总数的25%；在轴承制造厂中，磨床约占机床总数的40%～60%。

由于新品种砂轮磨削性能的改进和新式磨削方法的进展，磨削已能经济地切除大量金属。将来，磨削切除的总金属量的比例与其他切削加工方法相比，还会有所增加。

根据砂轮和工件相对位置的不同，磨削大致可分为内圆磨削、外圆磨削和平面磨削；平面磨削又可分为普通平面磨削和圆台平面磨削。它们的相对运动关系如图8-1所示。

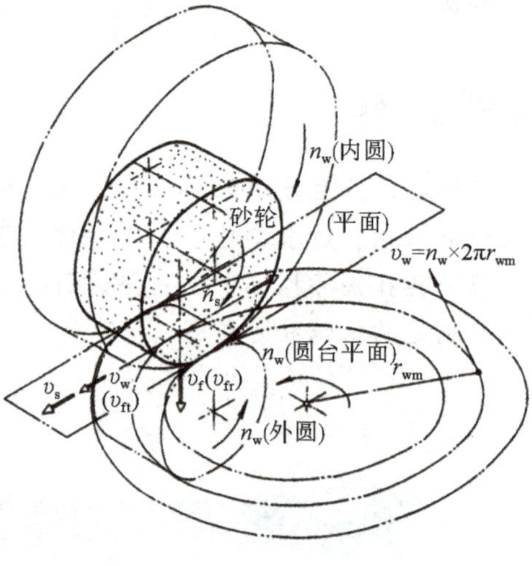

图8-1　磨削过程的相对运动

图8-1中：n_s为砂轮每分钟转数（r/min）；v_s为砂轮线速度（m/s）；n_w为工件每分钟转数（r/min）；v_w（v_{ft}）为工件线速度或工件切向进给速度（m/min）；v_f（v_{fr}）为砂轮切向进给速度或径向进给速度（mm/min）。

由被磨削工件和磨具在相对运动关系上的不同组合，可以产生各种不同的磨削方式。由于各种各样的机械产品越来越多地采用成形表面，成形磨削和仿形磨削得到了越来越广泛的应用。齿轮的磨削方法主要是成形磨削和展成磨削。

近年来，随着微型计算机在工业中的广泛应用，已注意发展自适应控制磨削，通用型磨床也逐渐功能柔性化。

8.1.2 磨粒切除切屑的几何图形

图8-2表示径向切入平面磨削时磨粒切出切屑的简化几何图形。

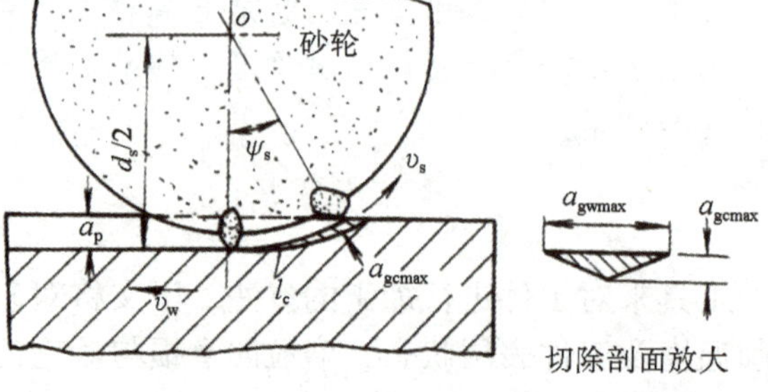

图8-2　磨粒切出切屑的简化几何图形

图 8-2 中 d_s 为砂轮直径，v_s 为砂轮表面线速度，v_w 为工件表面线速度或切向进给速度，a_p 为径向进给量或切入深度（相当于车削时的背吃刀量），a_{gcmax} 为一个磨粒切削刃所切的未变形切屑最大厚度，a_{gwmax} 为该未变形切屑的最大宽度。

由图 8-2 可知：磨粒切削刃与工件的接触弧长度的关系近似为

$$l_c = \frac{d_s}{2}\sin\psi_s \tag{8-1}$$

式中　ψ_s——磨粒与工件的接触角。

$$\cos\psi_s = \frac{(d_s/2) - a_p}{d_s/2} = 1 - \frac{2a_p}{d_s} \tag{8-2}$$

$$\sin^2\psi_s = 1 - \cos^2\psi_s = \frac{4a_p}{d_s} - \frac{4a_p^2}{{d_s}^2} \tag{8-3}$$

将式（8-2）、式（8-3）代入式（8-1），并略去二次项 $4a_p^2/{d_s}^2$，得

$$l_c = \sqrt{a_p d_s} \tag{8-4}$$

磨削时，金属切除率（金属切除率的国家标准为 Q_z）为

$$Z = a_p b v_w \tag{8-5}$$

式中　b——砂轮磨削宽度。

如果未变形切屑具有如图 8-2 所示的三角形截面，则每一个未变形切屑的平均体积 V_o 为

$$V_o = \frac{1}{6}a_{gw}\text{max}a_{gcmax}l_c \tag{8-6}$$

令

$$a_{gwmax} = r_g a_{gcmax} \tag{8-7}$$

式中　r_g——磨粒切削刃的宽高比，它在一定程度上反映磨粒切削刃的形状比例。

单位时间内所产生的切屑数目 N_{ch} 为

$$N_{ch} = V_s b N_{eff} \tag{8-8}$$

式中　N_{eff} 为砂轮表面单位面积（例如每 mm^2）上的有效磨粒切削刃数。

最后，由于 $V_o N_{ch}$ 等于 Z，故由式（8-4）至式（8-7）可得

$$a_{gcmax}^2 = \frac{Kv_w}{v_s}\sqrt{a_p} \tag{8-9}$$

式中　K——对一定的砂轮是一个常数，$K = 6/N_{eff}r_g\sqrt{d_s}$。

由式（8-9）可看出磨削条件 v_w、v_s、a_p、d_s 及 N_{eff} 等对未变形切屑厚度的影响。在 v_w、a_p 增加时，未变形最大切屑厚度增加；在 v_s、d_s 及 N_{eff} 增加时，未变形最大切屑厚度减小。

为了更简明地说明主要磨削条件对未变形切屑厚度的影响，人们提出了“当量切削厚度”或“理论切削厚度”的概念，如图 8-3 所示。

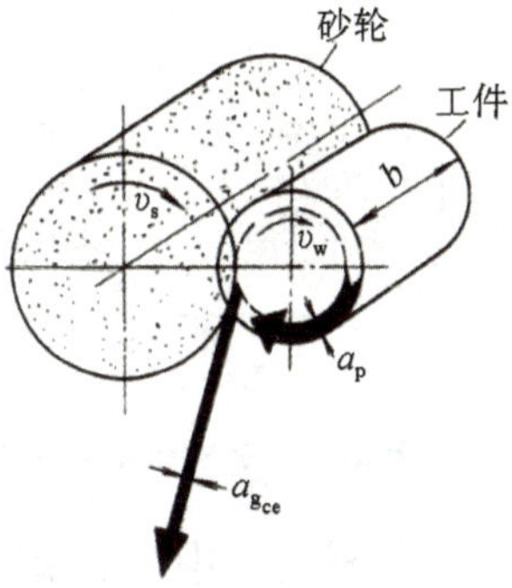

图 8-3　外圆切入磨削时的当量切削厚度

由图 8-3 可知：砂轮以速度 v_s 及当量切削厚度切削工件，单位时间内切去体积为 $v_s a_{g_{ce}} b$，b 为砂轮磨削工件宽度；

工件上单位时间内被切去的体积也可用 $v_w a_p b$ 表示。可得

$$v_s a_{g_{ce}} b = v_w a_p b$$

故

$$a_{g_{ce}} = \frac{v_w}{v_s} a_p \tag{8-10}$$

式（8-10）中 v_w 及 v_s 的单位取为相同。由式（8-10）可知：当量切削厚度代表了 v_w、v_s 及 a_p 三者的综合效果；当 v_w 或 a_p 增加时，$a_{g_{ce}}$ 增加；当 v_s 增加时，$a_{g_{ce}}$ 减小。

8.1.3 磨粒切除切屑时与工件的接触状态

磨削中磨粒与工件的实际接触状态如图 8-4 所示。

图中第一阶段Ⅰ为弹性变形区，由于砂轮结合剂桥及工件、磨床系统的弹性变形，磨粒未能切进工件，磨粒与工件相互摩擦，工件表层产生热应力。第二阶段Ⅱ为弹性与塑性变形区，磨粒已逐渐能够刻划进工件，使部分材料向磨粒两旁隆起，但磨粒前刀面上未有切屑流出。此时除磨粒与工件间相互摩擦外，更主要的是材料内部发生摩擦，工件表层不仅有热应力，而且有由于弹、塑性变形所产生的应力。第三阶段Ⅲ为切屑形成区，此时磨粒切削已达一定深度，被切材料处也已达一定温度，磨屑已可形成并沿磨粒前刀面流出；在工件表层也产生热应力和变形应力。在这三个阶段，除了均可能产生热应力外，材料也可能产生由于相变而引起的应力。

磨粒切削时，要受到一定的切削抗力的作用。在法向切削力尚小时，磨粒切不进工件而仅产生摩擦，法向切削力大一些时，切入量有所增加，磨粒进入刻划阶段；法向切削力增加至一定程度后，切入进给量也大至一定程度，切屑才开始形成。在内圆切入式顺磨时，砂轮单位磨削宽度上的法向切削力 F_n/b 与切入进给量 $a_p=v_f/n_w$ 的关系如图 8-5 所示。

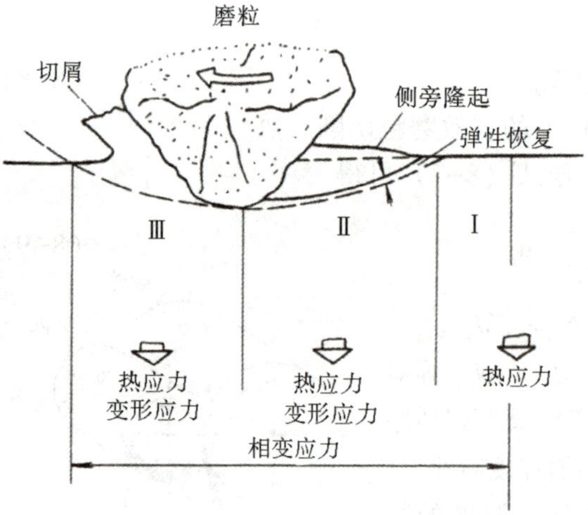

图 8-4 磨削中磨粒与工件接触状态

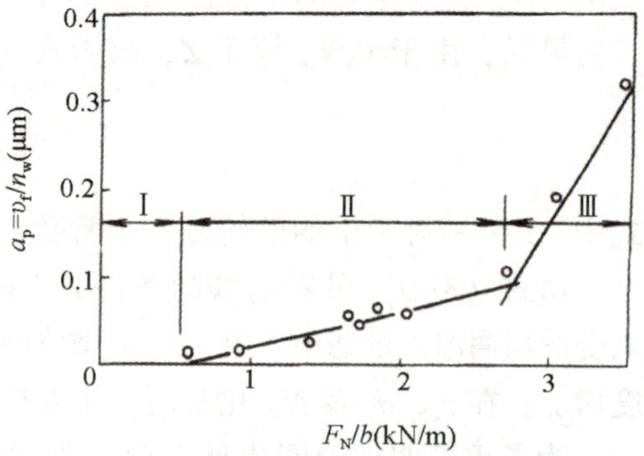

图 8-5 法向切削力与切入进给量的关系

工件材料：中碳铬钼钢，硬度 HRC53－55，砂轮 WA80MV，砂轮等效直径 53 mm，$v_s=39$ m/s，$v_w=2.75$ m/s，F_n 为法向切削力，b 为砂轮磨削宽度，a_p 为切入进给量（或称背吃刀量）。

8.1.4 磨削方式及磨削中各参数的关系

磨削方式主要可分外圆磨削、平面磨削和内圆磨削三大类。这三种磨削方式的砂轮与工件的磨削接触弧长度和磨削接触时间有着很大的不同。为了比较这三种磨削方式的特点，引入“砂轮等效直径”或“砂轮当量直径”的概念。所谓砂轮等效直径就是外圆（或内圆）磨削时换算成假想的平面磨削时的直径。在径向切入进给量（或称背吃刀量）保持一定时，如果砂轮等效直径相同，则外圆（或内圆）磨削和平面磨削时的接触弧长度相同。图 8-6 表示出了外圆磨削和内圆磨削时，砂轮与工件接触弧长度不同的情况，还表示出了外圆（内圆）磨削的砂轮直径 d_s 的大小，和在这两种情况下接触弧长度分别与平面磨削相等时的砂轮等效直径 d_{se} 的大小。

为了推导出砂轮等效直径 d_{se} 与砂轮直径 d_s 及工件直径 d_w 的关系式，让我们分析一下图 8-7 外圆磨削的几何图形。

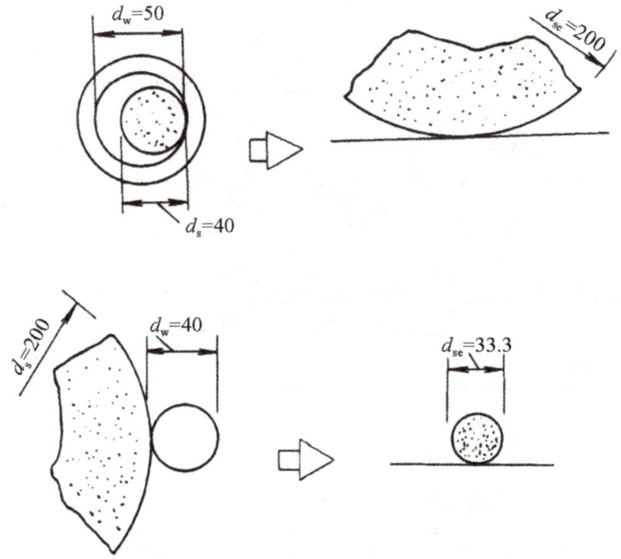

图 8-6 内圆及外圆磨削的砂轮等效直径

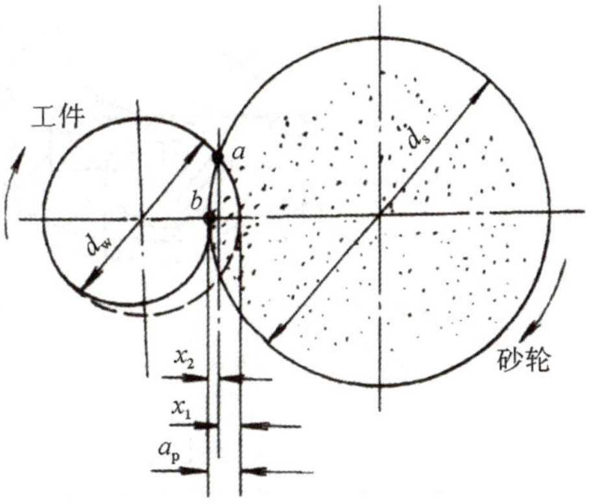

图 8-7 外圆磨削的几何图形

由图 8-7 可知：径向切入进给量为

$$a_p = x_1 + x_2 \tag{8-11}$$

工件和砂轮的接触弧长度 ab 近似地等于 $\sqrt{x_1 d_w}$ 或 $\sqrt{x_2 d_s}$；我们可令它等于平面磨削时的接触弧长度 $\sqrt{a_p d_{se}}$，其中 d_w 为工件直径，d_s 为砂轮直径，d_{se} 为砂轮等效直径，即

$$\sqrt{a_p d_{se}} = \sqrt{x_1 d_w} = \sqrt{x_2 d_s} \tag{8-12}$$

联解式（8-11）、式（8-12）并整理后，可得外圆磨削时的等效直径为

$$d_{se} = \frac{d_w d_s}{d_w + d_s} \tag{8-13}$$

同理，也可得内圆磨削的砂轮等效直径为

$$d'_{se} = \frac{d_w d_s}{d_w - d_s} \tag{8-14}$$

利用式（8-13）和式（8-14）算出的等效直径的数值如图 8-6 所示。利用砂轮等效直径公式，可以看出这几种磨削方式中磨削条件间的关系，还可以根据某种磨削方式的条件来推测另一种磨削方式的条件。

用图 8-8 可以说明磨削中各参数的关系。图中表明了砂轮上两颗磨粒（假定每颗磨粒只有一个有效切削刃）在平面（也包括外圆和内圆）磨削时与工件的接触情况。磨粒粒度为 60，平均粒径 $d_g=250\ \mu m$，有效磨粒间的平均距离 $L_g=250\sim500\ \mu m$，径向切入进给量（或称背吃刀量）$a_p=25\ \mu m$。设砂轮表面线速度为 $v_s=40\ m/s$，工件切向进给速度 $v_w=0.8\ m/s$，则砂轮与工件的速比 $q=v_s/v_w=50$，每颗磨粒的切向进给量 $S_g=L_g v_w/v_s=L_g/q=5\sim10\ \mu m$；每秒参加切削磨粒数为 $v_s/L_g=v_w/S_g=(8\sim16)\times10^4$ 个。设砂轮直径为 $d_s=400$ mm，外圆磨削时工件直径 $d_{w\mathrm{I}}=200$ mm，内圆磨削时工件孔径 $d_{w\mathrm{III}}=550$ mm，则在外圆、平面和内圆磨削时，砂轮等效直径 d_{se}、砂轮与工件磨削接触弧长度 l_c 及接触时间 t_c 见表 8-1。

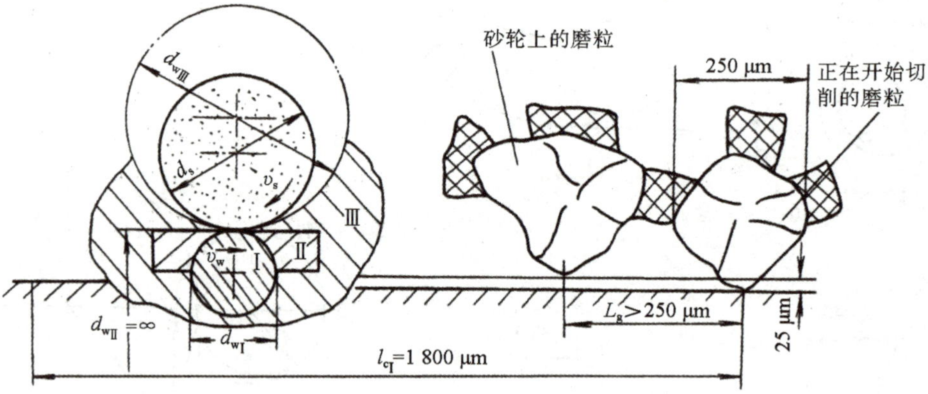

图 8-8　磨削中各参数的关系

表 8-1　几种磨削方式的接触弧长度及接触时间举例

磨削方式	外圆磨削 Ⅰ	平面磨削 Ⅱ	内圆磨削 Ⅲ
径向进给量（或称背吃刀量）$a_p/\mu m$	25	25	25
砂轮直径 d_s/mm	400	400	400
工件直径 d_w/mm	200		550
砂轮等效直径 d_{se}/mm，$d_{se}=\dfrac{d_s\cdot d_w}{d_w\pm d_s}$	133	400	1 467
接触弧长度 $l_c/\mu m$，$l_c=\sqrt{a_p d_{se}}$	1.8×10^3	3.3×10^3	6×10^3
接触时间 t_c/s，$t_c=l_c/v_s$	45.6×10^{-6}	80×10^6	150×10^{-6}

由表 8-1 可知：在相同径向进给量和相同砂轮直径下，这三种磨削方式的磨削接触弧长度和接触时间很不相同：内圆磨削时>平面磨削时>外圆磨削时。

图 8-8 是理想化的情况，忽略了工件粗糙度和磨粒的随机分布。实际上磨粒切削刃尖端不可能都整齐均匀地排在一个圆周上，磨削时有的磨粒切削刃切削深度（或称背吃刀

量）大，有的切削深度小，有的根本不起切削作用。在砂轮转速 n_s 和单位时间磨除体积 Z'保持一定时，不同速比（$q=v_s/v_w$）时的磨粒切削刃切削痕迹示于图 8-9。由图还可看出加工表面粗糙度 R_{aw}。

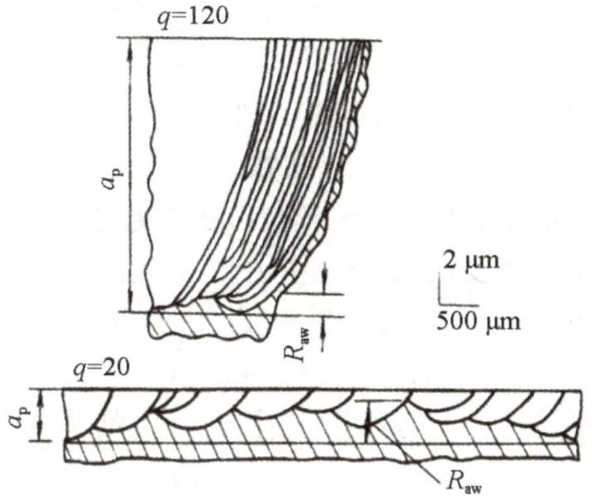

图 8-9　不同速比时磨粒切削刃在工件上的切削痕迹

8.1.5　磨削循环

一般磨削过程往往分几级进行，例如可分粗磨、精磨和清磨等。

图 8-10 是典型外圆切入磨削过程的模型及其测试装置。图中 $l_{f_{nom}}$ 为砂轮架的名义进给量，v_f 为名义进给速度，t 为时间，l_f 为砂轮实际切入进给量，F_n 为法向磨削力，d_w 为工件直径，d'_w 为工件直径减小速率，R_{aw} 为工件表面粗糙度，k_{GM} 为机床刚度，y 为弹性退让。

图 8-11 是典型的单级切入外圆磨削循环示意图。

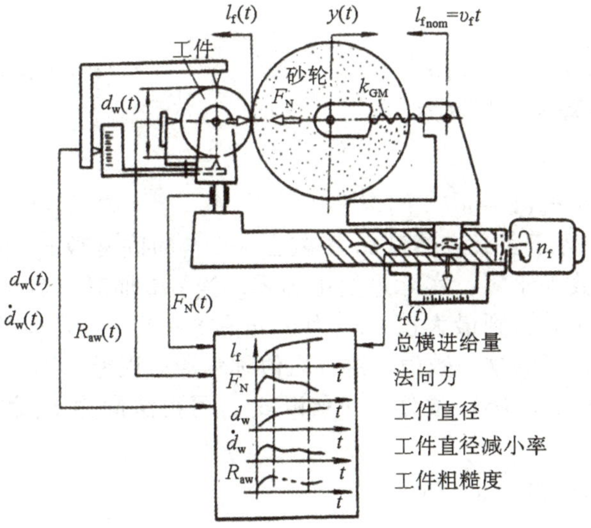

图 8-10　外圆切入磨削及测试示意图

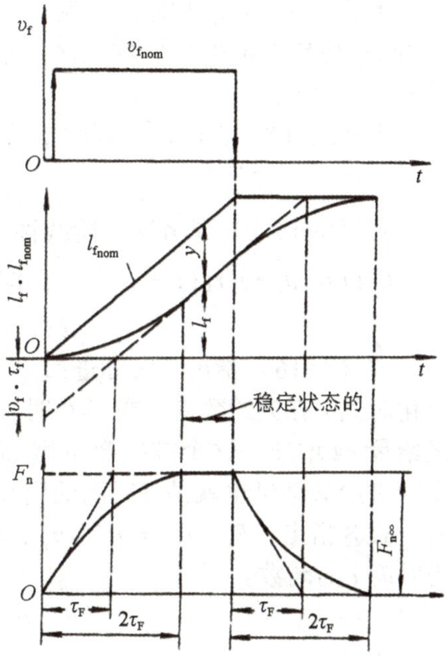

图 8-11　单级切入磨削循环示意

由图 8-11 可知：砂轮架的名义进给速度 v_f 是阶跃时间函数；名义进给量 $l_{f_{nom}}=v_f t$，它是恒速时间函数。由于有弹性退让 $y(t)$，实际进给量 $l_f(t)$ 曲线是一阶系统的单位恒速输入或斜坡输入的时间响应曲线。在未达稳定阶段，法向力 $F_n(t)$ 曲线是一阶系统单位阶跃输入时间响应曲线。到一定时间后，弹性退让 y 进入稳定状态的最大值，F_n 也到了稳定状态的最大值 F_{n_∞}。$F_n(t)$ 曲线在 $t=0$ 时的切线与 F_{n_∞} 线交于一点，该处时间为时间常数 τ_F；$l_\varphi(t)$ 曲线在弹性退让开始稳定点，即 $y(t)$ 达到最大值 y 时的那一点的切线，与时间 t 坐标交于一点，该处时间也是时间常数 τ_F。

试验表明：陶瓷结合剂砂轮表面上每一磨粒的挠度的大小与未变形切屑厚度是同一个数量级；砂轮与工件接触区的挠度约为磨粒中心的挠度的两倍。

由图 8-10 及图 8-11 可知：名义进给量=实际进给量+弹性退让，即

$$v_f t=l_f(t)+y(t) \tag{8-15①}$$

法向力 $F_n(t)$、机床刚度 k_{GM}、与弹性退让 $y(t)$ 的关系为

$$y(t)=\frac{F_n(t)}{k_{GM}} \tag{8-15②}$$

实际进给量的变化速度为 $\frac{dl_f(t)}{dt}=\dot{l}_f(t)$。

实践证明，实际进给量变化大时，法向力增加，它们之间可看作是正比关系，即

$$F_n(t)=\alpha_p \dot{l}_f(l) \tag{8-15③}$$

式中 α_p 称为比例因子，与工艺过程特征有关。

再者，可以认为，时间常数 τ_F 与 α_p 成正比，与机床刚度 k_{GM} 成反比关系，即

$$\tau_F=\frac{\alpha_p}{k_{GM}} \tag{8-15④}$$

上式说明：k_{GM} 大时，τ_F 就小。τ_F 还通过 α_p 来表明它与工艺过程特征的关系，例如，τ_F 与 α_p 均与砂轮宽度 b_s 成正比；τ_F 也与工件材料的可磨性和砂轮的锐利与否有关；砂轮钝时，τ_F 大些。

根据式（8-15①②③及④），可得

$$\tau_F \dot{l}_f(t)+l_f(t)=v_f t \tag{8-15⑤}$$

式（8-15⑤）是齐次一阶线性微分方程式，其解为

$l_f(t)=v_f t-v_f\tau_F(1-e^{-t/\tau_F})$，即

$$l_f(t)=v_f[t-\tau_F(1-e^{-t/\tau_F})] \tag{8-16}$$

式（8-16）指出：实际进给量 $l_f(t)$ 等于名义进给量 $v_f t$ 中减去一个与时间常数 τ_F 和变化时间 t 有关的数值。在 $t=0$ 时，被减数等于零，实际进给也为零。当 t 增加时，名义进给量 $v_f t$ 增加，这个被减数也增加，一直增加到最大值 $v_f\tau_F$ 为止（图 8-11），$v_f\tau_F=y$。实际进给减小量也就是随时间的增长而退让了的这一数值，这一数值称为滞后误差。

式③指出：$F_n(t)=a_p l_f(t)$，将公式（8-16）微分，并乘以 α_p，可得法向力 F_n 作为时间 t 的函数：

$$F_n(t)=\alpha_p v_f(1-e^{-t/\tau_F})$$

或

$$F_n(t)=F_{n_\infty}(1-e^{-t/\tau_F}) \tag{8-17}$$

任务 8.2 砂轮的组成

任务描述

在了解了磨削过程后，赵师傅继续讲解砂轮的组成。他解释说，砂轮的组成要素直接影响磨削效果和使用寿命。赵师傅详细介绍了砂轮的组成要素，包括磨料、结合剂和孔隙，以及砂轮的形状、尺寸和标志。此外，他还讲解了砂轮的强度和人造金刚石砂轮的特点，并通过实际案例演示了这些要素的选择和应用。

任务分析

任务的目标是掌握砂轮的组成要素，特别是磨料、结合剂和孔隙的选择。通过学习，小李将能够理解砂轮的结构和性能，掌握其选择和使用技巧，从而优化磨削工具，提高磨削效果和砂轮寿命。

任务实施

砂轮是磨削加工中最常用的工具，它是由结合剂将磨料颗粒黏结而成的多孔体。

8.2.1 砂轮的组成要素

砂轮组成的三要素包括磨料（包括磨粒和微粉）、结合剂和气孔，如图 8-12 所示。

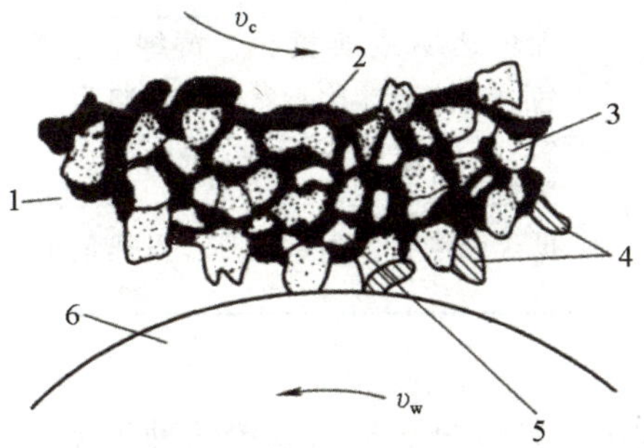

1—砂轮；2—结合剂；3—磨粒；
4—磨屑；5—气孔；6—工件。

图 8-12 砂轮的构造

磨料起切削、刻划和滑擦作用；结合剂把磨料结合起来，经压坯、干燥、焙烧，使之具有一定形状和硬度。结合剂并未填满磨料之间的全部空间，因而有气孔存在。

1. 磨料

磨料在磨削时担负主要切削工作。磨料有天然磨料和人造磨料两大类。常用磨料的特性及使用范围见表 8-2。

表 8-2　常用磨料的特性及使用范围

系列	磨料名称	代号	特性	使用范围
氧化物系	棕刚玉	A	棕褐色。硬度大、韧性大、价格低廉	碳钢、合金钢、可锻铸铁、硬青铜
	白刚玉	WA	白色。硬度高于棕刚玉，韧性低于棕刚玉	淬火钢、高速钢、高碳钢、合金钢、非金属及薄壁零件
	铬刚玉	PA	玫瑰红或紫红色。韧性高于白刚玉，磨削表面粗糙度值小	淬火钢、高速钢、轴承钢及薄壁零件
	单晶刚玉	SA	浅黄色或白色。硬度和韧性高于白刚玉	不锈钢、高钒高速钢等高强度、韧性大的材料
	锆刚玉	ZA	黑褐色。强度和耐磨性都高	耐热合金钢、钛合金钢和奥氏体不锈钢
	微晶刚玉	MA	棕褐色。强度，韧性和自锐性能良好	不锈钢、轴承钢、特种球墨铸铁，适用于高速精密磨削
碳化硅系	黑碳化硅	C	黑色有光泽。硬度比白刚玉高，性脆而锋利，导热性和抗导电性好	铸铁、黄铜、铝、耐火材料及非金属材料
	绿碳化硅	GC	绿色。硬度和脆性比黑碳化硅高，导热性和抗导电性好	硬质合金、宝石、玉石、陶瓷、玻璃
	碳化硼	BC	灰黑色。硬度比黑、绿碳化硅高，耐磨性好	硬质合金、宝石、玉石、陶瓷、半导体材料
高硬磨料系	人造金刚石	MBD 等	无色透明或淡黄色、黄绿色、黑色。硬度高，比天然金刚石略脆	硬质合金、宝石、光学材料、石材、陶瓷、半导体材料
	立方氮化硼	CBN	黑色或淡白色。立方晶体，硬度略低于金刚石，耐磨性高，发热量小	硬质合金，高速钢，高钼、高钒、高钴钢，不锈钢，镍基合金钢及各种高温合金

2. 粒度

粒度是指磨料颗粒的大小。粒度分磨粒与微粉两种类型。磨粒用筛选法分类，粒度号以筛网上每英寸（1 in = 25.4 mm）长度内的孔眼数来表示。例如 60#粒度的磨粒，说明能通过每英寸长有 60 个孔眼的筛网，而不能通过每英寸 70 个孔眼的筛网。120#粒度说明能通过每英寸长有 120 个孔眼的筛网。粗磨料以“F+粒度号”表示，范围为 F4～F220。

颗粒尺寸小于 40 μm（1 mm = 1 000 μm）的磨料，称为微粉。微粉用显微测量法分类，包括一般工业用途的 F 系列和精密研磨用的 J 系列。

磨料粒度的选择，主要与加工表面粗糙度和生产率有关。粗磨时，磨削余量大，要求的表面粗糙度值较大，应选用较粗的磨粒。因为磨粒粗、气孔大，磨削深度较大，砂轮不易堵塞和发热。精磨时，磨削余量较小，要求的表面粗糙度值较低，可选取较细磨粒。一般来说，磨粒越细，磨削表面质量越好。但粒度不是起决定性作用的唯一因素，用 80 K 砂轮也可以磨出镜面般的表面质量。不同粒度砂轮的适用范围见表 8-3。

表 8-3 不同粒度砂轮的适用范围

类别		粒度号	适用范围
磨粒	粗粒	F4，F5，F6，F7，F8，F10，F12，F14，F16，F20，F22，F24	荒磨
磨粒	中粒	F30，F36，F40，F46	一般磨削，加工表面粗糙度值可达 $Ra=0.8\ \mu m$
磨粒	细粒	F54，F60，F70，F80，F90，F100	半精磨，精磨和成形磨削，加工表面粗糙度值可达 $Ra=0.8\sim0.1\ \mu m$
磨粒	微粒	F120，F150，F180，F220	精磨，精密磨，超精磨，成形磨，刀具刃磨，珩磨
微粉		F230，F240，F280，F320，F360，F400，F500，F600	精磨，精密磨，超精磨，珩磨，螺纹磨
微粉		F800，F1000，F1200	超精磨，镜面磨，精磨，加工表面粗糙度值可达 $Ra=0.05\sim0.01\ \mu m$

3. 结合剂

结合剂的作用是将磨粒黏结在一起，使砂轮具有必要的形状和强度。

(1) 陶瓷结合剂（V）

化学稳定性好、耐热、耐蚀、价格低廉，但性脆，不宜制成薄片，不适用于高速磨削，线速度一般为 35 m/s。

(2) 树脂结合剂（B）

强度高、弹性好，耐冲击，适用于高速磨削或开槽、切断等，但耐蚀性和耐热性差（300 ℃），自锐性好。

砂轮的磨削作用主要靠磨粒外露的锋利的棱角，在磨削过程中，锋利的棱角会被慢慢磨掉而变钝，削弱砂轮的磨削能力，这时表面的磨粒会脱落或断裂，从而形成新的磨削刃，以达到锋利的磨削效果，这就是自锐性。

(3) 橡胶结合剂（R）

强度高、弹性好，耐冲击，适用于抛光轮、导轮及薄片砂轮，但耐蚀性和耐热性差（200 ℃），自锐性好。

(4) 金属结合剂（M）

强度和韧性高，成形性好，但自锐性差，适用于金刚石、立方氮化硼砂轮，如青铜、镍等。常用结合剂的适用范围见表 8-4。

表 8-4 常用结合剂的适用范围

名称	代号	特性	适用范围
陶瓷结合剂	V	耐热、耐蚀，强度较高，但性较脆	适用范围最广，除切断砂轮外的大多数砂轮
树脂结合剂	B	强度高并富有弹性，但坚固性、耐热性、耐蚀性差。不宜长期存放	高速磨削、切断和开槽砂轮；镜面磨削的石墨砂轮；磨削烧伤和磨削裂纹特别敏感的工序；荒磨砂轮
橡胶结合剂	R	弹性好、密度大，但磨粒易脱落，耐热性、耐蚀性差，有臭味	无心磨床的导轮，切断、开槽和抛光砂轮

续表

名称	代号	特性	适用范围
金属结合剂	M	成形性好，强度高，有一定的韧性，但自锐性差	金刚石砂轮，珩磨、半精磨硬质合金，切断光学玻璃、陶瓷及半导体材料

4. 硬度等级

砂轮的硬度是指砂轮表面上的磨粒在磨削力作用下脱落的难易程度。砂轮的硬度低，即砂轮软，表明砂轮的磨粒容易脱落；砂轮的硬度高，即砂轮硬，表明磨粒较难脱落。砂轮的硬度和磨料的硬度是两个不同的概念。同一种磨料可以做成不同硬度的砂轮。砂轮的硬度主要取决于结合剂的黏结强度。

一般来说，磨削硬材料时，选用软砂轮，以使磨钝的磨粒及时脱落，使砂轮保持有锋利的磨粒。磨削软材料时，为了充分发挥磨粒的切削作用，应选硬度大一些的砂轮。选择砂轮的主要原则如下。

（1）一般来说，粗磨用粗磨粒，以保证较高生产效率；精磨用细磨粒，以减小表面粗糙度值。

（2）工件材料软、塑性大和磨削面积大时，为避免堵塞砂轮和产生烧伤，可采用粗磨粒。

（3）磨削硬材料选用软砂轮，磨削软材料选用硬砂轮。但磨削硬度很高的材料时，砂轮的硬度也不能太低，以免磨削过分磨粒容易脱落。

（4）与粗磨相比，精磨和成形磨削时，应选用硬度高一些的砂轮，以保持砂轮必要的形状精度。

砂轮的硬度等级名称及代号见表 8-5。

表 8-5　砂轮的硬度等级名称及代号

硬度代号				硬度级别
A	B	C	D	超软
E	F	G	—	很软
H	—	J	K	软
L	M	N	—	中
P	Q	R	S	硬
T	—	—	—	很硬
—	Y	—	—	超硬

5. 组织号

砂轮的组织表示磨料、结合剂和气孔三者在数量上的分布状况。简单来说，就是磨料颗粒之间的距离。磨料之间的距离非常难测量，以砂轮体积中磨料所占的百分比，即磨料率作为组织评定的标准。

根据组织的不同，可以制成紧密或松散等不同密度的砂轮，以适合不同的研磨状况。组织紧密的砂轮气孔少，组织疏松的砂轮气孔多。气孔多虽然结合度弱，但有较大的容屑空间，可提高生产率。气孔大、孔数少的称为粗砂轮；气孔小、孔数多的称为密砂轮。简单来说，气孔大的砂轮适合磨削质软、较黏的材料，比如铝、铜等；反之，气孔小的砂轮适合磨削质地坚硬、较脆的物质。

根据磨料在砂轮中占有的体积分数（磨料率）规定砂轮的组织号。砂轮组织分为紧密、中等、疏松三大类，细分为0~14号，其中0~3号属紧密型，4~7号为中等，8~14号为疏松。中等组织的砂轮适用于一般磨削。砂轮的组织号及选用见表8-6。

表 8-6 砂轮组织号及选用

组织号	0	1	2	3	4	5	6	7	8	9	10	11	12	13	14
磨料率（%）	62	60	58	56	54	52	53	48	46	44	42	40	38	36	34
疏松程度	紧密				中等				疏松						
用途	成形磨削，精密磨削				磨削淬火钢，刃磨刀具				磨削韧性好、硬度低的材料						磨削热敏性高的材料

8.2.2 砂轮的形状、尺寸和标志

常用形状有平形（P）、碗形（BW）、碟形（D）等，砂轮的端面上一般都有标志，见表8-7。从管理和选用方便的角度出发，砂轮参数的表示顺序是形状、尺寸、磨料、粒度号、硬度、组织号、结合剂和最高工作速度（图8-13）。

表 8-7 常用砂轮形状、尺寸标记及用途

型号	名称	断面形状	形状和尺寸标记	主要用途
1	平形砂轮	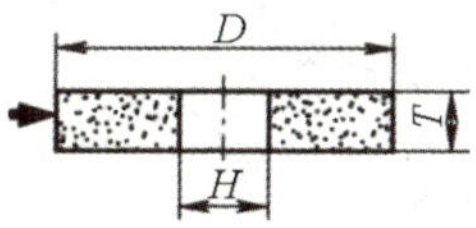	1 型 $D\times T\times H$	磨外圆、内孔、平面及刃磨刀具
2	筒形砂轮	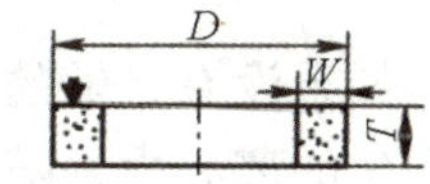	2 型 $D\times T\times W$	端磨平面
4	双斜边砂轮	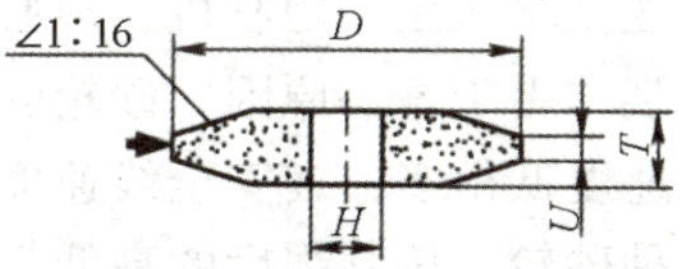	4 型 $D\times T/U\times H$	磨齿轮及螺纹
6	杯形砂轮	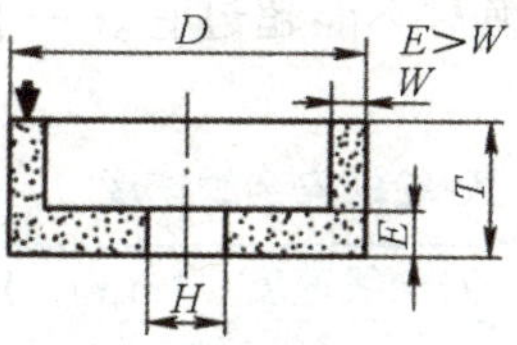	6 型 $D\times T\times H-W\times E$	端磨平面，刃磨刀具后刀面
11	碗形砂轮	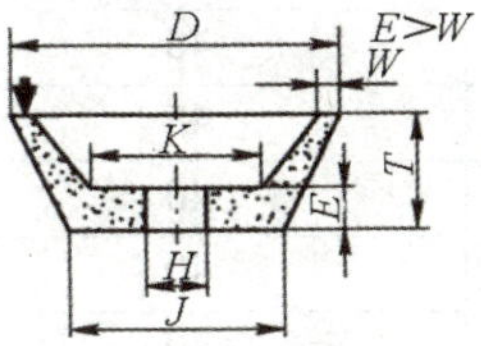	11 型 $D/J\times T\times H-W\times E$	端磨平面，刃磨刀具后刀面

续表

型号	名称	断面形状	形状和尺寸标记	主要用途
12a	碟形一号砂轮	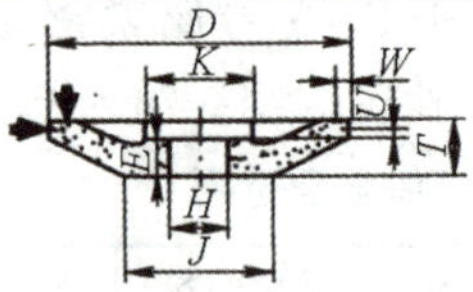	12a 型 $D/J \times T/U \times H - W \times E$	刃磨刀具前刀面
41	平形切割砂轮	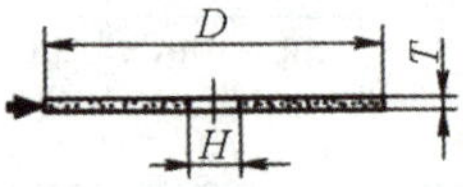	41 型 $D \times T \times H$	切断及磨槽

注：“→”所指表示基本工作面。

例如，1 300×50×75-A/F60L5V-35 m/s，含义如下。

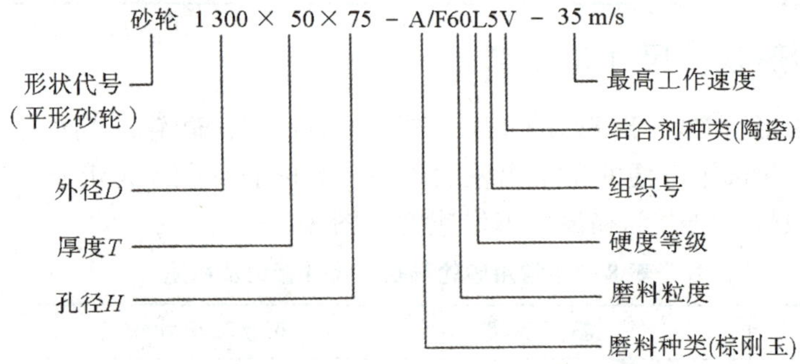

图 8-13 砂轮参数含义

8.2.3 砂轮的强度

砂轮的强度

砂轮高速旋转时，受到很大的离心力作用，如果没有足够的强度，工作时会因其破裂而引起严重事故。砂轮旋转时产生的离心力，随砂轮的线速度的平方成正比增加，因此当砂轮回转速度增大至一定程度，离心力超过砂轮强度所允许的数值时，砂轮就会破裂。由于这一原因，砂轮的强度通常都用安全线速度来表示。安全线速度比砂轮破裂时的速度低得多，在安全线速度下工作时，可保证不发生由于离心力过大而造成砂轮破裂。各种砂轮，按其强度的高低都规定了安全使用的线速度，并标注在砂轮上或说明书中，使用时绝对不能超过它。一般磨削用砂轮的安全线速度见表 8-8。

表 8-8 一般磨削用砂轮的安全线速度

砂轮名称	安全线速度/（$m \cdot s^{-1}$）		
	陶瓷结合剂	树脂结合剂	橡胶结合剂
平形砂轮	35	40	35
磨钢锭用平形砂轮	40	45	—
双斜边砂轮	35	40	—
单斜边砂轮	35	40	—
单面凹砂轮	35	40	—
单面凹锥砂轮	35	40	—

续表

砂轮名称	安全线速度/ $(m \cdot s^{-1})$		
	陶瓷结合剂	树脂结合剂	橡胶结合剂
双面凹砂轮	35	40	35
双面凹锥砂轮	35	40	—
平行切割砂轮	35	50	50
碗形砂轮	30	35	—
杯形砂轮	30	35	—
碟形一号砂轮	30	35	—
碟形二号砂轮	30	—	—
碟形砂轮	30	—	—
磨量规砂轮	30	30	—
丝锥抛光砂轮	—	—	20
板牙抛光砂轮	—	—	20
磨螺纹砂轮	50	50	—

在实际工作中，除高速磨削需要按磨削速度订购特殊的高速砂轮外，其余情况下一般采用安全线速度为 25~35 m/s 的砂轮，使用时必须注意检查砂轮的实际线速度是否超过了安全线速度。在砂轮尺寸与转速可以变换的磨床（如内圆磨床）上工作时，应特别注意这一点。

【例 8-1】 在 M250A 型磨床上磨削内孔，拟选用砂轮转速 $n_{砂轮}=4\ 200$ r/min，砂轮直径 $D_{砂轮}=170$ mm，安全线速度 $v_{安全}=35$ m/s，试检验砂轮是否安全。

解： 计算砂轮的实际线速度

$$v_{砂轮}=\frac{\pi 170\times 4\ 200}{60\times 1\ 000}\ \text{m/s}\approx 37.4\ \text{m/s}>v_{安全}$$

由于砂轮使用时的实际线速度超过了允许的安全线速度，因此必须改用较小直径的砂轮。

8.2.4　人造金刚石砂轮

金刚石砂轮主要以金刚石为主要磨料，再由结合剂黏结成形，结合剂大致分为四种：金属、树脂、陶瓷和电镀金属，可以制成多种形状。

金刚石砂轮可用作磨削、抛光、研磨切削等用途。同时，用于研磨高硬度的合金、非金属材料。金刚石硬度高、抗压强度高、耐磨性好，使金刚石砂轮在磨削加工中成为硬脆材料及硬质合金最理想的工具。金刚石砂轮不但效率高、精度高，而且磨削后工件表面质量好、砂轮消耗少、砂轮寿命长，同时磨削时也不会产生大量粉尘，改善了工作条件。

金刚石砂轮可用于普通砂轮难以加工的低铁含量的金属和非金属硬脆性材料，例如硬质合金、玛瑙、半导体材料、玻璃、高铝陶瓷、石材等。金刚石砂轮的构造如图 8-14 所示。

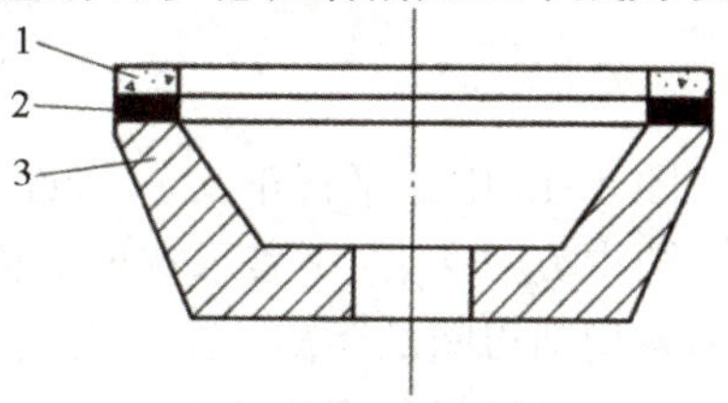

1—磨料层；2—过渡层；3—基体。

图 8-14　金刚石砂轮的构造

任务 8.3　砂轮表面形貌图

任务描述

接下来，赵师傅讲解了砂轮表面形貌图的获取方法。他解释说，砂轮表面形貌图有助于分析砂轮的磨损和磨削效果。赵师傅详细介绍了静态法、动态法和工件复印法这三种获取砂轮表面形貌图的方法，并通过实际操作演示了每种方法的步骤和效果。

任务分析

任务的重点在于掌握砂轮表面形貌图的获取方法，特别是静态法、动态法和工件复印法的应用。通过学习，小李将能够理解不同方法的原理和步骤，掌握砂轮表面形貌图的获取技巧，从而分析砂轮的磨损和磨削效果，优化磨削过程。

任务实施

磨粒在砂轮中的位置分布和取向是随机的。每颗磨粒也可能有多个切削刃。令 xy 坐标平面与砂轮最外层工作表面相接触，则砂轮磨粒及切削刃在 xyz 坐标空间内的分布状态如图 8-15 所示。

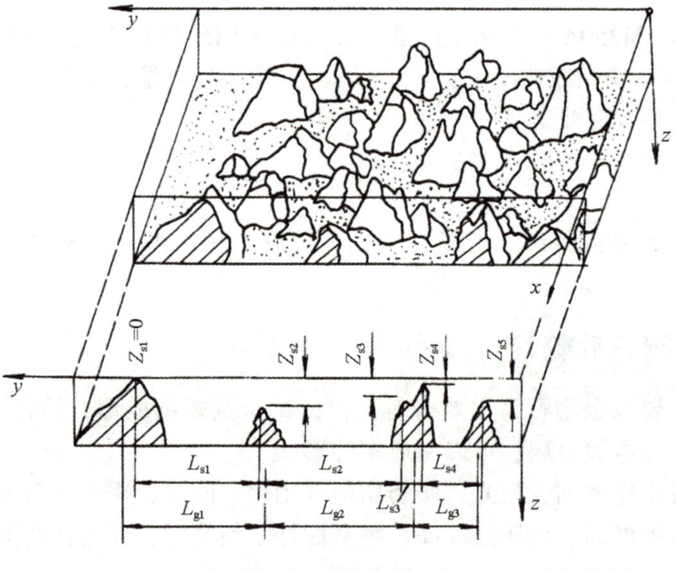

图 8-15　砂轮工作表层磨粒切削刃空间图

图 8-15 中，平行于 yz 坐标面所截取的磨粒切削刃轮廓图，称为砂轮工作表面的形貌图。图中 L_{g1}，L_{g2}，…表示在该截面内各磨粒平均中线间的距离；L_{s1}，L_{s2}，…表示在该截面内各切削刃间的距离；Z_{s1}，Z_{s2}，…表示各切削刃尖端离砂轮表层顶部平面的距离。

砂轮表面形貌图是磨削中的一个十分重要的研究对象。它在磨削过程中是不断变化的，是磨削时间的函数，它的变化取决于磨削条件。通过砂轮表面形貌特征和磨削条件的了解，便可以在一定程度上预测磨削已加工表面粗糙度的大小，分析及控制磨削过程。

砂轮上的磨粒分布参差不齐，在磨削工件时，有些磨粒切削刃可以切到工件，称为有效磨粒切削刃；有些磨粒切削刃不能切到工件，称为无效磨粒切削刃。决定砂轮有效切削刃数的方法实际上也就是如何测量砂轮表面的形貌特征的问题。

相关试验所作统计指出：有效磨粒切削刃只为静态切削刃总数的 5%～12%；一个磨粒可能有几个有效切削刃与工件接触，有 60%的有效切削刃分布在不同磨粒上面。

测量砂轮表面形貌目前主要用接触法，可分为静态法、动态法和工件复印法三大类。

8.3.1　静态法

1. 触针法

在砂轮工作表面圆周方向和轴向进行测量。

2. 碳纸复印法

用复写纸在白纸上进行复印，是宏观的定性测量，只能大致了解砂轮表面形貌。这是早期采用的方法。

3. 光电法

利用光线反射测量。也可用扫描电子显微镜直接观察试样。

8.3.2　动态法

1. 热电偶法

将热电偶固定在工件表面上，热电偶的导线通入工件并与工件绝缘。当每一个切削刃通过热电偶结点时，由于高温而得到一个脉冲，可在示波器上显示出来并计数。这样就可测出热电偶所处砂轮圆周上的切削刃分布。

2. 测力法

用压电晶体测力元件对很窄工件上的磨削力进行测量，也可测出沿磨削工件处，砂轮工作表面圆周上的切削刃分布。

3. 倾斜零件磨削法

用砂轮磨削有一定斜度的工件，由切削痕迹的位置和长度，判定砂轮轴向表面地形。

8.3.3　工件复印法

1. 外圆工件复印法

砂轮与工件转速比成整数，即 $n_s/n_w=$整数时，由于砂轮上某点始终与工件上固定点接触，工件上的粗糙度就可反映出砂轮的形貌图来。如转速比为整数 3 时，砂轮每转一周就与工件上 1/3 的圆周接触，因此工件上相隔 120°可以得到三条相似的粗糙度曲线（图 8-16）。这些曲线就反映出了砂轮工作表层的轴向形貌图。

2. 平面工件复印法

测量方法同上外圆工件复印法。工作台以 V_a（mm/min）沿砂轮轴向做进给运动，砂轮每转时工作台的轴向移动距离为 $l_a=V_a/n_s$，在 l_a 这段长度上就反映出了砂轮工作表层的轴向粗糙度来。

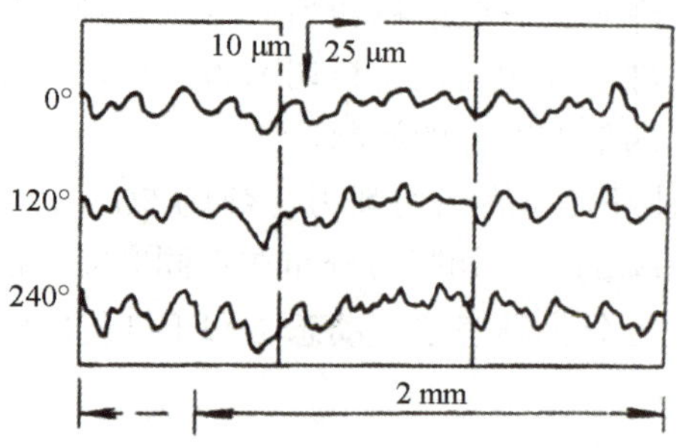

图 8-16　工件上的砂轮形貌复印图

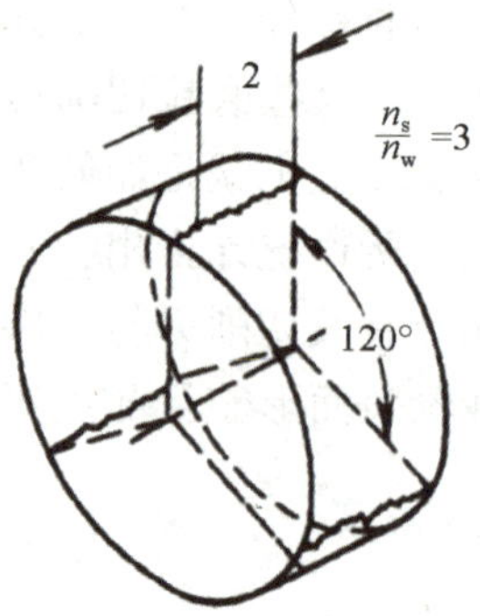

图 8-17　工件上的砂轮形貌位置

任务 8.4　磨削力及功率

任务描述

赵师傅继续讲解磨削力和功率的相关知识。他解释说，磨削力的大小直接影响砂轮和工件的性能，而磨削功率则决定了设备的负荷。赵师傅详细介绍了磨粒的受力情况，磨粒负前角对磨削力的影响，砂轮上的磨削力及其影响因素，以及磨削功率消耗和磨削用量。他还通过实际测量工具和计算公式，演示了如何测量和计算这些参数。

任务分析

任务的目标是掌握磨削力和功率的计算方法，特别是磨粒受力情况、负前角影响和磨削功率消耗的分析。通过学习，小李将能够理解磨削力与功率的关系，掌握测量和计算技巧，从而优化磨削过程，提高砂轮和工件的性能。

任务实施

8.4.1　磨粒的受力情况

砂轮上的磨粒切削工件时，作用在磨粒上的力可以分解成两个分力，即法向力 F_n 和切向力 F_t，并为结合剂桥上的结合力所平衡。磨粒所承受的合力 F_R 与结合剂桥上抗力的合力 F'_R 不一定在同一平面内。因此，有可能产生力矩 M，使磨粒脱落。磨粒本身受到剪力也可能崩裂。磨粒所受的应力决定于受力的强弱，它与切削截面积、工件材料性质等磨削条件有关；受力的频率则与砂轮转速有关。

8.4.2　磨粒的负前角对磨削力的影响

如图 8-18 所示，磨粒的顶尖角多为 90°～120°，其前刀面实际上是一个空间曲面。磨粒有一定的刃端半径 r_β，以粒度 36# 为例，刚玉类磨粒的 r_β 为 35 μm 左右，碳化硅磨粒为

30 μm 左右；以 80[#]粒度为例，刚玉类磨粒 r_β 的平均值为 9.6 μm，碳化硅磨粒为 7.4 μm。磨粒磨削时的切削深度 a_p 多数只为磨粒直径尺寸的 2%～5%，未变形切屑厚度可能为 0.005～0.05 mm。故磨粒实际上多数在粒端负前角下切削工件（有人认为：该前角多数为 $\gamma_o=-70°\sim-89°$）。

用负前角硬质合金刀具模拟磨粒，对含少许锰、铬、镍的低碳钢，在 $a_p=0.01\sim0.025$ mm，切削速度 $v=200\sim600$ m/min 下切削时，金属流动情况示意如图 8-19 所示。

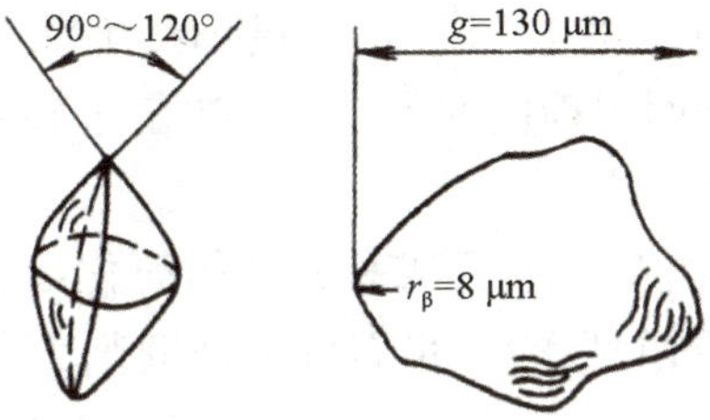

图 8-18　磨粒的形状

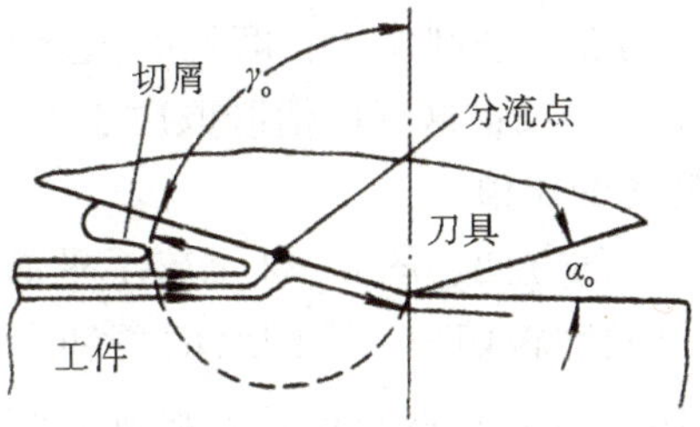

图 8-19　负前角切削时的金属流动

前刀面之前的金属流分为两路：一路进入刀具下面，一路沿前刀面上升而成为切屑；在前刀面上这两路之间有一分流点。分流点离刀刃的距离即逆流区长度随负前角的绝对值增加而增加。试验证明：一直到-75°的前角，刀具仍可切出切屑来。在-85°前角时，刀具就仅仅擦过和刻划工件，金属不能沿前刀面向上流出而只有流向两旁的侧向流动，而且有严重的塑性变形。

负前角刀具对法向力 F_n 及切向力 F_t 的影响如图 8-20 所示。图中说明前角为负值时，法向力均大于切向力，尤以 $\gamma_o=-50°$之后为甚。$F_n/F_t=1\sim5$。

在负前角刀具切削下，切削速度对切削力的关系如图 8-21 所示。当切削速度增加时，切削力降低，F_n/F_t 也由 4 降至 2～2.5 左右。

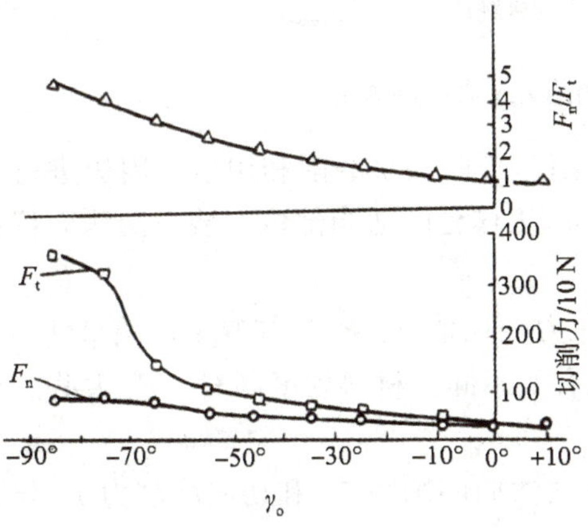

（$\alpha_o=25°$，$a_p=0.01$ mm，

$a_w=3.75$ mm，$v=200$ m/min）

图 8-20　负前角与切削力的关系

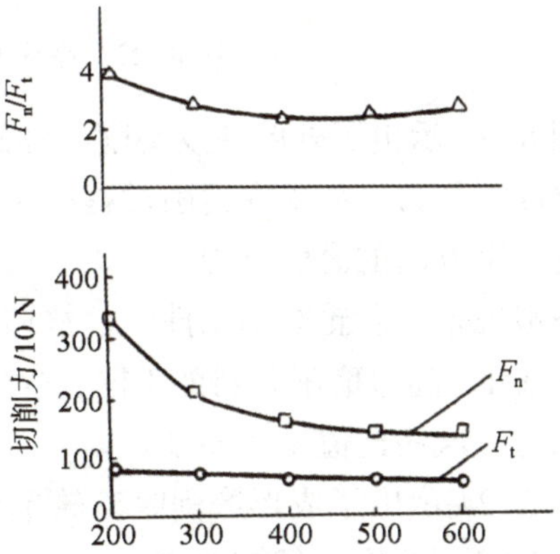

（$a_p=0.01$ mm，$a_w=3.75$ mm，

$\gamma_o=-75°$，$\alpha_o=25°$）

图 8-21　负前角下切削速度与切削力的关系

以上模拟试验证明：由于磨粒具有负前角，刃端具有 r_β 值，而切削厚度又很薄，故磨粒对工件的切削条件很差，实际上是滑擦、刻划、产生指向工件表层的很大的塑性变形区，到一定温度后，才形成切屑沿前刀面流出。

8.4.3 砂轮上的磨削力及其影响因素

过去研究磨削过程时，常常假设所有的磨粒都处于同一圆周面上，磨粒间距离都相等，而且工件是绝对平滑的。实际上，工件有着一定的粗糙度，砂轮磨粒是三维分布的，磨粒是在空间发生磨削作用，磨粒的最大切削深度（背吃刀量）与最小切削深度（背吃刀量）之比为1~2；这一比值既取决于工件原始表面粗糙度的大小，也决定于砂轮和工件两者的粗糙度的比值。

为了分析的方便，图8-22示出了平面磨削时磨削力的合成和分解的简化情况。合力 F_R 是所有有效磨粒切削刃磨削力的总和。根据不同的目的，我们可以把磨削力分解为径向力 F_r 和切向力 F_t；或者把它分解成 x 方向和 y 方向的分力 F_x、F_y。F_y 可用以计算进给功率；F_x 则是设计机床床身和箱体的重要数据。

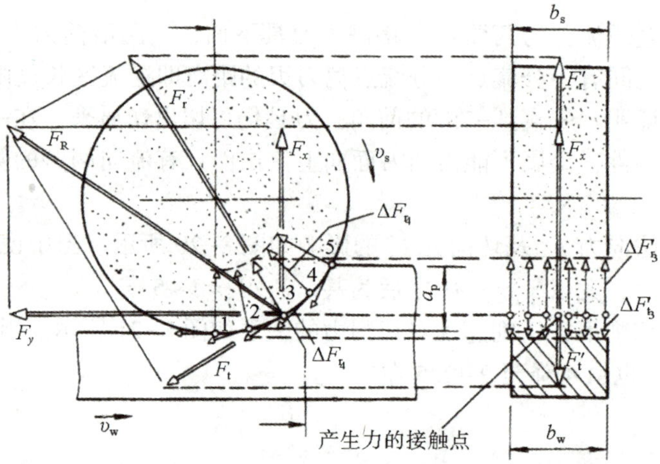

图8-22 平面磨削时的磨削力及力的接触点

图8-23示出了外圆往复磨削、外圆切入磨削、平面往复磨削和用砂轮周边进行端面磨削时的磨削力。如果在磨削过程中在床身或机床工作台的适当部位安装三向测力仪，就可测得三个方向的磨削分力。

一般说来，砂轮磨削工件时，法向力与切向力的比值 F_n/F_t 在往复磨时为2/1，在深磨时为3/1。随着磨削材料的不同，这一比值也有所不同，材料硬度高时，F_n 大些。在一般磨削时，这些比值见表8-9。

图8-24示出了成形磨削时砂轮单位宽度上的法向磨削力 F_n 和切向磨削力 F_t 与进给速度 v_f 和磨削深度（或背吃刀量）a_p 的关系。a_p 增加时，F_n 及 F_t 均增加；v_f 增加时，F_n 及 F_t 均有所减小；在缓进给磨削时，规律性更为明显。此外，磨削力随着磨削时间 t_c 的延长而不断增大，深磨时与往复磨时相比，磨削力特别是法向磨削力的增长也大得多。这是由于深磨时砂轮的钝化较为急剧的缘故。

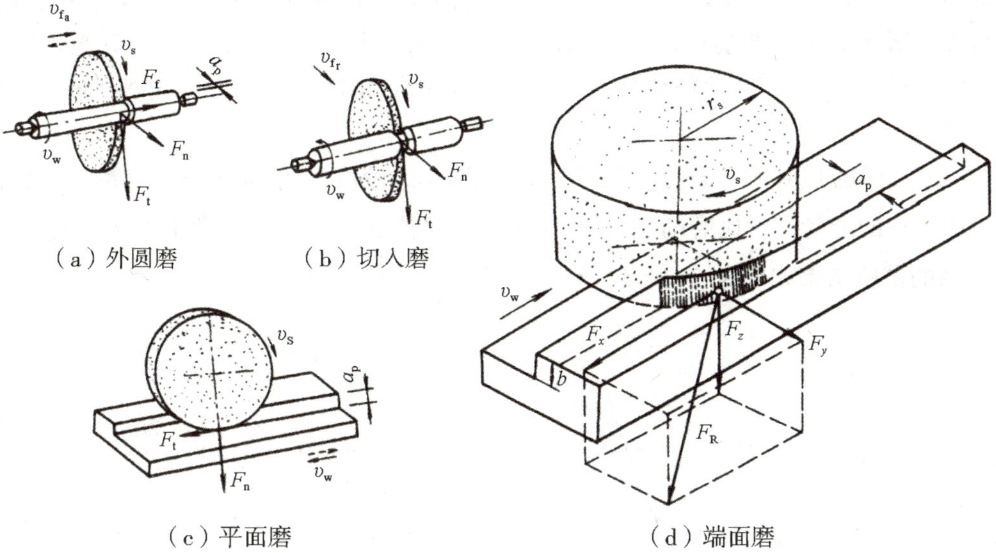

图 8-23　磨削力

表 8-9　磨削分力的比值

工件材料	普通钢	淬硬钢	铸铁
F_n/F_t	1. 6~1. 9	1. 9~2. 6	2. 7~3. 2
F_a/F_t	0. 1~0. 2		

注：F_a 为轴向切削分力。

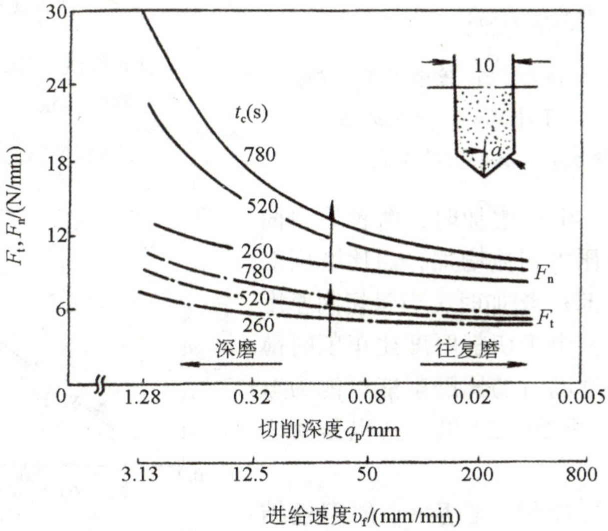

砂轮：WA80K10V，工件：中碳钢；单位宽度磨除率：$Z'=4\ mm^3/(mm \cdot s)$；
修整速比：$q_d=0.5$；砂轮速度：$v_s=30\ m/s$；砂轮半锥角：$\alpha=60°$。

图 8-24　成形磨削时的磨削力与磨削用量的关系

磨削时，砂轮的行程次数在一定程度上可反映磨粒的磨损程度。如图 8-25 所示，在砂轮行程次数增加时，磨削径向力及切向力均增加，而径向力增加更多。砂轮硬度较高时，磨削力也较大。此外，磨粒颗粒较粗时，与较细时相比，在同等金属磨削量下，磨削力也较大。

磨削时，设磨粒磨损平面与工件间的平均接触压力为 $\bar{p}$，单位 N/mm^2；磨下单位体积金属时所消耗的能量称为比磨削能，以 $\bar{u}_c$ 表示，单位 $N \cdot m/mm^3$；则工件速度 v_w 与 $\bar{p}$ 及 $\bar{u}_c$ 的关系的试验结果如图 8-26 所示。

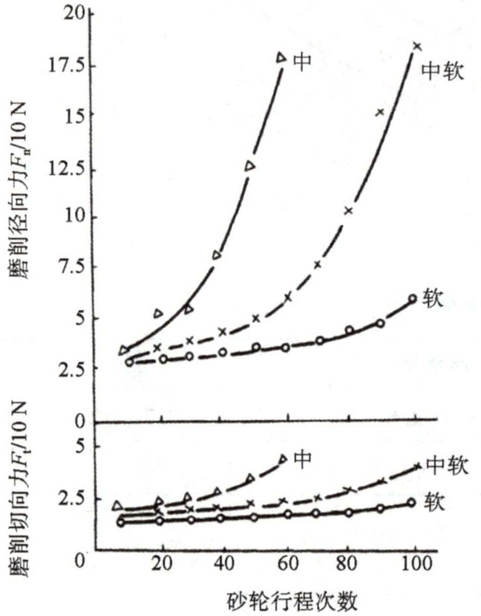

工件材料：C0.95%钢料；砂轮粒度：30；磨削深度（或称背吃刀量）：$a_p=0.025$ mm；工件速度：$v_w=5$m/min。

图 8-25 砂轮行程次数与磨削力的关系

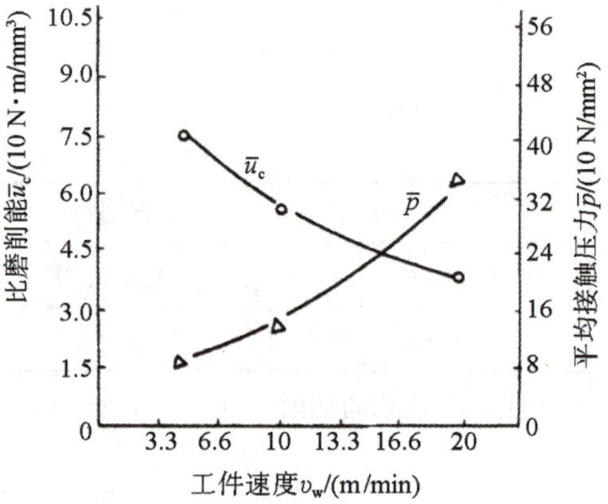

砂轮粒度：30；磨削深度（或称背吃刀量）：$a_p=0.025$ mm。

图 8-26 v_w 与 $\bar{p}$ 及 $\bar{u}_c$ 的关系

由图 8-26 可知：当 v_w 增加时，磨粒后刀面单位磨损面积上所受压力明显增加，而比磨削能则有所降低。这是由于 v_w 增加时，当量切削厚度增加的缘故。磨削时，由于切削厚度比车削时薄得多，试验证明精密磨削时的比磨削能可能为车削时的“比切削能”的 20～30 倍。这也是磨削的一个特点。

用中等硬度、7 级组织、粒度 60 的陶瓷结合剂刚玉砂轮磨削铬钢时，F_t 与当量切削厚度的关系的试验结果如图 8-27 所示。实验公式如下：

$$F_t \doteq 28a^{0.78}_{gce} \text{（N/毫米砂轮宽度）} \quad (8-18)$$

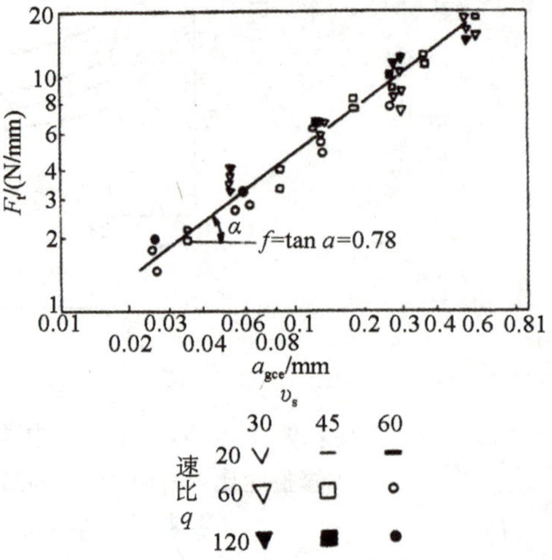

图 8-27 当量磨削厚度与切向磨削力的关系

式（8-18）可适用于在该砂轮—工件组合下当 v_s 为 30、45、60 m/s 及速比 $q=v_s/v_w=$ 20、60、120 等的各种场合。由于当量磨削厚度等于 $v_w a_p/v_s$，由式（8-18）可知，F_t 将随 v_w 及 a_p 的增加而增加，并随 v_s 的增加而减小。

外圆磨削时由实验求得的切向磨削力与磨削用量的关系式为

$$F_t = C_F v_w^{0.7} f_s^{0.7} a_F^{0.6}\ \text{N} \tag{8-19}$$

式中常数 C_F 对淬硬钢为 22，对未淬硬钢为 21，对铸铁为 20。进行该试验时的砂轮为 A46KV5，直径 300～500 mm，宽度 40 mm，$v_s=30$ m/s。

我国磨料磨具磨削研究所用 WA46JV 砂轮对 45 钢进行了缓进给深磨磨削力试验，认为 a_p 的指数可达 0.9 左右，较一般外圆磨削时高些。这是由于缓进给磨削的接触弧长度较大所致。

用 JR120S 人造金刚石砂轮对 99%α-Al_2O_3 工程陶瓷进行平面磨削时，法向磨削力 F_n 经验公式中 f_a 的指数方可达 1.0 左右，a_p 的指数方为 0.5 左右。

8.4.4　磨削功率消耗

磨削时，由于砂轮速度很高，功率消耗很大。主运动所消耗的功率 P_m（国家标准为 P_c）为

$$P_m = \frac{F_t v_s}{75 \times 1.36 \times 9.81}\quad \text{kW} \tag{8-20}$$

式中　F_t——砂轮的切向力，N；

v_s——砂轮线速度，m/s。

平面磨削时和切入进给磨外圆时的单位功率消耗［kW/（$cm^3 min^{-1}$）］可分别参考图 8-28 或图 8-29。在算出每分钟的金属磨削量 Z 的立方厘米数后，乘上图中查出的单位功率消耗，即可得出主运动所需磨削功率，再除以机械传动效率（例如 80%），即可得砂轮电动机功率。

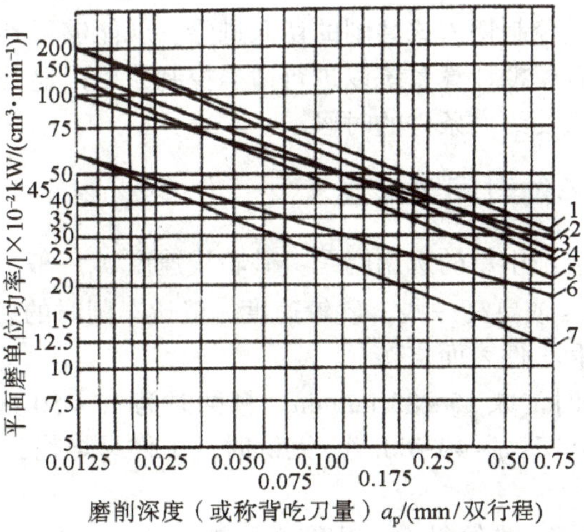

1—工具钢 67 HRC；2—钛合金 300 HBS；3—镍基高温合金 340 HBS；
4—0.20%C 低碳钢 110 HBS；5—铸铁 215 HBS；6—铝 80 HBS；7—铝 150 HBS。

图 8-28　平面磨削时的单位功率消耗

由图 8-28 可知：同一种工件材料的硬度较高时功率消耗小些；由图 8-29 可知：砂轮硬度较高时，功率消耗大些。有人指出：硬化钢与软钢相比，磨削切向力小 30%，磨削功率较小，加工粗糙度较小，但法向磨削力则较大。切向力较小的原因是磨削硬化钢时，可能产生锯齿形磨屑，切屑变形较小。

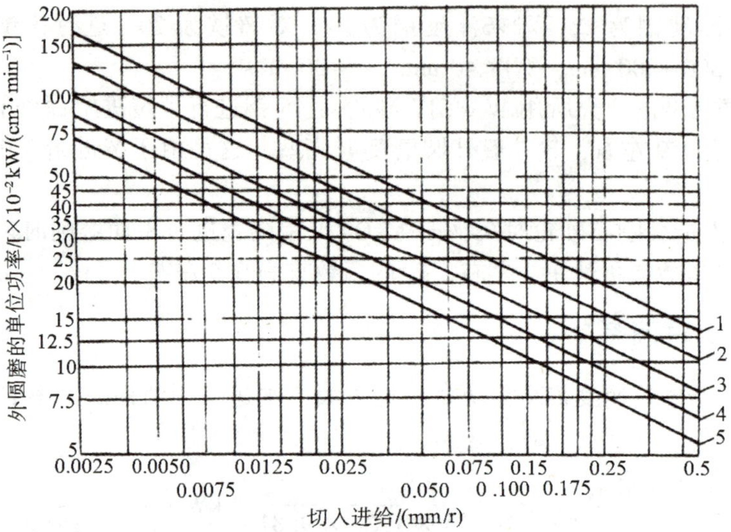

1—C 0. 20%低碳镍铬钼合金钢（170 HBS）；2—铸铁 241~269 HBS；3—硬级砂轮磨 C 0. 45%中碳铬钼钢；4—中硬级砂轮磨 C 0. 45%中碳铬钼钢；5—中级砂轮磨 C 0. 45%中碳铬钼钢。

图 8-29　切入进给磨外圆时的单位功率消耗

在磨削工程陶瓷时，当晶粒较细，材料硬度较高，强度较大，断裂韧性较高时，磨削力较大。

在生产条件下，量测功率要比量测力方便些。在刚度被建立之后，功率的量测可用以评定系统挠度，同时通过控制切入式磨削的切入进给，就能够得到正确尺寸。对机床装备可用一套简单的数字或者模拟计算系统以进行适当控制，可以显著地改进机床的性能，特别是在尺寸精确度作为主要约束条件的时候。

8. 4. 5　磨削用量及单位时间磨除量

下面简单介绍一下磨削用量的选用问题：砂轮线速度 v_s 一般为 30~35 m/s；高速磨削时，可用 v_s=45~100 m/s 或更高一些。砂轮速度一般比车削时的切削速度大 10~15 倍。v_s 太高时，可能产生振动和工件表面烧伤。

工件速度 v_w 在粗磨时常取 15~85 m/min。精磨时为 15~50 m/min。外圆磨时，速比 $q=v_s/v_w$=60~150；内圆磨时 q=40~80。v_w 太低时，工件易烧伤；v_w 太高时，机床可能产生振动。

磨削深度 a_p 或径向切入进给量 f_r：粗磨时可取 0. 01~0. 07 mm，精磨时可取 0. 002 5~0. 02 mm，镜面磨削时可取 0. 000 5~0. 001 5 mm。

砂轮轴向进给量 f_a：粗磨时可取（0. 3~0. 85）b_s，精磨时可取（0. 1~0. 3）b_s。式中 b_s 为砂轮宽度，mm；f_a 是指工件每转或每一往复时砂轮的轴向位移量，mm。

每分钟金属磨除量 Z（国家标准为 Q_z）可用下式计算：

$$Z=1\ 000v_w f_a a_p \quad mm^3/min \tag{8-21}$$

设砂轮磨削宽度为 b mm，则砂轮单位宽度上的金属磨除量为：

$$Z'=\frac{Z}{b}=\frac{100v_w f_a a_p}{b} \quad mm^3/(mm\cdot min) \tag{8-22}$$

磨削用量常被用作控制磨削过程的可调整参数，它们的优化选择很重要。

任务 8.5 磨削温度及工件表层状态

任务描述

赵师傅讲解了磨削温度及工件表层状态的相关知识。他解释说，磨削温度直接影响工件表面质量和硬度变化，而工件表层状态则涉及残余应力和表面粗糙度。赵师傅详细介绍了磨削时的能量消耗，磨削温度、工件表面烧伤及硬度变化，磨削加工表面的残余应力，以及磨削条件与表面粗糙度的关系。他通过实际案例和试验数据，演示了这些参数的分析方法。

任务分析

任务的重点在于理解磨削温度和工件表层状态的影响，特别是磨削温度变化、表面烧伤、硬度变化和残余应力的分析。通过学习，小李将能够掌握磨削温度的控制技巧，理解工件表层状态的变化规律，从而优化磨削过程，提高工件表面质量。

任务实施

磨削表面的热损伤表现为烧伤及产生热裂纹。热裂纹的产生多半是由于加工表面受到高频的热冲击而保存有残余应力，特别是拉应力。磨削中所产生的热变形也往往使工件难以得到应有的精度。因此，我们对磨削热和磨削温度要有一些基本认识。

8.5.1 磨削时的能量消耗

上面谈过，磨粒对工件的切削可分滑擦、刻划和形成切屑三个阶段。因此磨削时所消耗的能量也可分为滑擦能、刻划能和切屑形成能三个部分。切屑形成能又可分为剪切区的剪切能和切屑沿磨粒前刀面流出的摩擦能两个部分。剪切区的剪切能可认为接近于工件金属的熔化能。这部分剪切能量是由于磨削中的强烈剪切应变所引起的。一般认为车削的剪切应变率可能为 $10^4\sim10^5\ s^{-1}$，磨削的剪切应变率大致是车削的十倍以上。平面磨削时的剪切变形为 14~15。铁的单位体积熔化能约为 1.22×10^6（N·cm）/cm^3。由于剪切能约为切屑形成能的 75%（其余 25%为切屑摩擦能），故磨削钢时的切屑形成能的极限值约为 $1.22\times10^6/0.75=1.6\times10^6$（N·cm）/$cm^3$，研究人员分析认为：切屑形成能有 45%~55%传入工件，刻划能约有 75%传入工件，滑擦能约有 69%传入工件，后两者的其余部分由热对流散失。

有些试验研究指出：对各种钢料进行砂带磨削时，单位体积的摩擦能为（1.44~2.0）$\times10^6$（N·cm）/cm^3。

设 u_c 代表磨削时单位切屑形成能和单位刻划能之和，则 u_c 与工件速度 v_w 及切入进给量 a_p 的关系如图 8-30 及图 8-31 所示。

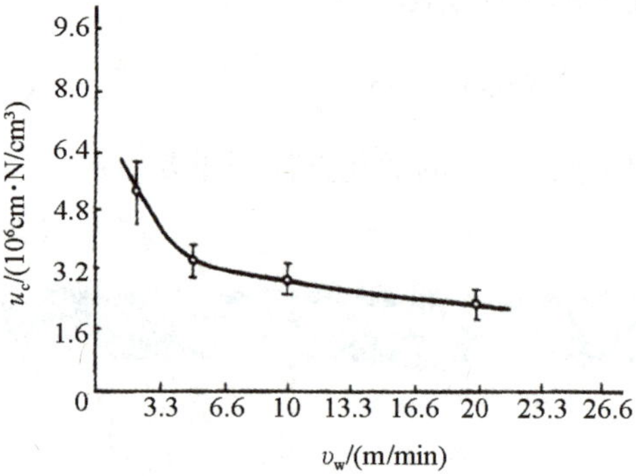

(v_s=35 m/s，a_p=0.025 mm)

图 8-30　u_c 与 v_w 的关系

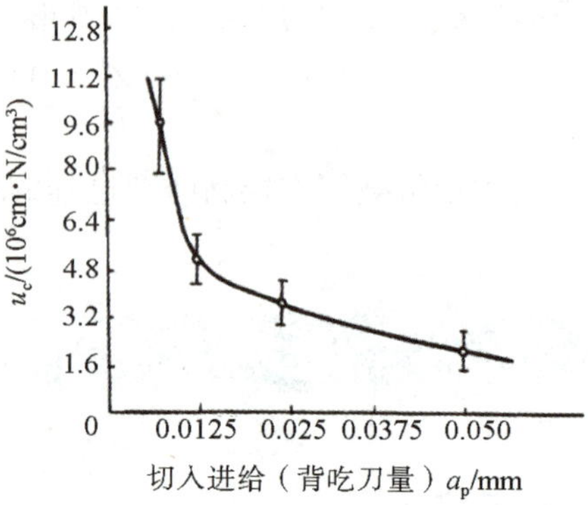

(v_s=35 m/s，v_w=5 m/min)

图 8-31　u_c 与 a_p 的关系

由图 8-30、图 8-31 可知：当 v_w 或 a_p 增加时，u_c 有所降低。这可能是由于此时刻划能的比重相对减小，最大未变形切屑厚度明显增加，切屑内严重变形层在总厚度所占比例相对减小，故平均的单位体积切削能量消耗有所降低。

磨粒的滑擦能是由磨粒的磨损平面与工件间的摩擦（图 8-32）而产生。当磨粒磨损增加时，这部分能量消耗将明显增加。

8.5.2　磨削温度、工件表面烧伤及硬度变化

磨粒磨削工件时，在切屑下部及磨粒磨损平面下的工件表面上的温度分布的典型例子如图 8-32、图 8-33 所示。

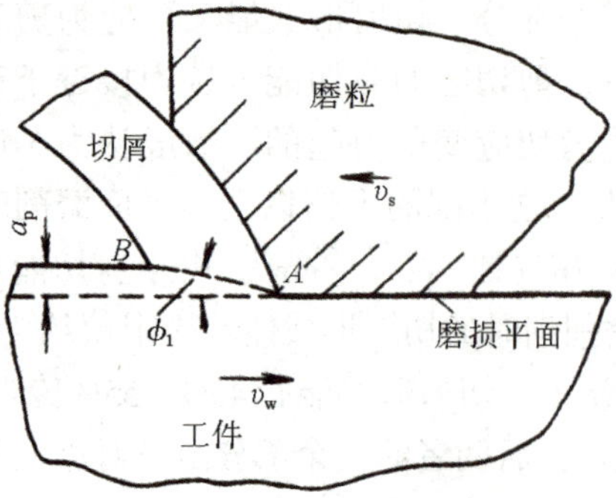

图 8-32　磨粒与工件

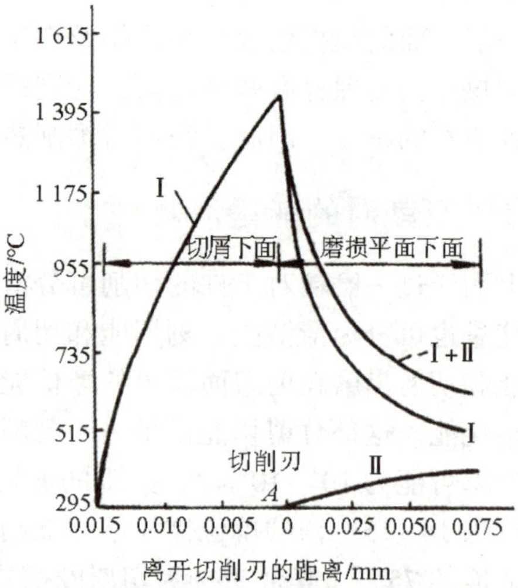

Ⅰ—由于切屑形成及刻划引起的温度变化；
Ⅱ—磨粒与工件摩擦引起的温度变化；
Ⅰ+Ⅱ—两者的叠加。

图 8-33　磨粒切削刃附近工件表面温度分布

图 8-32 中的 A 点与图 8-33 中的 A 点相对应。曲线 Ⅰ 是由于切屑形成及刻划作用而引起的温度变化曲线，Ⅱ 是磨粒磨损面与工件摩擦所形成的温度变化曲线，Ⅰ+Ⅱ 是两者的叠加。由图可知：切削刃 A 点下的瞬时温度可达 1 400℃左右。

由于磨粒的负前角绝对值很大，在剪切面 AB 附近的金属只有在很高的温度下，当材料具有极大的塑性，即在高温黏性-塑性（Viscous-Plastic）变形状态下才能朝前刀面上流出而成为切屑。因此，单颗粒磨粒的切削温度常常达到了金属的熔点。试验研究指出：对于每一种金属材料，其磨屑形成的温度是一个常数，例如碳钢是 1 500 ℃，钛合金是 1 650 ℃。在如此高温下的磨屑，当飞出磨削区后，往往在空气中就强烈燃烧或氧化而迸发火花。

磨粒磨削点的温度 θ_A 与磨削用量的关系如下式所示：

$$\theta_A \propto v_s^{0.24} v_w^{0.26} a_p^{0.13} \tag{8-23}$$

砂轮与工件接触的磨削区的平均温度 θ_{av} 与磨削用量的关系如图 8-34 所示。

由图 8-34 可知：当 v_s、a_p 或 v_w 增加时，θ_{av} 均增加。

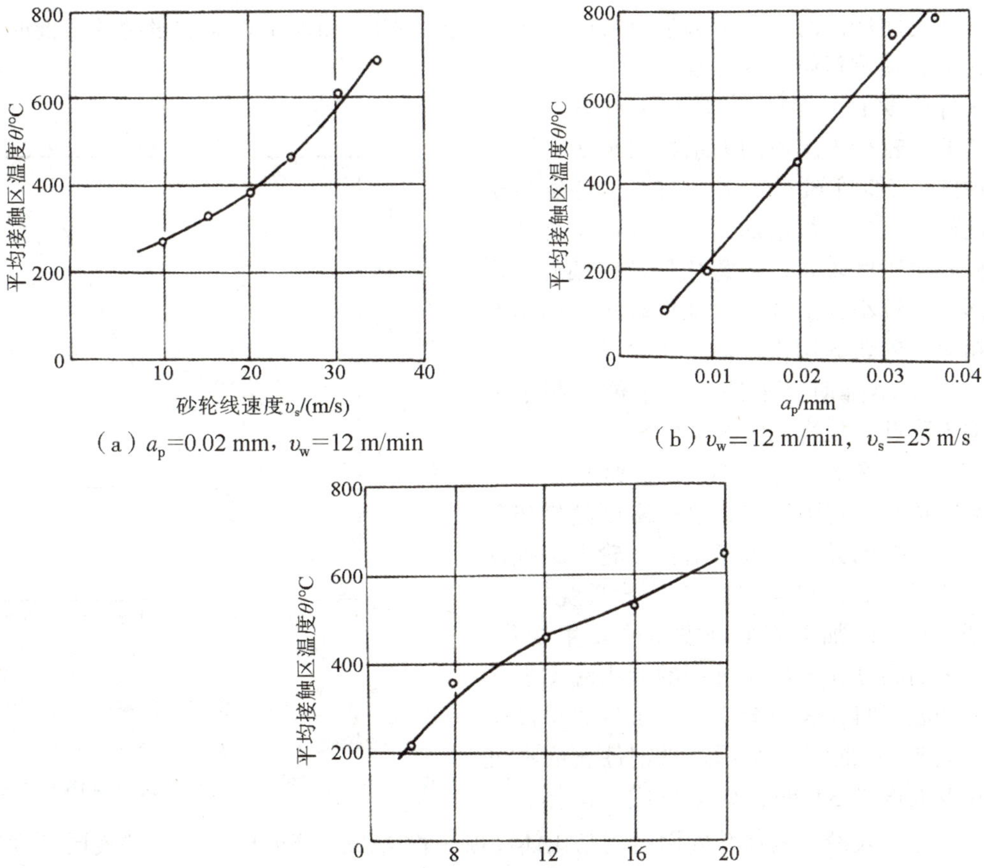

（a）a_p=0.02 mm，v_w=12 m/min

（b）v_w=12 m/min，v_s=25 m/s

（c）a_p=0.02 mm，v_s=25 m/s

砂轮：GB45ZR17A；工件：中碳钢砂轮修整进给 f_d=0.2 mm；

砂轮单位宽度磨除量：v_u=100 mm³/mm。

图 8-34　磨削温度与磨削用量的关系

θ_{av} 与磨削用量的关系式如下：

$$\theta_{av} \propto v_s^{0.24} v_w^{0.26} a_p^{0.63} \tag{8-24}$$

磨削温度可用埋入工件的热电偶来测量。

工件表面单位面积上的能量输入或能通量 Q 可用下式表示

$$Q \propto \frac{F_t v_s}{b v_w} \tag{8-25}$$

在工件速度 v_w 较高、磨削深度（背吃刀量）a_p 较小时，工件上受热影响区的深度就较浅。磨削钢料时，当磨削表面局部温度到达一个临界值，即奥氏体化温度 A_{c1} 时，工件表面就可能发生烧伤现象，即工件表层产生氧化膜的回火颜色。当用白刚玉、中等粒度、软级砂轮在工作台进给量 3~9 m/min 下干式平面磨削淬硬碳素工具钢时，当砂轮磨削点的温度由 500 ℃增至 950 ℃，加热 1 h 回火时的温度由 200 ℃增至 290 ℃时，或磨削加工变质层深度由 0.4 mm 增加至 1.8 mm 时，烧伤颜色将依次为浅黄、黄、褐、紫、青等颜色。足见不同的变质层厚度，将显示出不同的烧伤颜色。研究表明，磨削发生烧伤时，有一极限热传导率。

工件表面烧伤的表征是磨削力增加，砂轮磨损率增加和加工表面质量变差。此时砂轮已到达了必须重新修整的时候。

工件速度 v_w 及磨粒直径与工件表面发生烧伤前的砂轮行程次数的关系如图 8-35 所示。

由图 8-35 可知：v_w 增加时，工件发生烧伤前的砂轮行程次数增加，即工件产生烧伤较晚，砂轮耐用度较高。当磨粒颗粒较细时，由于容屑空间较小，工件发生烧伤较早，即当磨粒较粗时，砂轮耐用度较高。由公式（8-25）可知：当 v_w 增加时，工件表面单位面积上的能量输入降低，故烧伤情况减轻。

实际上，在磨削各种钢料时，烧伤产生于磨粒磨损达到一定限度时，这一限度随操作条件及工件材料而异。有人指出：砂轮上磨损面积超过总工作面积的 4%时，就会出现烧伤。

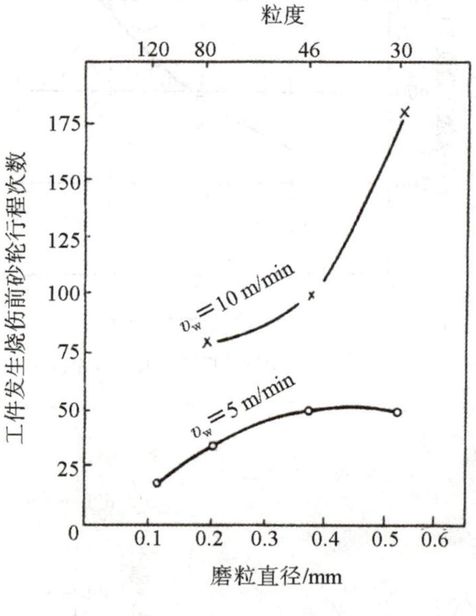

工件：C 0.95%钢料；

砂轮硬度：中等；a_p=0.025 mm。

图 8-35　v_w 及磨粒直径与工件烧伤的关系

磨削时，已加工表面硬度也将发生变化。当工件表面温度显著地超过钢的回火温度但仍低于相变温度时，表面会变软，工件表层硬度变化如图 8-36 曲线 1 所示。当钢件表面温度超过相变温度 723℃时，就会形成奥氏体，随后被工件深处较冷的基体淬硬而得到马氏体硬层，称为二次淬火烧伤，工件表层硬度变化曲线如图 8-36 曲线 2 所示。对硬化钢来说，在磨削时加工表面层的受热和受里层较冷基体的淬硬下，引起再硬化所需达到的工件表面温度约为 843℃。磨粒的磨削点温度往往已超过此值，但由于是瞬时性质，故工件表面不一定会发生明显范围的烧伤。

磨削时工件上的冷作硬化一般随径向进给的增大而增大。例如在磨削 GH37 材料时，当径向进给由 0.005 mm 增至 0.08 mm 时，硬化深度由 0.03 mm 增至 0.06 mm，硬化程度由 29.7%增至 43.8%。

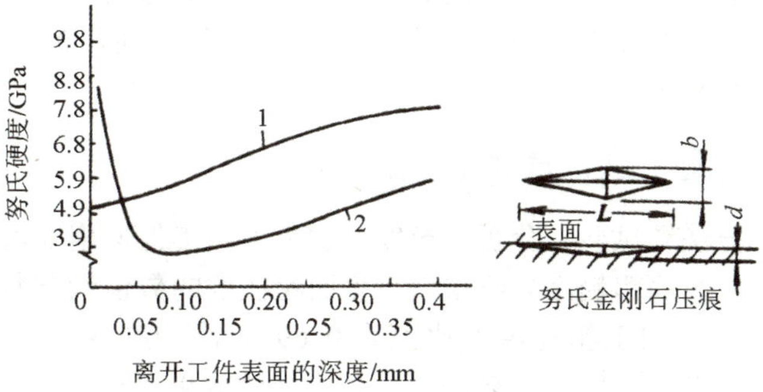

1—回火烧伤；2—二次淬火烧伤；
努氏压痕长度 L 约为同等载荷下维氏硬度压痕的三倍。

图 8-36　磨削时工件表层的硬度变化

关于工件磨削表面温度的变化规律，目前所知道的是：磨削深度（背吃刀量）a_p 越大，砂轮速度 v_s 越高，轴向进给量 f_a 越小及工件速度 v_w 越低时，工件表面温度就越高。此外，在砂轮产生糊塞现象时，局部加工表面的热较难散去，也容易产生烧伤现象。

为了减少烧伤现象的发生，可采取减少热量的产生和加速热量的传出的措施。首先一个较有效果的措施是减小磨削深度（背吃刀量）a_p，其次可选用较软的砂轮，以使磨粒脱落较快，还可设法减小砂轮与工件的接触面积及接触时间，也可以采用大气孔砂轮或表面开槽的砂轮，把冷却液渗透进磨削区，等等。在工厂中，5%的皂化油加 95%水的乳化液用得较多。

8.5.3　磨削加工表面的残余应力

磨削后的加工表面，可能存在残余应力，它来源于机械功、热影响和相变作用。实践表明：无论是经过珩磨或是铿削等的加工表面，输入的机械功均将引起残余压应力。在磨削中由高温引起的残余拉应力常常小于由机械功引起的压应力。往复磨削比单方向的平面磨削所产生的残余应力大些。用软砂轮进行超缓进给磨削时，不存在可以察觉的残余拉应力而仅存在表面压应力。但对软钢或硬钢进行重负荷磨削时，则在较深的表面中产生较高的残余拉应力，而且在软钢中应力分布更深。

引起高的残余应力的因素是：低的工件速度，硬而钝的砂轮，干磨或用水溶性乳化液磨削，高的切入进给率和高的砂轮表面速度。

残余应力在加工表面层有时最大可达 1×10^9 N/m^2，在离表面 125 μm 深度减至零。通过细致的磨削，表面残余应力可减至（0.14～0.21）$\times10^9$ N/m^2，表面下 50 μm 深处减至零。通过清磨，残余应力还可降低。

对残余应力进行控制的方法最主要的是使用切削液。有效的润滑能够减少工件与砂轮接触区的热输入，并减少对加工表面的热干扰。

当残余拉应力超过一定限度时，就会产生磨削裂纹，降低零件疲劳强度。例如在精细磨或粗劣磨 40CrNiMoA 钢时，零件在 10^7 循环时的疲劳强度将分别为 720 N/mm^2 或 420 N/mm^2。这些裂纹可以用腐蚀法显示出来。

用高碳合金钢所做磨削试验表明：在未烧伤的工件中，未发现有裂纹。裂纹似乎总是与表面烧伤或接近烧伤相联系的。显微照片表明，裂纹与原始的奥氏体晶界十分密合。这就与工件热处理时引起的内应力有关。因此，减少磨削裂纹形成的途径之一是改善磨削前的热处理规范，以减小晶界上的淬火变形。此外，在磨削时使用油剂冷却液也能抑制烧伤，并使裂纹出现机会减少。

8.5.4 磨削条件与磨削加工表面粗糙度的关系

有学者用统计学方法和试验，分析了粒度、切削液和工件速度对磨削表面粗糙度的影响，指出：粒度对磨削表面粗糙度影响很大，表面粗糙度的数值约与粒度号数成反比；粒度 60 与粒度 46 时相比，加工粗糙度的比值为 0.697。用切削液时只减小了表面粗糙度 3.1%。在磨削深度 a_p 和工件速度 v_w 较小时，切削液的效果更显著一些。

为了得到较小的磨削加工表面粗糙度，工件速度应该低些，即磨粒切削刃切削厚度应适当小些。其他较次要的因素是：砂轮修整要细，砂轮等级要硬，磨粒尺寸要细，砂轮速度要高，磨削深度（背吃刀量）要小，工件硬度要高。在恒压力切入磨削时，如果压力减小，加工表面粗糙度将减小。

用金刚石砂轮 JRW40.75%·S·P200×75×3 平面磨削陶瓷材料 Cr 刚玉时，加工表面粗糙度 $Ra = 0.093 d_g^{0.369} v_w^{0.088} N^{-0.049}$ μm。式中 d_g 为磨粒平均直径（μm）；v_w 为工件速度（mm/s），N 为光磨次数。

一般说来，在选择磨削最佳运动参数时，应同时考虑下列各点。

① 最小加工费用。

② 加工表面粗糙度的要求。

③ 加工表面结构状态的限制：

a. 没有烧伤或金相组织变化；

b. 热损伤区的最大深度；

c. 残留应力的大小。

④ 动态稳定性及形状精度。

任务 8.6 磨粒的磨损与砂轮的磨耗

任务描述

接下来，赵师傅讲解了磨粒的磨损与砂轮的磨耗。他解释说，磨粒的磨损直接影响砂轮的磨削效果和使用寿命，而砂轮的磨耗则决定了砂轮的耐用度。赵师傅详细介绍了磨粒的磨损形式，砂轮的磨耗和耐用度，以及砂轮的糊塞现象。他通过实际案例和试验数据，演示了这些现象的分析方法和预防措施。

任务分析

任务的目标是掌握磨粒的磨损和砂轮的磨耗，特别是磨损形式、磨耗分析和糊塞现象的预防。通过学习，小李将能够理解磨粒磨损和砂轮磨耗的规律，掌握分析和预防技巧，从而延长砂轮寿命，提高磨削效果。

任务实施

砂轮上有多层磨粒，常用砂轮为 200~500 层左右；磨粒的空间分布参差不齐；在磨削时，磨粒经受着变化的机械负荷和热负荷，其切削刃不断受到磨损和碎裂；当磨粒磨钝至有可能产生工件烧伤或表面质量变差等现象时，砂轮就要重新修整。砂轮在两次修整期间的工作时间，称为砂轮耐用度。砂轮经过多次修整，总的工作寿命最高可达数十小时。

8.6.1　磨粒的磨损

磨粒的有效寿命决定于它与工件接触时引起的磨损、碎裂和结合剂处脱裂。磨粒毁损的几种形式是摩擦磨损、微碎片磨损、脆性裂损和高温下的塑性磨损。引起磨粒磨损的主要原因是机械摩擦作用、黏结作用、扩散和化学等作用。

对摩擦磨损的光学观察说明：这一磨损是逐渐进行的，磨损平面上的沟痕平行于切削的方向，其径向磨损量和磨粒行程长度呈线性关系。微碎片磨损主要是从磨粒的滑擦面脱下小碎片来。当磨削深度增加时，有可能由摩擦磨损转变为微碎片磨损。在磨粒较硬而易碎和工件材料较硬时，磨粒的磨损率将较大。

在相同条件下，刚玉磨粒较碳化硅磨粒的摩擦磨损少。但由于刚玉磨粒在热负荷下较易裂成碎片和出现黏结磨损，总磨损率则较大。

用碳化硅磨粒磨削时，磨粒上较快地形成磨损小平面或内凹面。刚玉磨粒由于易碎，则较不易形成磨损小平面。

当磨粒的表面由于内部显微裂纹的扩大而引起破裂时，后刀面磨损将加快。当磨粒表面较粗糙时，磨削时磨粒前沿淤积金属可能转入后刀面，在粗糙表面的拉应力区，破裂可能成为核心，引起小凹坑的形成。凹坑直径可能达 10~400 μm。这时磨粒的磨损率比普通摩擦磨损时可能大 10~50 倍，碎裂片直径可达 100 μm。

金刚石磨粒的磨损主要与金刚石的石墨化有关，在有铁及氧时，石墨化将加速。有研究人员试验过用金刚石磨粒来磨削钢料，认为金刚石内的碳将扩散到钢里去；在磨削硬化工具钢时，加工表面出现残余压应力，显微硬度将升至 29.4 GPa，为基体部分的三倍。

用金刚石砂轮磨削陶瓷材料时，磨粒将发生磨耗磨损而形成反光的小平面。此外，金刚石磨粒还可能产生解理破坏。该解理破坏是沿化学键强度最弱的方位面产生的。

立方氮化硼磨粒磨削钢料时，没有扩散磨损，磨损多表现为磨粒从砂轮基体上破碎脱落，磨损原因主要是机械的。磨削表面形成残余压应力，其值较用金刚石磨料时小些。

砂轮上的磨粒在重负荷下的磨损可简化为两种形式，即脆性裂损和塑性磨损，如图 8-37 所示。

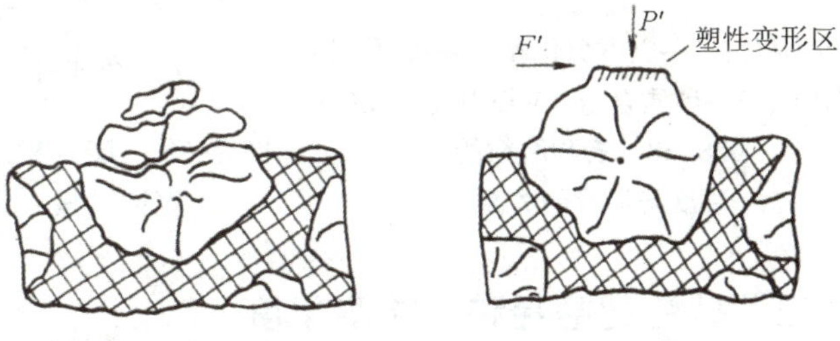

（a）脆性裂损　　（b）塑性磨损

图 8-37　磨粒的裂损与磨损

在粗磨时，如果磨削厚度达到一定程度，可能发生磨粒脆性裂损。磨料的抗脆性裂损性能与其强度有关。如果把单晶金刚石的强度作为 1，则刚玉磨粒为 0.75，碳化硅磨粒为 0.3，立方氮化硼磨粒为 0.25~0.3。

当磨粒切削区的切向力 F' 到达磨粒材料的屈服强度时，或者说，磨粒在接触区处磨削温度下的硬度小于工件材料沿剪切平面上的硬度时，磨粒将发生塑性磨损。各种磨料的硬度与温度的关系如图 8-38 所示。

由图 8-38 可知，各种磨料与硬质合金相比，在高温下均具有较高的硬度，即具有较大的抗塑性磨损的能力。但刚玉及碳化硅磨料仍不适合于磨削高温合金，如钼合金和镍基合金。金刚石磨料虽然具有最大的塑性强度，但对钨钼等难熔金属仍不能胜任磨削，因为在接近于这些金属的熔点 2 500~3 000 ℃下，金刚石在受力下也会产生塑性流动。

在精磨条件下，磨粒切削区一般不会受到严重的脆性裂损和塑性磨损，其情况大致如图 8-39 所示。刚修整过的刚玉砂轮的磨粒的最顶层是泥白色的脆弱层，由松散地黏结的微裂片构成，其上有许多微裂纹，仅具有一定的机械强度；在脆弱层下则具有不均匀的微细凹槽。随着磨削的进行，磨粒棱锋受到碎裂与磨损的双重作用，最后被磨钝，这时就要重新修整。

如图 8-40 所示，新修整过的砂轮刚开始磨削时，磨削力较大，这大概是由于磨粒顶部的脆弱层陷进工件表层，使磨粒与工件相互摩擦增加的缘故。随着金属磨削量的增加，磨削力后来有所回升。当修整切深 a_d 较小时，砂轮磨削时磨削力较大，说明磨粒较不锋锐。

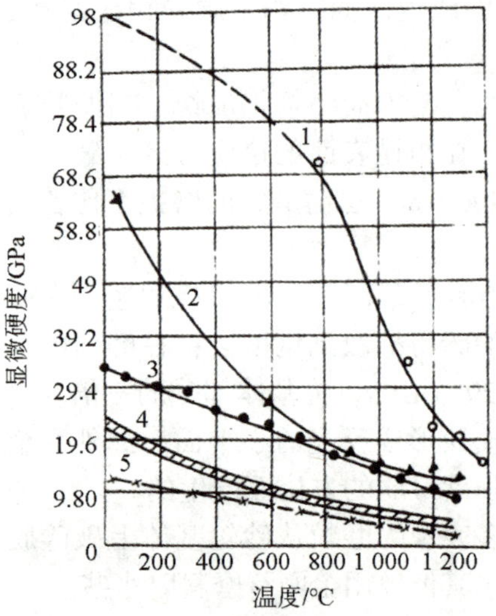

1—金刚石；2—立方氮化硼；3—碳化硅；4—刚玉；5—硬质合金（WC92%，Co8%）。

图 8-38　各种磨料的硬度与温度的关系

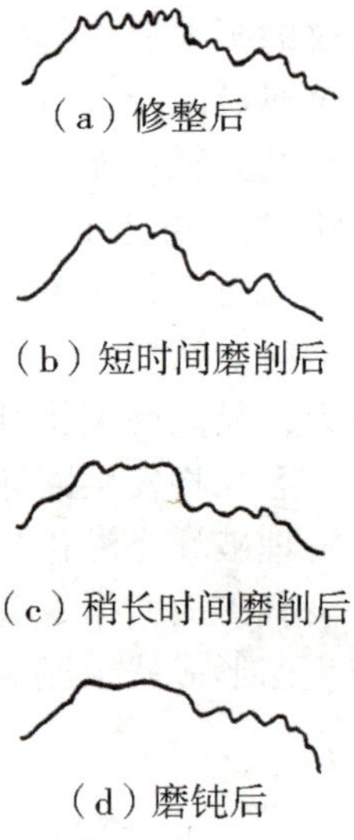

图 8-39　刚玉磨粒的磨钝过程

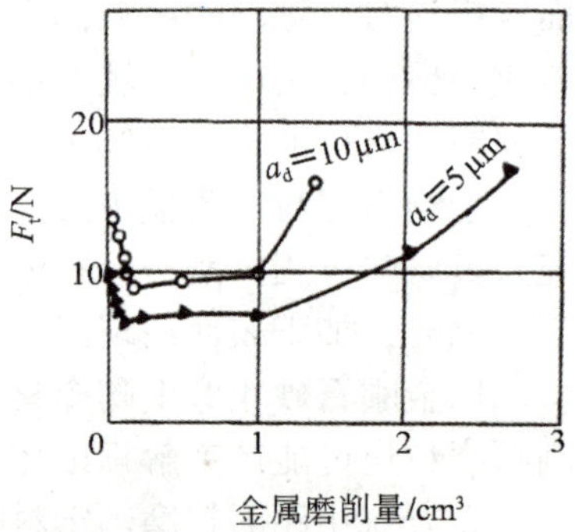

砂轮 WA46PV，v_s = 32 m/s，v_w = 8 m/min；金刚石笔顶宽 0.8 mm，f_d = 170 μm/r。

图 8-40　新修整过的砂轮的磨削力变化

8.6.2　砂轮的磨耗和砂轮耐用度

新修整过的砂轮进行磨削时，随着砂轮的磨耗，砂轮形貌图将不断变化。砂轮的磨耗是连续的，也是随机的。一般说来，摩擦磨损是连续磨耗，脆性裂损是随机磨耗。磨粒磨耗总面积一般约占砂轮工作总面积的 5%~10%。砂轮的机械磨耗或随机磨耗主要与磨粒磨削次数、有效接触长度、磨削力和摩擦面积大小等有关；化学磨耗则主要与磨粒磨削次数、有效接触长度和磨削温度高低有关。

在磨削过程中，砂轮的磨耗主要表现为摩擦磨损、磨粒碎裂和结合剂脱裂。磨削力与磨粒磨损平面的扩大呈线性关系。砂轮修整较细和等级较硬时，磨粒磨损平面较大，磨削力也较大。当工件烧伤出现时，磨削力增加更快。

砂轮的硬度是影响磨耗现象最重要的一个因素。对软砂轮来说，几乎所有磨耗都发生于结合剂碎裂；对较硬砂轮来说，则约 1/2 的磨耗为结合剂碎裂。摩擦磨损在总损耗体积中实际上只占可以忽略的分量，因为砂轮损耗的 90%是由于修整，只有 10%是由于磨削耗损。但在精磨及成形磨时，摩擦磨损却直接控制着磨削力和砂轮耐用度。对于金刚石、立方氮化硼砂轮，由于价格远高于一般砂轮，也应考虑在磨削时的磨损量问题。

用立方氮化硼砂轮切入平面磨削热处理后的轴承钢时，磨削比可比用氧化铝砂轮时大 20~200 倍。一般说来，立方氮化硼砂轮的速度较高，在同等金属磨削率下，磨削力较小，单位功率消耗较小，加工粗糙度较小，磨削比可比氧化铝砂轮高 100~1 000 倍。但粗磨时，应注意使立方氮化硼砂轮的廓形不受损害，以免工件合格率降低。

结合剂的类型也影响着砂轮的磨损性能。例如聚氨酯树脂结合剂的砂轮的特点是该结合剂会把磨粒包得很牢固，使磨粒正常地磨损而不会过早地掉落下来。

工件材料磨除量与砂轮磨损量之比称为磨削比 G。工件材料磨除量、砂轮磨损量与砂轮磨削时间 t 的关系如图 8-41 所示。

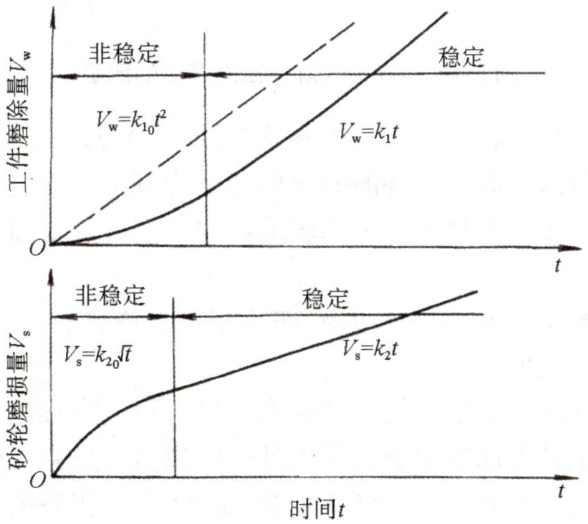

图 8-41 工件磨除量、砂轮磨损量与磨削时间的关系

由图 8-41 可知：新修整好的砂轮开始磨削后的一段时间，金属磨除量 V_w 和砂轮磨损量 V_s 均有一个非稳定阶段，然后过渡到稳定阶段。在稳定阶段，磨削比 G 与时间 t 无关，仅为磨削条件的函数，即 $G=\frac{V_w}{V_s}=\frac{k_1 t}{k_2 t}=\frac{k_1}{k_2}=$常数；$k_1$、$k_2$ 为决定于磨削、修整条件的常数。

如果连续磨削时间很长，而且非稳定阶段又很短，则 G 仅为单位时间磨除量、砂轮特件及工件材料特性等的函数。

如果磨削过程是非稳定阶段和稳定阶段交替进行，则要重视非稳定磨削阶段。在非稳

定阶段，G 是磨削时间的函数，即

$$G=\frac{V_w}{V_s}=\frac{k_{1_0}t^2}{k_{2_0}\sqrt{t}}=f(t)\ ,k_{1_0}、k_{2_0}\ \text{为常数}$$

一般非稳定阶段处于砂轮单位宽度磨削量 $V'_w=200\ mm^3/mm$ 之前。由修整条件决定的砂轮初始粗糙度对非稳定阶段有影响，初始粗糙度愈粗，砂轮在此阶段的磨损愈快；砂轮初始粗糙度的大小对稳定阶段没有影响。

较软的颗粒（例如 25%或 40%ZrO_2）制造的砂轮比硬颗粒制造的砂轮的金属磨削率低。

砂轮的边角磨损和径向磨损的测量方法如图 8-42 所示。

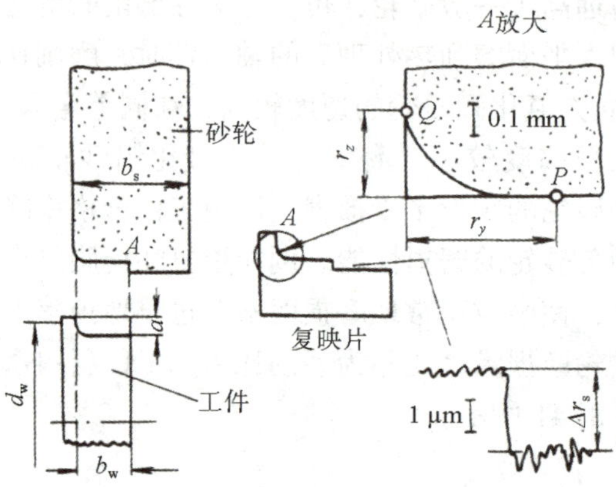

图 8-42　砂轮边角和径向磨损的测量

磨削时仅使工件与部分砂轮面接触，并用砂轮磨削 0.05~0.1 mm 厚度的薄片，来复映砂轮磨损的情况；然后以未磨削工件的砂轮面处作为基准，用轮廓仪来测量复映片。实践证明：边角磨损不是圆角，而是接近于椭圆的转角，即 $r_y>r_z$，而且磨损时间越长，r_y 与 r_z 的差值越大。

用直边砂轮磨削直槽时，边角磨损影响加工精度。因此，对边角磨损量有一定的限制，这就关系到砂轮的耐用度。

砂轮到达砂轮耐用度的判断依据是：砂轮磨损量大至一定程度、工件发生颤振、工件表面粗糙度突然增大或工件表面发生烧伤等。砂轮磨损量是最主要的耐用度判据。

外圆磨削时，磨削用量与砂轮耐用度 T（以 min 计）的实验关系式如下：

$$T=\frac{C_T d_w^{0.6}}{v_w^{1.82} f_a^{1.82} a_p^{1.1}}\ \text{min} \tag{8-26}$$

式中，轴向进给 $f_a=(0.3\sim0.6)\ b_s$，b_s 为砂轮宽度。磨削深度（背吃刀量）$a_p=0.005\sim0.05$ mm/双程。常数 C_T 对未淬硬钢为 2 550，对淬硬钢为 2 260，对铸铁为 2 870。磨削钢时以工件表面发生烧伤作为耐用度的判断依据，磨削铸铁时以工件表面出现晶亮面作为判断依据。

式（8-26）说明 d_w 增加时，T 增加；v_w、f_a 或 a_p 增加时，T 降低。近年来有些研究指出：工件系统刚度增加 50%时，在用切入磨削法磨削 34CrNiMo6 时，砂轮耐用度增加 6 倍；砂轮速度增加时，由于当量磨削厚度减薄，耐用度增加；砂轮宽度增加时，由于接触面积增加，耐用度降低。

各种磨削方式的常用砂轮耐用度的参考数值是：纵向进给外圆磨 30~40 min，横向（切入）进给外圆磨 30 min，台阶轴外圆磨 20 min；纵向进给无心磨 60 min，横向进给无心磨 30 min；内圆磨 10 min；用砂轮周边纵向进给平面磨 25 min，用砂轮周边横向进给平面磨 10 min；成形磨 10 min。

8.6.3　砂轮的糊塞

磨削时，砂轮表面也可能产生糊塞或粘屑等现象。

砂轮堵塞的原因可能是由于磨屑与磨粒间发生化学反应，磨屑在气孔内机械地聚集或堵塞粒与磨屑间的压焊作用。聚氨酯树脂结合剂砂轮较不易糊塞，因该结合剂将受到工件材料的摩擦而磨损。

任务 8.7　砂轮的修整

任务描述

赵师傅讲解了砂轮的修整方法。他解释说，砂轮修整是维护砂轮磨削效能的重要手段。赵师傅详细介绍了砂轮的修整方法，包括手工修整和机械修整，以及修整用量对砂轮磨削效能的影响。他还讲解了砂轮硬度和磨料粒度对修整效果的影响，并通过实际操作演示了修整技巧。

任务分析

任务的重点在于掌握砂轮的修整方法，特别是修整用量、砂轮硬度和磨料粒度的影响。通过学习，小李将能够理解砂轮修整的原理和技巧，掌握修整方法和参数选择，从而优化砂轮的磨削效能，提高加工质量。

任务实施

砂轮修整的目的是用修整工具把砂轮工作表面修整成所要求的型廓和锐度。

8.7.1　砂轮的修整方法

砂轮的修整方法和条件对砂轮表面形貌和砂轮切削能力有很大影响。改变砂轮的修整方法，可以改变磨削力的大小和砂轮的磨损状态，也可改变砂轮切削性能以适应粗磨或精磨。

第一类修整工具是本身不做旋转运动的。单颗金刚石、单排金刚石、多排金刚石、金刚石圆刀片和金刚石修整轮属于这一类。这类中目前用得最多的是前两种。用单颗金刚石笔修整砂轮过程如图 8-43 所示。单颗和单排金刚石修整工具的修整深度 a_d 一般为 0.005~0.1 mm，轴向进给 f_a 为 0.05~0.4 mm。

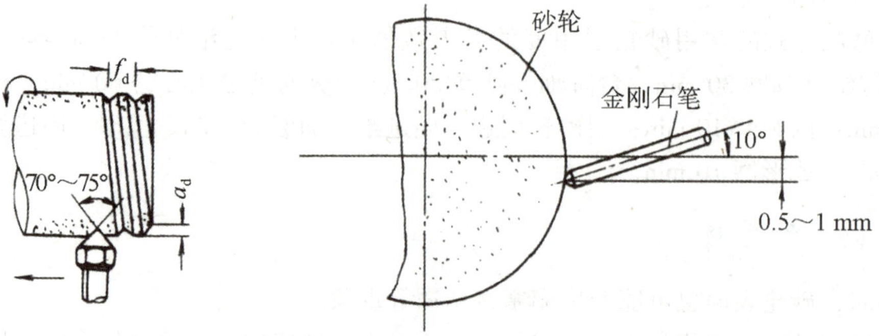

图 8-43　用单颗金刚石笔修整砂轮

金刚石的几何形状会影响修整过程的稳定性。相关试验表明：对顶角为 143°35′的金刚笔来说，前角为-75°～-84°时，属于稳定区；前角为-68°～-75°时为临界区；前角为-54°～-68°时为不稳定区。

第二类修整工具是本身做回转运动的，有时还做直线运动，即金刚石修整滚轮。此时金刚石颗粒分布在一个面上而不在一条线上。滚轮修整时，对机床结构和刚度有较严格要求。金刚石滚轮的修整形式如图 8-44 所示。

近年来，图 8-44（b）的修整形式发展较快，用它来代替单颗或单排金刚石修整，修整时间 t_{sd} 可以缩短很多，零件加工费用可降低不少。

成形砂轮的修整方式有两种，如图 8-45 所示。前一种方式实现起来较简单，但滚轮价格每个达 1~3 万美元，多用于加工零件的批量大时。后一种方式用的机床较复杂，常用数控、液压仿形等控制，修整时间也较长，但适应性较强，宜用于小批量生产。国际上由于工件批量有逐年下降趋势，厂家常喜欢采用后一种方式。这种滚轮每个为 2~3 千美元，价格相对较为便宜。

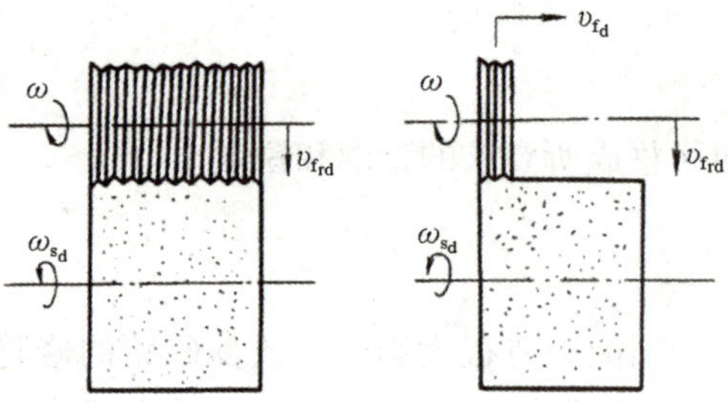

（a）三个调节量　（b）四个调节量

图 8-44　金刚石滚轮的修整形式

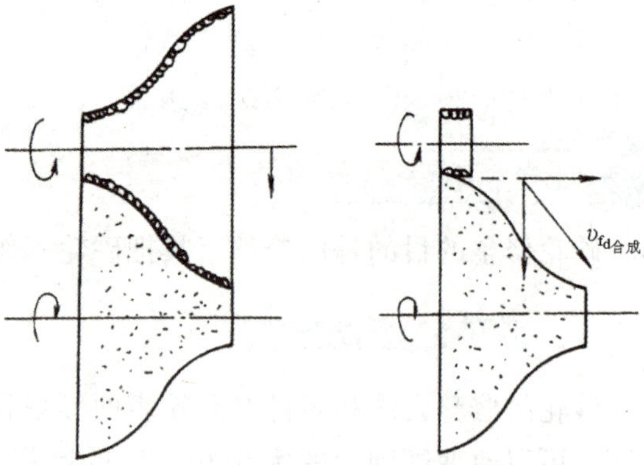

（a）滚轮形状与工件形状相同　（b）用滚轮做仿形修整

图 8-45　成形砂轮的修整

第三类修整工具是钢的或硬质合金的挤压轮。用一个挤压轮时，砂轮与挤压轮没有相对速度。用两个挤压轮来修整砂轮时，挤压轮和砂轮之间有相对速度，但大小相等而方向相反。此时砂轮上磨粒受两边相反的力的作用，易松动脱落，称为双重挤压，但只能对平形砂轮使用。

此外，还有仿形挤压修整轮和成形挤压修整轮（钢或硬质合金制），等等。

研究表明：用小砂轮来修整砂轮时，砂轮表面的磨粒尖端将出现不少较大一些的平面，切削刃的平均顶尖宽度较大。用此种砂轮磨削工件时，磨削力较大，可能为挤压法修整砂轮磨削时的 3 倍，但加工不平度较佳。用钢滚子挤压法修整出的砂轮，其表面较粗糙，切削刃较尖锐；用它磨削工件时，径向磨削力较小，工件较不易烧伤，但加工不平度则较粗。用单颗金刚石笔修整的砂轮，其表面状态介于上述两者之间；加工工件时，磨削力和加工不平度也介于上述两者之间。

用金刚石滚轮来修整砂轮，着重要得到相应于工件表面形貌的砂轮表面形貌。

近年来，正在试验磨削和修整同时进行的方法；这种方法只能使用滚轮。其单位时间磨除率可比用单颗金刚石笔修整出的砂轮大 6~15 倍，又能使砂轮在磨削时持续保持锋利。

在缓进给磨削镍基合金时，如在磨削中对砂轮进行连续修整，金属磨削率可提高 3 倍，加工表面粗糙度也可减小，而砂轮的消耗则可增加 2 倍，故对提高生产效率有一定帮助。

8.7.2 修整用量对砂轮磨削效能的影响

修整后的砂轮有效粗糙度是否适当，是修整得好坏的一个判据。进行较大纵向进给和较大切入深度的粗修整时，砂轮表面将得出较开放的结构，磨削效率将较高，但加工不平度将较粗。反之，在纵向进给和切入深度较小即进行细修整时，砂轮表面将得出较封闭的结构，磨削效率较低，但加工不平度则较精细。

粗修整时较严重的颗粒碎裂和结合剂撕开，将给出较尖锐的磨粒和较少数目的有效切削刃，在磨削时砂轮初期磨损将较严重，但后来就比较稳定；细修整在许多磨粒上将得出 0°的后角和留下较大的磨粒磨损平面，但磨削开始阶段砂轮较稳定，磨粒在碎裂前能经受较长时间的磨损。如果磨粒碎裂得不够，砂轮表面有可能会很快磨光打滑。

在修整砂轮时，机床纵向进给 f_d 要求均匀一致，否则往往造成砂轮有效粗糙度、修整力和磨削时砂轮磨耗不一致，有可能造成工件烧伤。一般磨床是液压传动的，油量和油温随时间和负荷而变化。修整砂轮时要随时测量温度的变化，使其固定在一个数值上。也可另用机械传动机构来驱动单颗金刚石或单排金刚石的纵向进给，并使它固定在一个进给速度上。

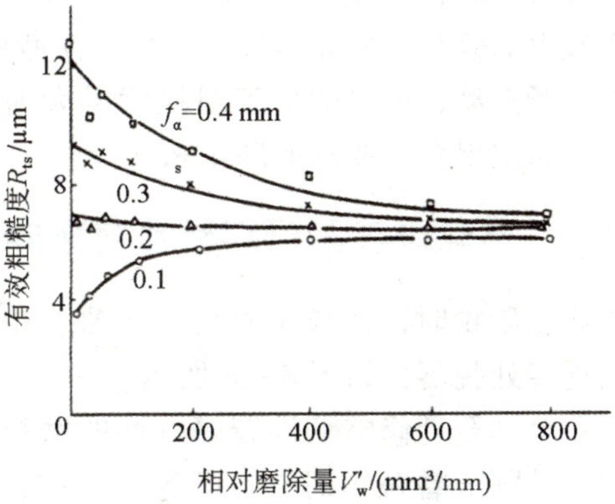

$Z'=1\ mm^3/(mm \cdot s)$

图 8-46 纵向修整进给与砂轮有效粗糙度的关系

砂轮有效粗糙度 R_{ts} 随纵向修整进给 f_d 的增加而急剧增大（图 8-46），但随着磨削时间或磨除量的增加，R_{ts} 渐趋一致。这是由于砂轮磨损起了主要影响。随着金刚石的逐渐磨损，修整后的砂轮有效粗糙度将下降，以致锋锐度显得不够。故金刚石磨损到一定量后，就不能再使用了。

关于修整切入深度 a_d 对砂轮耐用度的影响，试验指出：如果修整深度太浅，则磨削时磨粒温度将很快超过一个临界值，而使磨粒磨损加快，并将产生工件烧伤。如果修整深度适当，则可使结合剂对磨粒的结合力稍为降低，磨削时磨粒在温度接近临界值时就将被拔脱出来，砂轮可继续维持切削，耐用度较高。如果修整深度过大，磨削时磨粒被拔脱现象将过早地出现，也使砂轮耐用度降低。有试验指出：在修整切入深度太小，只为 0.005 mm 时，砂轮只能磨工件 90 个行程，就须重新修整；当修整切入深度适当，即为 0.025 mm 时，则砂轮可磨工件达 1 150 个行程。另有试验表明：修整切入深度有一个相应于修出的磨粒切削刃数较多时的合理数值，如图 8-47 所示。该图表明：修整进给太大，例如 1.0 mm/r 时，将使砂轮表面单位长度上的切削刃数相对减少。修整深度太小时，砂轮的糊塞层不能去掉；修整深度太大时，则结合剂脱裂率将增加。这些都不利于使砂轮表面露出较多的有效切削刃来。

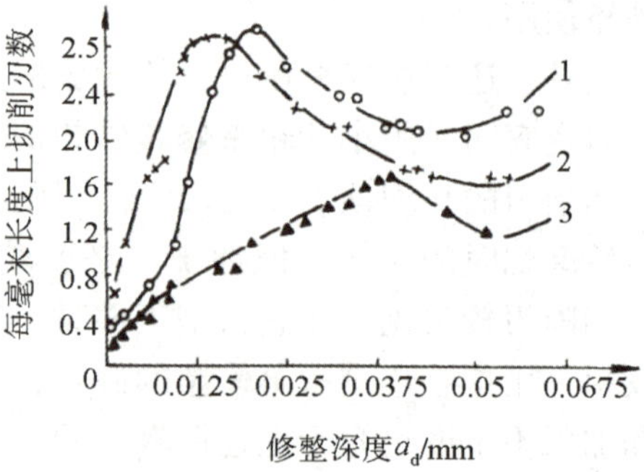

1—挤压法修整，0.25 mm/r；
2—金刚石修整，0.25 mm/r；
3—挤压法修整，1.0 mm/r。

图 8-47　修整深度与磨粒切削刃数的关系

经过不切入的附加修整的砂轮，在磨削时工件上将有较高的热负荷，但加工表面不平度可较低，而磨削费用则较高。

修整砂轮时，砂轮速度提高，砂轮的粗糙度将增加。金刚石笔的安装角增加时，砂轮的粗糙度将降低。

用金刚石滚轮修整砂轮时，滚轮线速度与砂轮线速度之比 q_d 是一个重要参数。磨床设计时，应使 q_d 能够变化，即滚轮和砂轮线速度应该能够调节。实测表明：当 q_d 由−1 变至 0，再变至+1 时，砂轮表面粗糙度 $R_{ts}=5\sim15$ μm。$q_d=0.2\sim0.8$ 时，R_{ts} 变化较小。

在修整时，给金刚石笔以 50 Hz，0.5 mm 振幅的低频振动，得到的是粗修整；其磨削效率较普通修整的砂轮可提高一倍。使截棱锥形的修整工具做 200 Hz，0.03~0.06 mm 振幅的高频振动，砂轮的加工粗糙度可大为减小。超声波修整在砂轮磨粒上给出许多小平面，可修整出合乎要求的砂轮来。

8.7.3　砂轮硬度和磨料粒度对砂轮修整效果的影响

修整砂轮时，磨粒本身可能碎裂，也可能沿结合剂连接处脱落，如图 8-48 所示。

用金刚石笔修整韧性较好一些的磨粒（如烧结刚玉、锆刚玉磨粒）时，在磨粒尖端往往修整出了较平直的切削刃；在修整较易碎的磨粒（如普通刚玉、白色刚玉磨粒）时，则容易修整出较尖锐的微刃来。

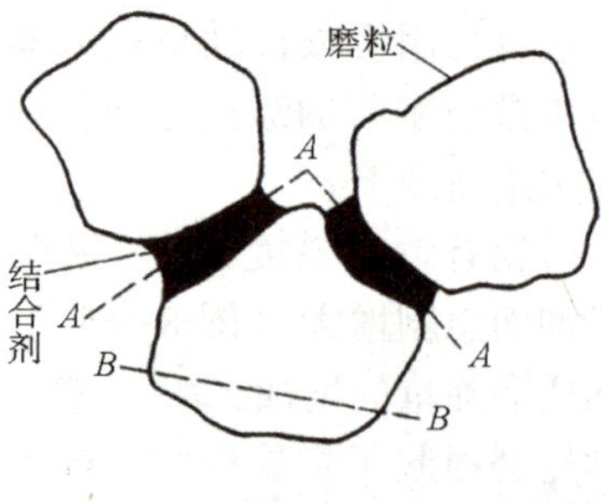

AA—结合剂处脱裂；BB—磨粒碎裂。

图 8-48　磨粒的碎裂与脱落

关于修整砂轮时，砂轮硬度及磨料粒度对结合剂脱裂百分率及砂轮表面有效磨粒数的影响，人们进行过一些试验。试验条件为：单尖金刚石笔，用其平端以 $f_d = 0.75$ mm/r，$a_d = 0.025$ mm，$v_s = 30$ m/s 修整直径为 200 mm 的砂轮。砂轮磨料为单晶刚玉，粒度为 30、46、80、120。所有砂轮的磨粒体积百分率均为 48%，结合剂体积百分率为 3%~9%，砂轮硬度为软、中软、中等三级。该试验的结合剂脱裂百分率（占修整总脱落量的重量百分比）与磨粒直径 d_g 的关系如图 8-49 所示。

结合剂脱落百分率大时，说明修整时磨粒碎裂量较少。由图 8-49 可知：在磨粒直径较小和砂轮较软时，结合剂脱裂百分率较大。软级的粒度 120 的砂轮，结合剂脱裂百分率达 95%，此时磨粒的碎裂量很小，修整下来的磨粒颗粒大小几乎与原来尺寸相同。

砂轮表面单位面积上的有效磨粒数如图 8-50 所示。由图可知：砂轮粒度较细（磨粒直径较小）和硬度较高时，单位表面积上的有效磨粒数较多。对中等硬度、粒度 120 的砂轮来说，有效磨粒数为 1 440 颗/cm^2。软级硬度、粒度 30 的砂轮的有效磨粒数只有 64 颗/cm^2。

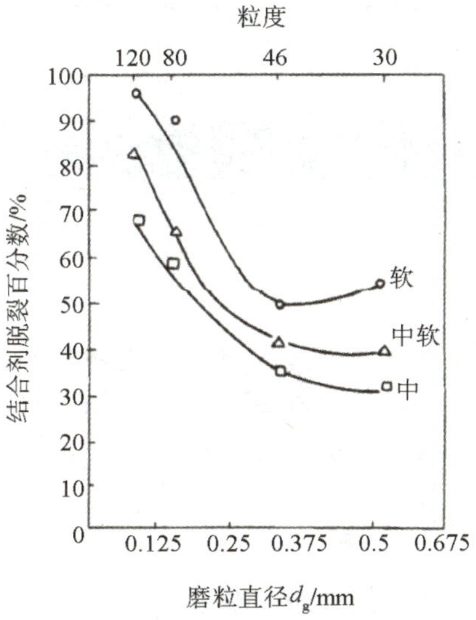

图 8-49 结合剂脱落与磨粒直径的关系

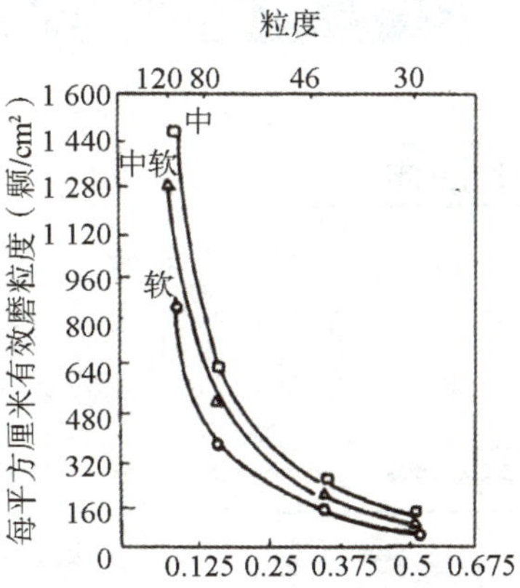

图 8-50 有效磨粒数与磨粒直径的关系

如果设想砂轮内部完全为磨粒所充满，则砂轮任意剖面上单位面积内的磨粒数称为最大可能磨粒数。图 8-51 示出了单位面积有效磨粒数与单位面积最大可能磨粒数之比，与磨粒直径及砂轮硬度等级的关系。图 8-52 示出了这一比值与结合剂脱裂百分率的关系。

由图 8-51 可知：有效磨粒数的百分比大致为 10%~50%。在磨粒直径较大、砂轮硬度较高时，有效磨粒数百分比较大。

由图 8-52 可知：结合剂脱裂百分率较高时，有效磨粒数的百分比较小。这是因为此时砂轮上脱裂下来的碎块较大，使砂轮表面粗糙度较大，这样就使得砂轮表面的有效磨粒数减少。

有人进行了砂轮硬度和粒度对修整出的砂轮表面粗糙度 R_{ts} 的影响的试验，认为粒度号较大即颗粒较细时，R_{ts} 减小；砂轮硬度对砂轮表面粗糙度的影响不如粒度的影响大。这一结论与前一实验结果大致相符合。

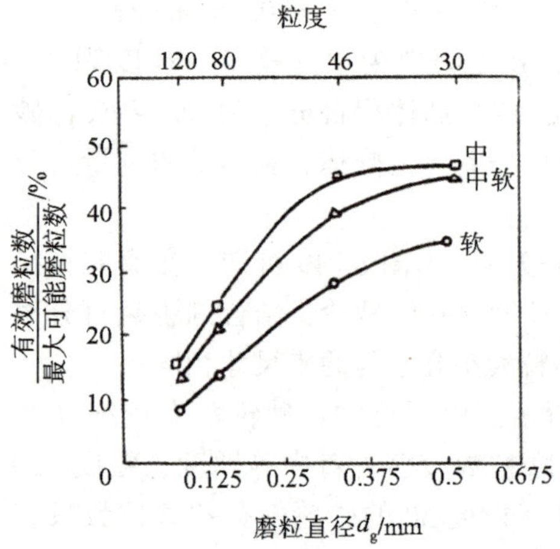

图 8-51　有效磨粒百分比与 d_g 的关系

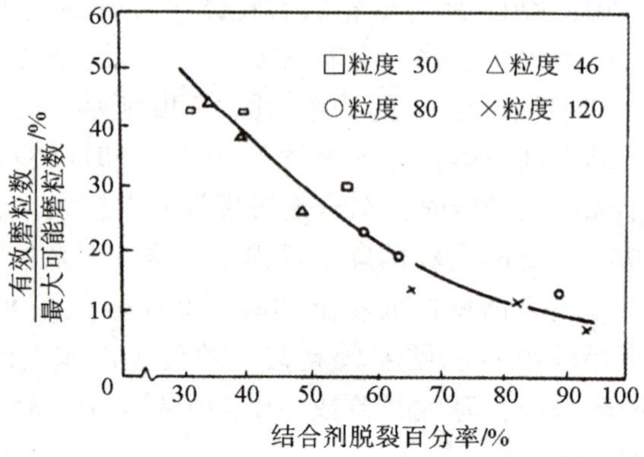

图 8-52　有效磨粒百分比与结合剂脱裂百分率的关系

任务 8.8　先进磨削方法

任务描述

最后，赵师傅讲解了先进的磨削方法。他解释说，先进磨削方法是提高磨削精度和效率的重要手段。赵师傅详细介绍了深切缓进给磨削、超精密磨削与镜面磨削，以及砂带磨削等方法，并通过实际案例和试验数据，演示了这些方法的特点和应用。

任务分析

任务的目标是了解和掌握先进的磨削方法，特别是深切缓进给磨削、超精密磨削与镜面磨削，以及砂带磨削的应用。通过学习，小李将能够理解这些先进方法的原理和特点，掌握其应用技巧，从而提高磨削精度和效率，优化加工过程。

任务实施

长期以来，以提高生产率和加工质量为目标的先进磨削方法发展迅速，其中常用的有深切缓进给磨削、超精密磨削与镜面磨削及砂带磨削等。

8.8.1　深切缓进给磨削

深切缓进给磨削又称蠕动磨削，是 20 世纪 60 年代发展起来的一种高效磨削工艺。它的磨削深度达 1~30 mm，工件进给速度 v_w 为 10~100 mm/min，是普通磨削的（1/1 000）~（1/100）。磨钢时材料切除率可达 3 kg/min，磨铸铁时可达 4.5~5 kg/min。可直接从铸、锻毛坯上磨出成品，以磨代车，以磨代铣。它适合磨削成形表面和沟槽，特别适合于耐热合金等难加工材料和淬硬金属的成形加工。如直接磨出航空发动机涡轮叶片的榫槽，滚动轴承内环、外环滚道，麻花钻螺旋槽和花键槽等。我国于 20 世纪 70 年代中期开始研究深切缓进给磨削，现已用它磨制燃气轮机叶片的叶根圆弧槽、三爪自定心卡盘卡爪的导向槽、齿条的齿形和连杆结合面等多种零件及硬质合金螺纹梳刀等刀具，如图 8-53 所示。

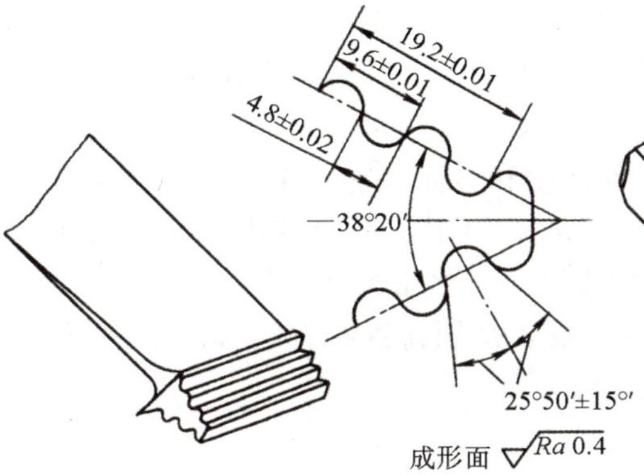

（a）燃气轮机叶片

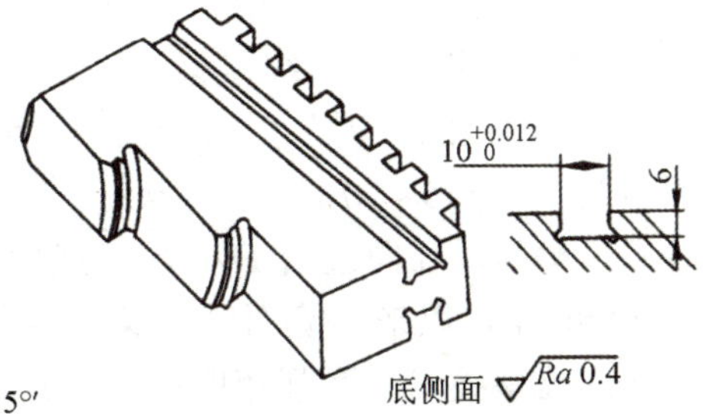

（b）三爪自定心卡盘的卡爪

图 8-53　深切缓进给磨削实例

深切缓进给磨削的特点如下。

① 由于磨削弧面大，参加切削的磨粒多，且节省了工作台频繁往返所花费的制动、换向和两端越程时间，所以生产效率比普通磨削高 3~5 倍。

② 由于砂轮不需要无数次撞入工件端部锐边，所以能较长时间保持砂轮的轮廓精度。

③ 磨削力很大，磨削温度很高，工件表面易烧伤，磨床容易振动。

深切缓进给磨削必须采取的措施如下。

① 要采用顺磨，并用大量切削液（压力达 0. 8~1. 2 MPa，流量达 80~200 L/min）来冷却和冲走脱落的磨粒及磨屑。

② 要选用超软的、粒度号小和组织号大的砂轮或大气孔砂轮。磨削耐热合金等难加工材料时，最好选用 WA 与 GC 的混合磨料砂轮或立方氮化硼砂轮。

③ 对磨床要求功率大（砂轮电动机功率为 0. 2~1 kW/mm 的砂轮宽），主轴承载能力高，刚度要大于 140 N/μm；工作台低速运动均匀而无爬行，并有快速返程装置；要有高效的切削液过滤装置。

20 世纪 90 年代深切缓进给磨削又采用高速磨削（v_c = 150 m/s）。采用此项技术的轧辊粗磨床，其砂轮驱动功率达 487 kW，工件驱动功率达 55 kW，材料切除率为 6~7 kg/min。

8. 8. 2　超精密磨削与镜面磨削

能获得表面粗糙度值 Ra = 0. 05~0. 01 μm 的表面磨削方法称为超精密磨削。能获得表面粗糙度值 Rz = 0. 05 μm 以下表面的磨削方法称为镜面磨削。我国在 20 世纪 60 年代就研究成功了超精密磨削和镜面磨削，并制成了相应的高精度磨床，使这项先进磨削工艺在生产中得到推广。目前，超精密磨削已成为对黑色金属和半导体等硬脆材料进行精密加工的主要方法之一。

超精密磨削与镜面磨削必须采取的措施如下。

① 要采用高精度磨床，磨床要恒温，隔离安装。

② 超精密磨削使用棕刚玉、白刚玉或微晶刚玉磨料，粒度 F60～F80，陶瓷结合剂，硬度为 K、L 的砂轮。镜面磨削使用铬刚玉、白刚玉或白刚玉和绿碳化硅混合磨料，粒度 F280～F500，改性酚醛树脂结合剂并加石墨填料，硬度为 E 和 F 的砂轮。镜面磨削使用的这种砂轮称为微粉弹性砂轮。用它磨削，切削能力微弱，但抛光作用很好，能获得镜面。

③ 砂轮要用金刚石笔精细修整。

④ 对前道工序工件的尺寸、形状，位置精度和表面粗糙度都有较高的要求。这两种磨削的用量为：$v_c=15\sim20$ m/s，$v_w=5\sim15$ m/min，工作台移动速度 $v_f=50\sim200$ mm/min，$f_r=2\sim5$ μm，磨削时径向进给 1～3 次，然后无进给清磨几次至几十次。

20 世纪 80 年代以来，镜面磨削又有新发展，采用铸铁纤维结合剂金刚石微粉砂轮，使用电解在线修整技术，磨削速度可提高到 50 m/s。

8.8.3 砂带磨削

用高速运动的砂带作为磨削工具，磨削各种形状表面的方法称为砂带磨削（图 8-54）。砂带由基体、结合剂和磨粒组成（图 8-55）。常用的基体是牛皮纸、布（斜纹布、尼龙纤维、涤纶纤维）和纸-布组合体。纸基砂带平整，磨出的工件表面粗糙度小；布基砂带承载能力高；纸-布基砂带综合两者的优点。砂带上结合剂有两层，底胶把磨粒黏结在基体上，复胶固定磨粒间位置，结合剂常用的是树脂。砂带上仅有一层经过精选的粒度均匀的磨粒，通过静电植砂，使其锋刃向上，切削刃具有较好的等高性。因此，砂带磨削材料切除率高，磨削表面质量好。

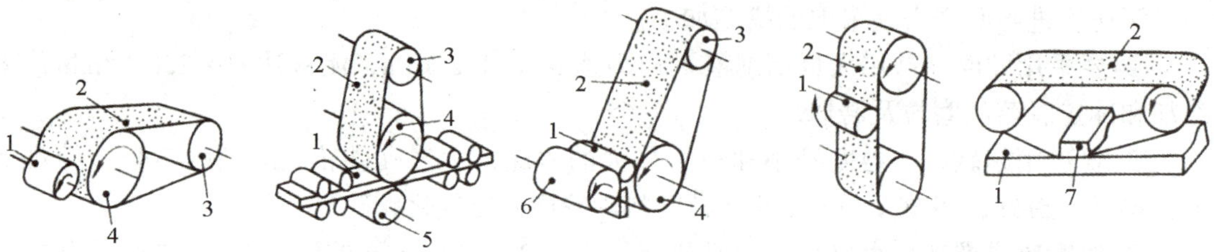

（a）磨外圆　（b）磨平面　（c）无心磨　（d）自由磨削　（e）成形磨削

1—工件；2—砂带；3—张紧轮；4—接触轮；5—承载轮；6—导轮；7—成形导向板。

图 8-54　砂带磨削的几种形式

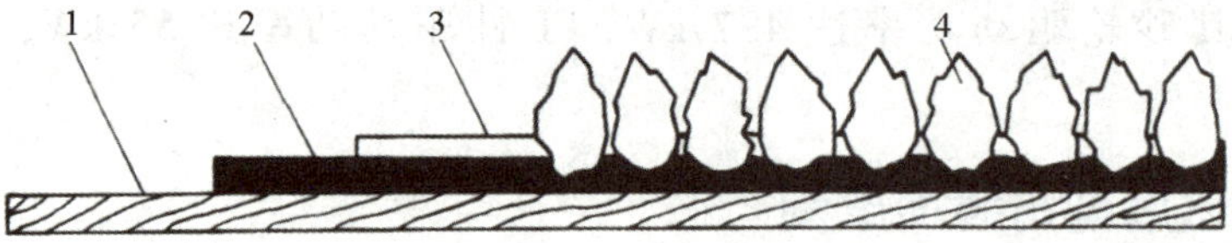

1—基体；2—底胶；3—复胶；4—磨粒。

图 8-55　砂带的结构

20 世纪 60 年代制成砂带磨床后，砂带磨削发展非常快。目前，工业发达国家的砂带磨削已占磨削加工量的一半左右。砂带磨削有以下特点。

① 砂带上磨粒颗锋利，砂带磨削面积又大，所以生产效率比铣削和砂轮磨削都高得多。它除了可磨金属外，还可磨木材、皮革、橡胶、石材和陶瓷等。

② 磨削温度低，砂带有弹性，磨粒可退让，工件不会烧伤和变形，加工质量好。

③ 砂带柔软，能贴住成形表面磨削，适合于磨削复杂的型面。

④ 砂带磨床结构简单，功率消耗少，但占用空间大，噪声大。

⑤ 不能磨削小直径的深孔、不通孔、柱坑孔、阶梯外圆和齿轮等。

⑥ 砂带经常要换，砂带消耗量大。

20 世纪 90 年代美国的砂带已用 Cubitron 和 SG 磨料取代普通刚玉。新磨料韧性好，磨粒很少发生宏观折断，而只是微破碎形成新的锋刃。另外，由于采用新基体、新结合剂，砂带寿命延长，消耗量也大大减少。近年来砂带磨削也用于大切深强力磨削，而且数控和自适应控制的砂带磨床也已应用。

项目小结

本项目首先介绍了磨削过程的基础，包括磨粒切除切屑的几何图形、接触状态、磨削方式及参数关系。其次介绍了砂轮的组成要素、形状、尺寸、强度及其修整方法。再次，学习了磨削力、磨削温度、工件表层状态及磨粒磨损等关键参数，掌握了磨削工艺对加工精度和质量的影响。最后，探讨了各种先进磨削方法，如深切缓进给磨削、超精密磨削和砂带磨削等，为提升磨削效率和加工质量提供了新的技术手段和思路。通过本项目的学习，读者能够全面了解了磨削工艺及相关知识。

项目工单

1. 项目实施记录

根据本项目的学习过程，完成表 8-10。

表 8-10　项目实施记录表

姓名		学号	
班级		指导教师	
遇到的难点			
学到的重点			
新的发现			

2. 考核评价

根据任务完成情况，填写表 8-11。

表 8-11 考核评价表

项目名称	评价内容	满分/分	评分/分		
			自评	互评	师评
职业素养考核项目 40%	穿戴规范、整洁	8			
	安全意识、责任意识及服从意识强	8			
	积极参加教学活动，按时完成任务工单	8			
	团队合作、沟通能力强	8			
	劳动纪律良好	8			
专业能力考核项目 60%	专业知识查找及时、准确	12			
	操作符合规范	18			
	态度认真，学习效率高	12			
	充分认识磨削过程	18			
合计		100			
总评	自评(20%)+互评(20%)+师评(60%)=	综合等级	指导教师（签名）:		

课后练习

一、填空题

1. 根据砂轮和工件相对位置的不同，磨削大致可分为________、________和________；平面磨削又可分为普通平面磨削和圆台平面磨削。

2. 砂轮等效直径就是外圆（或内圆）________时换算成假想的________时的直径。

3. 磨削得出的金属切屑形态有________、________、________、积屑瘤型切屑及熔球型切屑等

4. 砂轮组成的三要素包括________（包括磨粒和微粉）、________和________

5. 磨削深度（背吃刀量）a_p 越大，砂轮速度 v_s ________，轴向进给量 f_a ________及工件速度 v_w 越低时，工件表面温度就________。

二、简答题

1. 简述磨削中磨粒与工件的实际接触情况。
2. 结合剂的种类有哪些？
3. 简述测量砂轮表面的动态法。

项目9　齿轮刀具

项目导读

齿轮刀具是机械传动领域不可或缺的重要工具，其设计、制造和使用直接关系到齿轮加工的质量和效率。本项目将系统介绍齿轮刀具的主要类型、插齿刀、齿轮滚刀、蜗轮滚刀以及剃齿刀的基本知识与应用。通过学习，学生将深入了解各类齿轮刀具的工作原理、结构特点、设计计算方法及合理使用方式，为日后从事齿轮加工相关工作奠定坚实基础。

学习目标

知识目标

1. 掌握齿轮刀具的主要类型，了解按被加工齿轮类型和刀具工作原理分类的齿轮刀具种类。

2. 理解插齿刀的工作原理和特性，学习直齿插齿刀的切削刃、前后刀面，正前角插齿刀的齿形误差及其修正方法，掌握插齿刀的切削角度和外啮合直齿插齿刀加工齿轮时的校验方法。

3. 熟悉齿轮滚刀的基本知识，了解齿轮滚刀的工作原理、基本蜗杆、结构特点，以及阿基米德齿轮滚刀的齿形误差和合理使用方式。

4. 认识蜗轮滚刀的结构和工作方式，掌握阿基米德蜗轮滚刀的设计计算方法。

5. 了解剃齿刀的类型、用途和结构，学习剃齿切削速度、盘形剃齿刀的结构、剃齿刀的齿形修正，以及剃齿余量形式和剃前刀具。

能力目标

1. 能够选择和使用合适的齿轮刀具，根据加工需求，合理选取不同类型的齿轮刀具。

2. 能够分析和解决齿轮刀具使用中的问题，运用所学知识，对齿轮刀具使用过程中出现的问题进行分析和解决。

3. 具备基本的齿轮刀具设计计算能力，能够根据设计要求，进行简单的齿轮刀具设计计算。

4. 能够合理维护和保养齿轮刀具，掌握齿轮刀具的维护和保养知识，延长其使用寿命。

素质目标

1. 在齿轮刀具的设计、选择和使用过程中，注重细节，确保准确无误。

2. 通过实际操作和练习，提高齿轮刀具的使用技能。

3. 在团队合作中，有效沟通和协作，共同完成齿轮加工任务。

思政目标

培养学生诚实守信、认真负责的职业道德观念。引导学生追求卓越、精益求精的工匠精神，不断提升自身技能水平。在操作齿轮刀具时，严格遵守安全规范，确保人身和设备安全。关注齿轮刀具制造和使用过程中的环保问题，推动绿色制造和可持续发展。

任务 9.1　齿轮刀具的主要类型

任务描述

机械学徒小张在车间实习时，对齿轮刀具产生了浓厚的兴趣。他的师傅李师傅决定从齿轮刀具的类型开始教起。李师傅拿起几把不同的齿轮刀具，解释说："齿轮刀具种类繁多，按照被加工的齿轮类型和刀具的工作原理来分，各有特点。"他详细介绍了齿轮刀具按被加工齿轮类型和工作原理分的几种主要类型，并通过实际案例解释了每种刀具的适用场景。

任务分析

任务的重点在于理解齿轮刀具的主要类型，特别是按被加工齿轮类型和工作原理的分类。通过学习，小张将能够识别和区分不同类型的齿轮刀具，了解它们的适用场景和特点，从而在实际加工中选择合适的刀具。

任务实施

齿轮刀具是用于加工齿轮齿形的刀具。由于齿轮的种类很多，其生产批量和质量的要求及加工方法各不相同，所以齿轮刀具的种类很多，通常按下列的方法来分类。

9.1.1　按被加工的齿轮类型分

1. 圆柱齿轮刀具

（1）渐开线圆柱齿轮刀具，如盘形齿轮铣刀、指形齿轮铣刀、齿轮拉刀、插齿刀盘、齿轮滚刀、插齿刀、梳齿刀、车齿刀和剃齿刀等。

（2）非渐开线圆柱齿轮刀具，如圆弧齿轮滚刀、摆线齿轮滚刀和花键滚刀等。

2. 蜗轮刀具

如蜗轮滚刀、蜗轮飞刀和蜗轮剃齿刀等。

3. 锥齿轮刀具

（1）直齿锥齿轮刀具，如成对刨刀、成对盘铣刀和拉-铣刀盘等。

（2）曲线齿锥齿轮刀具，如弧齿锥齿轮铣刀盘、摆线齿锥齿轮铣刀盘等。

9.1.2　按刀具的工作原理分

1. 成形齿轮刀具

这类刀具的切削刃轮廓与被加工的直齿齿轮端剖面内的槽型相同。这类刀具中有盘形齿轮铣刀、指形齿轮铣刀、齿轮拉刀、插齿刀盘等。用盘形或指形齿轮铣刀加工斜齿齿轮时，工件齿槽任何剖面的形状都不和刀具的廓形相同，工件的齿形是由刀具的切削刃在相对于工件运动过程中包络而成的，这种加工方法称为无瞬心包络法，但由于这些刀具的结构和成形齿轮相同，所以也将它们归类为成形齿轮刀具。

2. 展成齿轮刀具

这类刀具加工齿轮时，刀具本身好像也是一个齿轮，它和被加工的齿轮各自按啮合关系要求的速度比转动，而由刀具齿形包络出齿轮的齿形。这类刀具中有齿轮滚刀、插齿刀、梳齿刀、车齿刀、剃齿刀、加工非渐开线齿形的各种滚刀、蜗轮刀具和锥齿轮刀具等。展成齿轮刀具的一个基本特点是通用性比成形齿轮刀具好，也就是说，用同一把展成齿轮刀具，可以加工模数和齿形角相同而齿数不同的齿轮，也可用标准刀具加工不同变位系数的变位齿轮。

根据不同的生产要求和条件，选用合适的齿轮刀具是很重要的。在以上所说的各类齿轮刀具中，加工渐开线圆柱齿轮的刀具应用最为广泛。而在这类刀具中，又以齿轮滚刀最为常用。因为它的加工效率高，也能保证一般齿轮的精度要求，而且它既能加工外啮合的直齿齿轮，也能加工外啮合的斜齿齿轮。

插齿刀的优越性主要在于既可加工外啮合齿轮，也能加工内啮合齿轮，还能加工有台阶的齿轮和人字齿轮。但因其切削方式是插削，所以加工直齿齿轮需用直齿插齿刀，而加工斜齿齿轮需用斜齿插齿刀。

车齿刀既可以加工外齿轮，也可以加工内齿轮。车齿刀外形与插齿刀相似，但必须与被加工齿轮有轴交角，以形成切削速度。车外齿轮加工效率比车内齿轮高数倍。

经过滚齿和插齿的齿轮，如果需要进一步提高加工精度和降低表面粗糙度，可用剃齿刀来进行精加工。

孔径小的内齿轮或渐开线内花键，用拉刀来拉削是唯一的方法，这不但能保证高效率和高精度，而且能得到光洁的齿面。大批量生产的汽车自动变速器内齿轮，普遍采用螺旋内拉刀高效高精度加工。

对于精度要求不高的单件或小批量齿轮，采用盘形齿轮铣刀加工是比较方便和经济合算的。对于模数和直径特别大的齿轮，用指形齿轮铣刀加工，可以起到“蚂蚁啃骨头”的作用。

在锥齿轮刀具中，成对刨刀是多年来加工直齿锥齿轮的基本刀具。但由于其加工效率和精度不高，现已逐渐被成对盘铣刀所代替；在生产批量较大的情况下，还可采用效率更高的拉铣刀盘来加工。收缩齿的弧齿锥齿轮和准双曲面齿轮，一般是用弧齿锥齿轮铣刀盘加工；而等高齿的摆线齿锥齿轮，则需用摆线齿锥齿轮铣刀盘（俗称奥利康铣刀盘）来加工。

任务 9.2 插 齿 刀

任务描述

在了解了齿轮刀具的类型后，李师傅继续讲解插齿刀。他解释说，插齿刀主要用于加工直齿和斜齿齿轮，其结构和切削角度直接影响加工质量和效率。李师傅详细介绍了直齿插齿刀的切削刃及前、后刀面，正前角插齿刀的齿形误差及其修正方法，插齿刀的切削角度，以及外啮合直齿插齿刀加工齿轮时的校验方法。他通过实际操作演示了这些内容。

任务分析

任务的目标是掌握插齿刀的结构和使用方法，特别是切削刃、齿形误差修正、切削角度和加工校验。通过学习，小张将能够理解插齿刀的工作原理，掌握其设计和使用技巧，从而提高加工质量和效率。

任务实施

插齿刀的形状很像齿轮：直齿插齿刀像直齿齿轮，斜齿插齿刀像斜齿齿轮。国家标准《直齿插齿刀　基本型式和尺寸》（GB/T 6081—2001）对直齿插齿刀的基本型式和尺寸有详细规定。

1. Ⅰ型——盘形直齿插齿刀

如图 9-1（a）所示，这是最常用的一种结构，用于加工直齿外齿轮和大直径的内齿轮。不同规格的插齿机应选用不同分度圆直径的插齿刀。这种结构的插齿刀公称分度圆直径 d_0' 有 75 mm、100 mm、125 mm、160 mm 和 200 mm 五种，精度等级分为 AA、A、B 三种。

2. Ⅱ型——碗形直齿插齿刀

如图 9-1（b）所示，碗形直齿插齿刀和盘形直齿插齿刀的区别在于其刀体凹孔较深，以便容纳紧固螺母，避免在加工有台阶的齿轮时，螺母碰到工件。这种插齿刀的公称分度圆直径 d_0' 有 50 mm、75 mm、100 mm 和 125 mm 四种，前两种主要用于加工内齿轮，后两种主要用于加工外齿轮。$d_0'=50$ mm 的插齿刀精度有 A、B 两种，后三种插齿刀的精度有 AA、A、B 三种。

3. Ⅲ型——锥柄直齿插齿刀

如图 9-1（c）所示，这种插齿刀的公称分度圆直径 d_0' 有 25 mm 和 38 mm 两种。因 d_0' 较小，不能做成套装式，所以做成带有锥柄的整体结构。这种插齿刀主要用于加工内齿轮，在刀具标准中只规定有 A、B 两种精度等级。

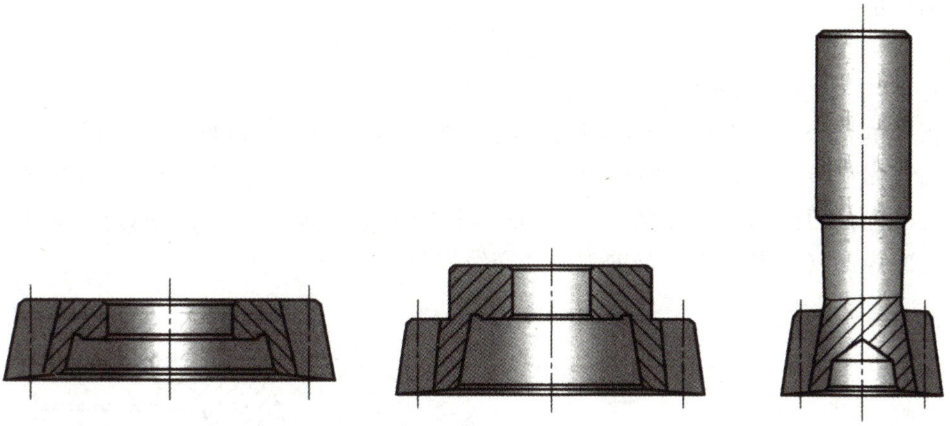

（a）盘形直齿插齿刀　（b）碗形直齿插齿刀　（c）锥柄直齿插齿刀

图 9-1　插齿刀的三种标准结构

国家标准《直齿插齿刀　通用技术条件》（GB/T 6082—2001）规定了 AA、A 和 B 三种精度等级的插齿刀的技术要求和各项精度指标的极限偏差。要根据被加工齿轮所要求的工作平稳性精度等级来选用插齿刀的精度等级：AA 级适用于加工 6 级精度的齿轮，A 级和 B 级分别适用于加工 7 级和 8 级精度的齿轮。

斜齿插齿刀也有碗形和带有锥柄的两种结构。碗形结构公称直径有 50 mm、75 mm、100 mm、150 mm、200 mm 和 240 mm 等。锥柄结构公称直径有 25 mm 和 38 mm 两种。

人字齿轮插齿刀普遍模数较大，通常做成盘形的，由两把组成一套，它们的螺旋角相等，一般为 30°，但旋向相反。这种插齿刀的公称分度圆直径常用的有 125 mm、150 mm、200 mm、225 mm 和 240 mm 等。

除了上述的标准插齿刀外，还可根据生产的需要，设计专用插齿刀。例如，专用的粗加工插齿刀，可用来预切齿轮以提高生产率。因为这种插齿刀的齿形精度要求不高，可以合理地选择它的切削角度，以增大切削用量。在大量生产中，为了提高生产率还采用复合插齿刀，即在同一把插齿刀上做有粗切齿和精切齿，它们的齿数都等于被加工齿轮的齿数。这样当插齿刀旋转一周，就能完成齿形的粗加工和精加工。加工剃前和磨前齿轮，需用剃前和磨前插齿刀，它们的齿形是根据被加工齿轮的齿形特殊要求设计的，特别是在插齿刀刀齿顶部要带有“凸角”，在插齿刀齿根部要带有倒角刃（请思考刀顶凸角、根部倒角刃的作用）。

为了进一步提高生产效率和刀具寿命，已经有整体硬质合金的插齿刀，也有采用机夹硬质合金刀片的插齿刀。

9.2.1 直齿插齿刀的切削刃及前、后刀面

为了加工出具有正确的渐开线齿形的齿轮，直齿插齿刀的切削刃在插齿刀前端面上的投影应该是渐开线。这样，当插齿刀沿其轴线方向做往复运动时，切削刃的运动轨迹就像一个直齿渐开线齿轮的齿面，这个假想的齿轮称为“产形”齿轮。根据齿轮啮合的基本条件，这个产形齿轮的模数 m 和压力角 α 应等于被加工齿轮的模数和压力角。因此插齿刀及其产形齿轮的基圆直径为

$$d_{b0}=mz_0\cos\alpha \tag{9-1}$$

式中　z_0——插齿刀的齿数。

插齿刀的每个刀齿都有三个切削刃（图 9-2）：一个顶刃 4 和两个侧刃 3。假设把插齿刀的前刀面做成垂直于插齿刀轴线的一个平面（图 9-3），则刀齿的顶刃 4 将是产形齿轮的顶圆柱面与前刀面的交线（圆弧），其前角将为零度（即 $\gamma_p=0°$），而两个侧刃 3 将是产形齿轮的齿面（渐开柱面）与前刀面的交线（渐开线）。

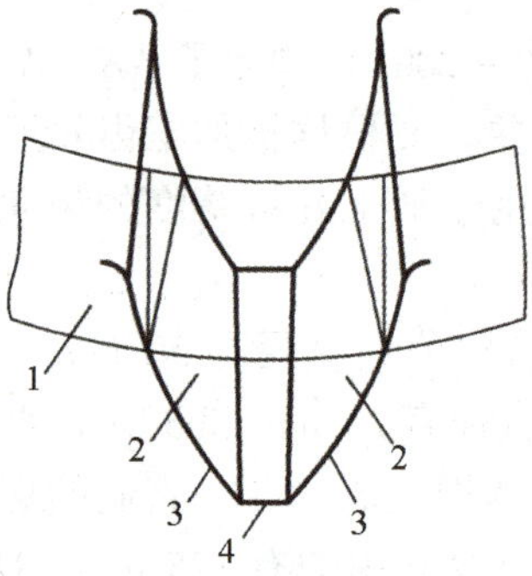

1—分度圆柱面；2—侧后刀面；3—侧刃；4—顶刃。

图 9-2　直齿插齿刀的切削刃及后刀面

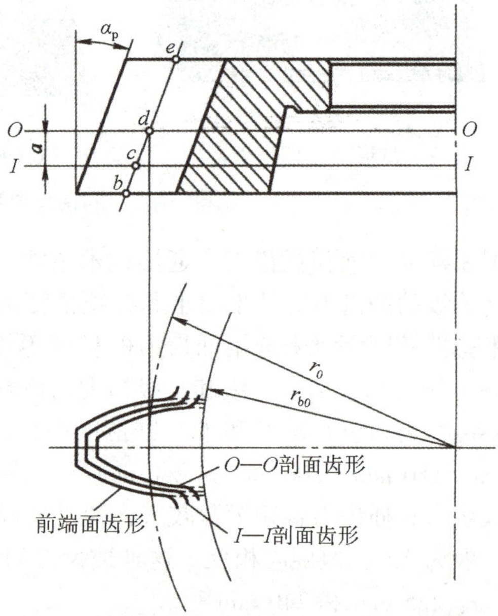

图 9-3　插齿刀的刀齿在端剖面中的齿形

为了使刀齿的顶刃有后角，将顶后刀面做成一圆锥面，其轴线与插齿刀的轴线重合，则此锥面的底角的余角 α_p 就是顶刃的后角。为了使两个侧刃有后角，将两个侧后刀面分别做成旋向相反的渐开螺旋面：右侧后刀面做成左旋的渐开螺旋面，左侧后刀面做成右旋的渐开螺旋面。这样，重磨前刀面以后，刀齿的顶圆直径和分度圆齿厚虽然都减小了，但两个侧刃的齿形仍然是渐开线。

重磨前刀面以后，顶刃向插齿刀轴线移近了。为了保持刀齿的高度不变，齿根圆也应同样地向插齿刀轴线移近。

由上述可知，插齿刀的每个端剖面中的齿形可看成变位系数不同的变位齿轮的齿形，如图 9-3 所示。在新插齿刀的前端面上，变位系数为最大值，且常为正值。随着插齿刀的

重磨，变位系数逐渐减小。变位系数等于零的端剖面 $O-O$ 称为插齿刀的原始剖面，在此剖面以后的各个端剖面中，变位系数为负值。

图 9-4 是插齿刀在其分度圆柱面上的截形展开图，图中的梯形表示刀齿在分度圆柱面上的截形。由于侧后刀面做成螺旋面，它在分度圆柱面上的截线是螺旋线，所以在展开图中这些截线就成为直线，即梯形的两个斜边。为了使两侧切削刃有相同的后角，两个侧后刀面的分度圆柱螺旋角 β_0 应相等，所以梯形的两个斜边是对称的。

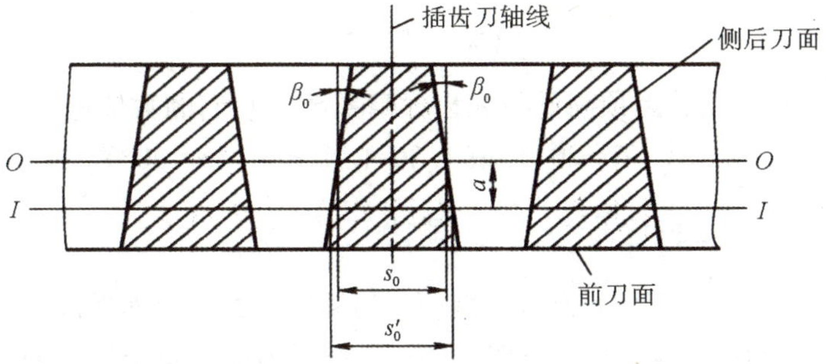

图 9-4　插齿刀在其分度圆柱面上的截形展开图

令 x_0 为与原始剖面相距 a（规定在变位系数为正的一侧为正，在变位系数为负的一侧为负）的任意端剖面 $I—I$ 中的变位系数，则此剖面内的分度圆齿厚为

$$s_0' = s_0 + 2x_0 m\tan\alpha$$

式中　s_0——直齿插齿刀原始剖面中的分度圆齿厚；

m——直齿插齿刀的模数；

α——直齿插齿刀的压力角。

又因侧后刀面的分度圆柱螺旋角为 β_0，由图 9-4 可知：

$$s_0' = s_0 + 2am\tan\beta_0$$

由以上两式可得

$$x_0 = \frac{a\tan\beta_0}{m\tan\alpha} \tag{9-2}$$

因 β_0、m、α 都是常数，所以任意端剖面中的变位系数 x_0 就与该剖面到原始剖面的距离 a 成正比，即

$$x_0 \propto a$$

因而可用倾斜直线 $bcde$（图 9-3）表示插齿刀各个端剖面中的齿形逐渐变位的情况。设插齿刀的顶刃后角为 α_p，则

$$\tan\alpha_p = \frac{x_0 m}{a}$$

代入式（9-2），可得

$$\tan\beta_0 = \tan\alpha\tan\alpha_p \tag{9-3}$$

插齿刀任意剖面中的齿形尺寸如下：

齿顶高（相对于分度圆柱面）为

$$h_{a0} = (h_{a0}^* + x_0)m \tag{9-4}$$

齿根高（相对于分度圆柱面）为

$$h_{f0}=(h_{f0}^{*}-x_0)m \tag{9-5}$$

顶圆半径为

$$r_{a0}=\left(\frac{z_0}{2}+h_{a0}^{*}+x_0\right)m \tag{9-6}$$

根圆半径为

$$r_{f0}=\left(\frac{z_0}{2}-h_{f0}^{*}+x_0\right)m \tag{9-7}$$

式中　h_{a0}^{*}、h_{f0}——插齿刀的齿顶高系数和齿根高系数，它们的数值通常是相同的，为 1.25（当 $m\leqslant4$，$\alpha=20°$）或 1.30（当 $m>4$，$\alpha=20°$）。

9.2.2　正前角插齿刀的齿形误差及其修正方法

前已述及，插齿刀侧后刀面是渐开螺旋面。当插齿刀的前刀面做成垂直于插齿刀轴线的平面时，插齿刀的顶刃前角 $\gamma_p=0°$。此时，侧刃及侧后刀面在每个端剖面中的截线都是压力角等于 α 的渐开线（这里的 α 就是被加工齿轮的压力角）。但是为了提高插齿刀加工塑性材料的切削性能，一般都要做出一定的前角。为了得到正前角，将插齿刀的前刀面做成内锥面，其轴线与插齿刀的轴线重合，因而这个锥面的底角 γ_p 就是插齿刀的顶刃前角（图 9-5）。但因侧后刀面是渐开螺旋面，当前刀面做成内锥面时，侧刃（即侧后刀面与内锥面的交线，是空间曲线）就不是渐开线了，而侧刃在插齿刀前刀面上的投影曲线也不是渐开线了。

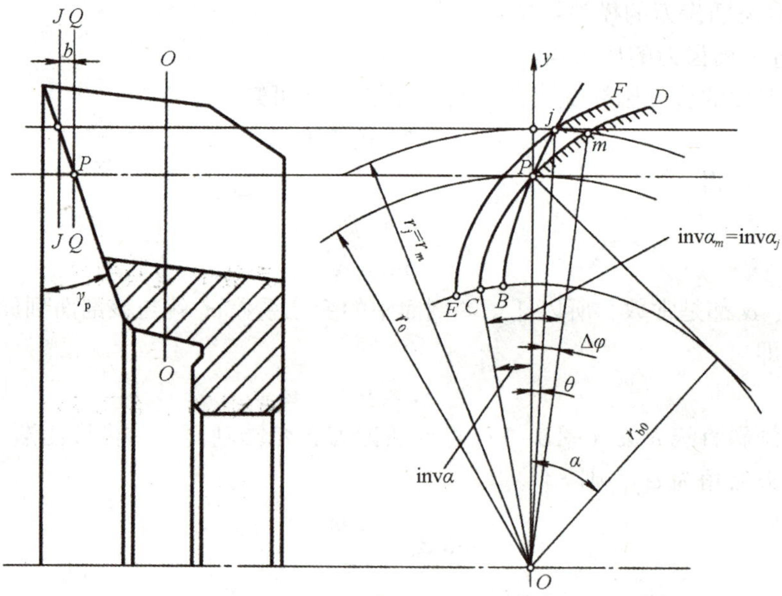

图 9-5　侧刃的投影曲线

下面先来讨论当插齿刀侧后刀面在端剖面中的截形的压力角等于 α 时，侧刃在插齿刀前端面上的投影曲线是怎样的。

通过侧刃在分度圆柱面上的一点 P，作插齿刀的一个端剖面 $Q—Q$，此剖面与前刀面

(内锥面)的交线是一个圆，其半径就是插齿刀的分度圆半径 γ_o，同时此剖面与侧后刀面(渐开螺旋面)的交线 CD 是压力角等于 α 的一条渐开线。

再作另一个端剖面 $J—J$，此剖面与前刀面的交线也是一个圆(设其半径为 r_j)，同时此剖面与侧后刀面的交线是渐开线 EF(它与渐开线 CD 完全相同，仅相对于 CD 转了一个角度 $\Delta\varphi$)，则半径为 r_j 的圆和渐开线 EF 的交点 j 就是插齿刀侧刃上另一点在插齿刀前端面上的投影。按同样方法可得侧刃上许多点在前端面上的投影，因而可作出侧刃在插齿刀前刀面上的投影曲线 jPB。显然这个投影曲线不是渐开线，而其压力角 α'(即投影曲线在 P 点的压力角，图中未标注)也比渐开线 CD 的压力角 α 小。

为了分析侧刃投影曲线的齿形误差，需要导出它的参数方程。设剖面 $Q—Q$ 与 $J—J$ 之间的距离为 b，则由图 9-5 可知：

$$b=(r_j-r_0)\tan\gamma_p$$

所以在前端面的投影中，渐开线 EF 相对于 CD 转过的角度为

$$\Delta\varphi=\frac{b\tan\beta_0}{r_0}$$

式中 β_0——侧后刀面分度圆柱螺旋角，见式(9-3)。

因此有

$$\Delta\varphi=\frac{(r_j-r_0)\tan\alpha\tan\alpha_p\tan\gamma_p}{r_0} \tag{9-8}$$

过 O 和 P 两点作轴线 Oy，并用极坐标参数(r_j，θ)来表示侧刃投影曲线的方程。这里的 r_j 是投影曲线上任意点 j 的半径，而 θ 是这条半径线与轴线 Oy 的夹角，由图 9-5 可知

$$\theta=\text{inv}\alpha_j-\text{inv}\alpha-\Delta\varphi \tag{9-9}$$

式中 α_j——渐开线 EF 在 j 点的压力角，它也等于渐开线 CD 在 m 点的压力角。

由微积分可知，投影曲线 jPB 在 j 点的压力角 α_j'(即该曲线在 j 点的切线和半径线 $\overline{jO}$ 之间的夹角)可用下式表示，即

$$\tan\alpha_j'=r_j\frac{d\theta}{dr_j} \tag{9-10}$$

由式(9-9)对 r_j 求导可得

$$\frac{d\theta}{dr_j}=\tan^2\alpha_j\frac{d\alpha_j}{dr_j}-\frac{\tan\alpha\tan\alpha_p\tan\gamma_p}{r_0} \tag{9-11}$$

渐开线 EF 的基圆半径是 r_{b0}，其上任一点 j 的压力角 α_j 为

$$\cos\alpha_j=\frac{r_{b0}}{r_j}$$

把此式对 r_j 求导可得

$$\frac{d\alpha_j}{dr_j}=\frac{r_{b0}}{r_j^2\sin\alpha_j}=\frac{1}{r_j\tan\alpha_j} \tag{9-12}$$

将式(9-12)代入式(9-11)，再代入式(9-10)，化简后得到

$$\tan\alpha_j'=\tan\alpha_j-\frac{r_j}{r_0}\tan\alpha\tan\alpha_p\tan\gamma_p \tag{9-13}$$

上式中的 α_j' 是侧刃投影曲线 jPB 上半径为任意值 r_j 的 j 点的压力角。由此式也就可写

出 jPB 上半径为 r_0 的 P 点的压力角 α' 为

$$\tan\alpha' = \tan\alpha - \frac{r_0}{r_0}\tan\alpha\tan\alpha_p\tan\gamma_p$$

即

$$\tan\alpha' = \tan\alpha\ (1-\tan\alpha_p\tan\gamma_p) \tag{9-14}$$

由于 $\tan\alpha_p\tan\gamma_p \geqslant 0$，由此式可以看出

$$\alpha' \leqslant \alpha$$

这就是说，若将插齿刀侧后刀面在端剖面内的截形压力角制成理论渐开线压力角 α（即被加工齿轮的压力角），只有当顶刃前角 $\gamma_p=0°$ 或顶刃后角 $\alpha_p=0°$ 或顶刃前角和顶刃后角同时等于 0°时，才有 $\alpha'=\alpha$。而当顶刃前角 $\gamma_p>0°$ 和顶刃后角 $\alpha_p>0°$ 时，插齿刀侧刃在前端面上的投影曲线的压力角 α' 就会小于理论渐开线压力角 α，这样的齿形将使刀齿的齿顶变厚而齿根变薄，如图 9-6（a）所示。用这样的插齿刀加工的齿轮，也必然是压力角变小，齿顶变宽而齿根被过切；而且这种缺陷还会随着插齿刀顶刃前角 γ_p 和顶刃后角 α_p 的增大而加剧，所以这种齿形误差必须给予修正。

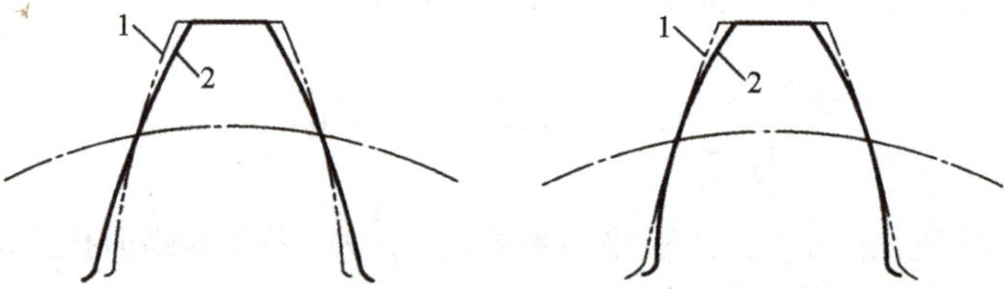

（a）不修正的插齿刀投影齿形　（b）修正后的插齿刀投影齿形

1—插齿刀的侧刃在前端面上的投影齿形；2—理论渐开线齿形。

图 9-6　插齿刀的齿形误差

修正齿形误差的方法：将插齿刀侧后刀面在端剖面内的截形（渐开线）的压力角不做成被加工齿轮的压力角 α 值，而是改做成比 α 值稍大一些的某值 α_0，这就能使侧刃投影曲线的压力角等于被加工齿轮的 α 值，而不是 α'。由式（9-14）可见，若将 α 增大到某一值 α_0，就能使 α' 增大到 α，即

$$\tan\alpha = \tan\alpha_0\ (1-\tan\alpha_p\tan\gamma_p)$$

则由此可得

$$\tan\alpha_0 = \frac{\tan\alpha}{1-\tan\alpha_p\tan\gamma_p} \tag{9-15}$$

例如，当 $\alpha=20°$，$\alpha_p=6°$，$\gamma_p=5°$ 时，由上式计算得 $\alpha_0=20°10'15''$。插齿刀经过这样修正后，侧刃在前端面上的投影曲线就能与理论渐开线在分度圆上相切，如图 9-6（b）所示。可以证明，这样的投影齿形在分度圆处的曲率半径将略大于理论渐开线在分度圆处的曲率半径，所以刀齿的齿顶和齿根都比理论齿形稍宽一些。插齿刀有这样的齿形误差，能使被加工齿轮得到轻微的修缘和修根，形成一定的鼓形，因而对于高速重载齿轮能减轻啮合时的冲击和噪声。

要进行插齿刀的齿形误差修正，具体的办法是将插齿刀侧后刀面（渐开螺旋面）的基圆柱直径 d_{b0} 和基圆柱螺旋角 β_{b0} 加以改变。由式（9-15）得到 α_0 以后，就可求得修正齿

形误差后插齿刀侧后刀面的基圆柱直径应为

$$d_{b0,e}=2r_{b0,e}=2r_0\cos\alpha_0=mz_0\cos\alpha_0 \tag{9-16}$$

由式（9-3）可得侧后刀面的分度圆柱螺旋角 $\beta_{0,e}$ 应为

$$\tan\beta_{0,e}=\tan\alpha_0\tan\alpha_p \tag{9-17}$$

由此即可得侧后刀面的基圆柱螺旋角 $\beta_{b0,e}$。应为

$$\tan\beta_{b0,e}=\tan\beta_{0,e}\cos\alpha_0=\sin\alpha_0\tan\alpha_p \tag{9-18}$$

由上述可知，插齿刀的齿形误差是因刀齿有正前角 γ_p 引起的，而误差的修正是根据一定的 γ_p 和 α_p 数值来修正的。所以对于现成的插齿刀，不可以随意将顶刃前角 γ_p 和顶刃后角 α_p 改磨成其他数值，随意改磨就会将已经修正好的齿形又磨坏了。

插齿刀用钝后重磨前刀面，要确保按设计的顶刃前角 γ_p 调整重磨设备。重磨完成后，要检验顶刃前角 γ_p 是否达到精度要求。

9.2.3 插齿刀的切削角度

前已述及，插齿刀的前刀面和顶刃的后刀面都做成圆锥面，这样顶刃就有了前角 γ_p 和后角 α_p，GB/T 6081—2001 中规定的标准插齿刀的 $\gamma_p=5°$，$\alpha_p=6°$。为了使侧刃得到后角，将两个侧后刀面做成旋向相反的渐开螺旋面。下面介绍侧刃的前角和后角的计算。

1. 直齿插齿刀的侧刃前角

将插齿刀的前刀面做成内锥面，不仅可使顶刃得到前角 γ_p，而且也使侧刃得到了一定的前角。侧刃上任意一点 j 的前角 γ_{oj}，是在通过 j 点并垂直于侧刃在插齿刀前端面上的投影曲线的正交平面 p_o—p_o 中测量的，如图 9-7 所示，此图是将插齿刀放平，并将前刀面朝上作出来的。

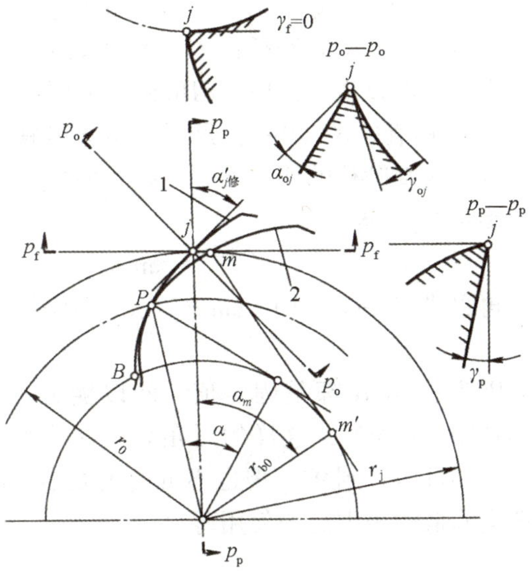

1—修正齿形误差后的侧刃在前端面上的投影曲线；
2—理论渐开线齿形。

图 9-7　插齿刀侧刃的切削角度

如果把插齿刀的刀齿看作一把车刀，则可利用车刀的切削公式来计算插齿刀的侧刃前角 γ_{oj}。这个公式是

$$\tan\gamma_o=\tan\gamma_p\cos\kappa_r+\tan\gamma_f\sin\kappa_r$$

对于插齿刀的 j 点，上式中的 $\gamma_o=\gamma_{oj}$，$\gamma_f=0$，$\kappa_r=90°-\alpha'_{j修}$，这里的 $\alpha'_{j修}$ 是插齿刀齿形修正后侧刃投影曲线在 j 点的压力角。于是有

$$\tan\gamma_{oj}=\tan\gamma_p\sin\alpha'_{j修}$$

式中的 $\alpha'_{j修}$ 可仿照式（9-13）求得，即

$$\tan\alpha'_{j修}=\tan\alpha_{j修}-\frac{r_j}{r_0}\tan\alpha_o\tan\alpha_p\tan\gamma_p$$

上式中 $\alpha_{j修}$ 可从下式求得，即

$$\cos\alpha_{j修}=\frac{r_{b0,e}}{r_j}$$

由这些公式计算 γ_{oj} 比较麻烦。但因插齿刀侧后刀面的压力角经过修正后，侧刃的投影曲线与理论渐开线齿形在分度圆上的 P 点相切，而且它们非常接近，所以投影曲线上 j 点的压力角 $\alpha'_{j修}$ 也非常接近于理论渐开线齿形上半径亦为 r_j 的 m 点的压力角 α_m，即

$$\alpha'_{j修} \approx \alpha_m$$

而

$$\cos \alpha_m = \frac{r_{b0}}{r_m} = \frac{r_{b0}}{r_j}$$

所以

$$\tan \gamma_{oj} \approx \tan \gamma_p \sin \alpha_m \tag{9-19}$$

在上式中，γ_p 是固定值（50），而 α_m 是变值，在齿顶处 α_m 较大，在齿根处 α_m 较小，所以侧刃上各点的前角 γ_{oj} 是不相等的，而是在齿顶处较大在齿根处较小。例如，对于 $m=2.5$，$z_0=30$，$\gamma_p=5°$的插齿刀，齿顶处的侧刃前角是 2°36′，而齿根处的只有 13′，这样的前角是太小了。由式（9-19）知，增大顶刃前角 γ_p 能使侧刃前角 γ_{oj} 增大。但过分增大顶刃前角，就会削弱齿的强度和寿命，而且还影响齿形精度。

2. 直齿插齿刀的侧刃后角

前已述及，把直齿插齿刀的侧后刀面做成渐开螺旋面，能使侧刃得到后角。侧刃上的任意一点 j 的后角 α_{oj} 可也是在正交平面 p_o—p_o 中测量的（图 9-7），它是正交平面与插齿刀的侧后刀面的交线和插齿刀的轴线之间的夹角。要精确地计算这个角度也是比较麻烦的。实际上可以认为，插齿刀的侧后刀面非常接近于通过理论渐开线齿形而分度圆柱螺旋角为 β_0 [其值如式（9-3）所示] 的渐开螺旋面，而正交平面 p_o—p_o 又非常接近于这个渐开螺旋面的基圆柱的切平面 m—m'。所以侧刃后角 α_{oj} 就近似等于这个渐开螺旋面的基圆柱螺旋角 β_{0b}，即

$$\tan \alpha_{oj} \approx \tan \beta_{0b} = \tan \beta_0 \cos \alpha$$

再将式（9-3）中的 $\tan \beta_0$ 代入，则得

$$\tan \alpha_{oj} = \tan \alpha_p \sin \alpha \tag{9-20}$$

因为 α_p 和 α 都是固定值，所以侧刃上各点的后角都是相等的。例如，当 $\alpha=20°$，$\alpha_p=6°$时，$\alpha_{oj}\approx 2°$，这样的后角就偏小了些。为了提高插齿刀的寿命，可以适当地增大 α_p，例如可增大到 9°。但也不可增大太多，因为 α_p 的增加会增大插齿刀的齿形误差，同时还会降低插齿刀总的使用寿命。

任务 9.3 齿轮滚刀

任务描述

接下来，李师傅讲解了齿轮滚刀。他解释说，齿轮滚刀主要用于加工直齿和斜齿齿轮，其工作原理和结构决定了加工精度和效率。李师傅详细介绍了齿轮滚刀的工作原理和基本蜗杆、齿轮滚刀的结构、阿基米德齿轮滚刀的齿形误差，以及齿轮滚刀的合理使用方法。他通过实际操作演示了这些内容。

任务分析

任务的重点在于掌握齿轮滚刀的工作原理和结构，特别是基本蜗杆、齿形误差修正和合理使用。通过学习，小张将能够理解齿轮滚刀的工作原理，掌握其设计和使用技巧，从而提高加工精度和效率。

任务实施

9.3.1　齿轮滚刀的工作原理和基本蜗杆

齿轮滚刀专指加工渐开线齿轮所用的滚刀，它是按螺旋齿轮啮合原理加工齿轮的。由于被它加工的齿轮是渐开线齿轮，所以它本身也应具有渐开线齿轮的几何特性。

齿轮滚刀从其外形看来并不像齿轮，实际上它是仅有一个齿（或几个齿），但齿很长而螺旋角又很大（一般为 80°以上，接近 90°）的斜齿圆柱齿轮。因为它的齿很长而螺旋角又很大可以绕滚刀轴线好几圈，因此从外形上看，它很像一个蜗杆，如图 9-8 所示。

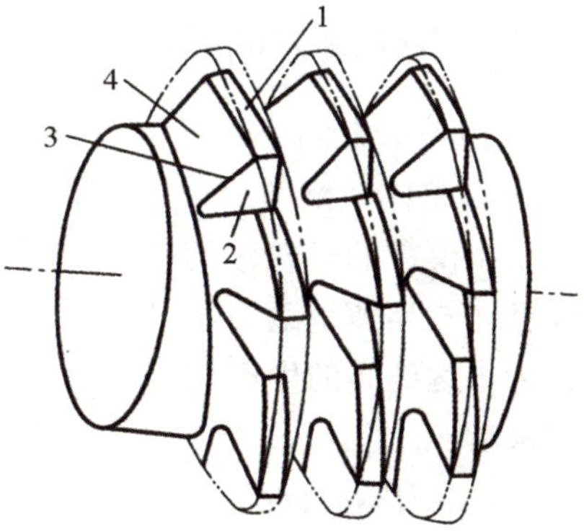

1—顶后刀面；2—前刀面；
3—切削刃；4—侧后刀面。

图 9-8　齿轮滚刀的基本蜗杆

为了使这个蜗杆能起到切削作用，须沿其长度方向开出好多容屑槽（直槽或螺旋槽），因此把蜗杆上的螺纹切割成许多较短的刀齿，并产生了前刀面 2 和切削刃 3。每个刀齿有一个顶刃和两个侧刃。为了使刀齿有后角，还要用铲齿方法铲出侧后刀面 4 和顶后刀面 1。但是各个刀齿的切削刃必须位于这个相当于斜齿圆柱齿轮的蜗杆的螺纹表面上，因此这个蜗杆就称为滚刀的基本蜗杆。基本蜗杆的螺纹通常做成右螺旋的，有时也做成左螺旋的。

基本蜗杆的螺纹表面若是渐开螺旋面，则称为渐开线基本蜗杆，而这样的滚刀称为渐开线滚刀。理论上用这种滚刀可以切出理想的渐开线齿形。但这种滚刀制造困难，生产中很少采用，而是采用易于制造的近似齿形滚刀，如阿基米德滚刀和法向直廓滚刀，它们的基本蜗杆螺纹表面是阿基米德螺旋面和法向直廓螺旋面（请思考两者与渐开螺旋面的差别）。这两种螺纹表面在端剖面中的截形不是渐开线，而是阿基米德螺线和延伸渐开线。当滚刀的分度圆柱导程角较小时，这些蜗杆与渐开线蜗杆非常近似，所以用近似齿形滚刀切出的齿轮齿形虽然理论上不是渐开线，但误差很小。

既然齿轮滚刀的基本蜗杆相当于斜齿圆柱齿轮，所以斜齿圆柱齿轮各个基本参数的定义和计算公式也适用于滚刀的基本蜗杆。但因滚刀的螺旋角较大，所以常用螺旋导程角来计算，这样比较方便。基本蜗杆的主要参数如下：

滚刀基本蜗杆的分度圆柱导程角 γ_o 按下式计算：

$$\sin\gamma_0=\frac{m_n z_0}{d_0} \tag{9-21}$$

式中　m_n——滚刀基本蜗杆的法向模数，它等于被加工齿轮的法向模数；

z_0——滚刀基本蜗杆的螺纹头数（即开始所说螺旋角很大的斜齿圆柱齿轮的齿数）；

d_0——滚刀的分度圆柱直径。

滚刀基本蜗杆的法向分度圆柱齿距为

$$P_{n0}=\pi m_n \tag{9-22}$$

图 9-9 是 $z_0=2$ 的双头基本蜗杆螺纹在分度圆柱面上的截形展开图。由图可得基本蜗杆的轴向齿距为

$$p_{x0}=\frac{p_{n0}}{\cos\gamma_0}=\frac{\pi m_n}{\cos\gamma_0} \tag{9-23}$$

当 $z_0>1$ 时，基本蜗杆的导程为

$$p_{z0}=p_{x0}z_0=\pi d_0\tan\gamma_0 \tag{9-24}$$

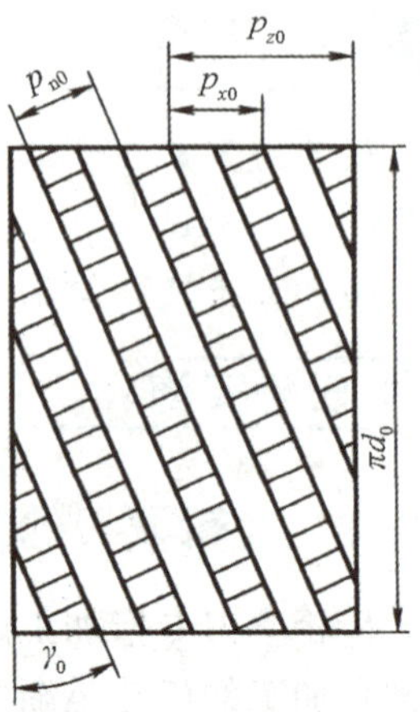

图 9-9　基本蜗杆的分度圆柱面展开图

9.3.2　齿轮滚刀的结构

1. 齿轮滚刀的分类

（1）整体式滚刀

齿轮滚刀的结构

中小模数的齿轮滚刀往往做成整体式，如图 9-10 所示。总体而言，冶炼整体式高速钢滚刀用得比较多，但汽车变速器齿轮加工中，由于批量大，为了达到高的生产效率，粉末冶金高速钢和整体式硬质合金滚刀的应用越来越多。

齿轮滚刀国家标准《齿轮滚刀　基本型式和尺寸》（GB/T 6083—2016）中规定了压力角 20°、模数 0.5~40 mm 带端面键或轴向键的单头和多头整体式齿轮滚刀的基本形式和尺寸。多头齿轮滚刀的头数 z_0 可以为 1~7。

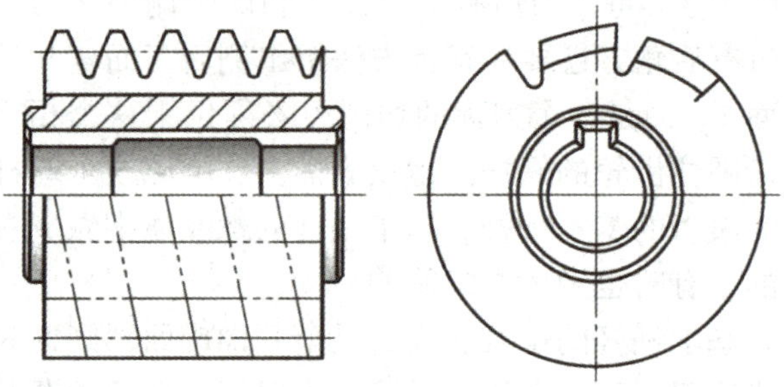
图 9-10　整体式齿轮滚刀

为了便于制造、重磨和检查滚刀齿形，齿轮滚刀的容屑槽一般做成直槽，而前刀面是通过滚刀轴线的一个平面，故顶刃的前角是 0°，这样的滚刀称为直槽零前角滚刀。图 9-11（a）是右旋直槽零前角滚刀的刀齿在滚刀分度圆柱面上的截形展开图。前刀面 1 与侧后刀面 2 和 2′交点位于左、右两侧刃上。倾斜的直线 c 和 e 表示滚刀基本蜗杆螺纹表面与分度圆柱面的截线展开图。由于滚刀切削时其基本蜗杆螺纹表面与被加工齿轮的齿面啮合，所以刀齿的切削平面就与基本蜗杆螺纹表面相切。这样，前刀面的截线 $\overline{ab}$ 与直线 c 和 e 的垂线之间的夹角，就是侧刃在分度圆柱面上的前角。由图 9-11（a）可知，刀齿左、右两侧刃的前角绝对值相等而正负号相反，它们的绝对值等于滚刀基本蜗杆的分度圆柱导程角 λ_0。设侧刃的轴向压力角为 α_{x0}，则侧刃的法前角 γ_n 可用下式表示：

$$\tan\gamma_n=\pm\tan\gamma_0\cos\alpha_{x0} \tag{9-25}$$

对于右旋直槽零前角滚刀来说，右侧刃的法前角为正值，左侧刃的法前角为负值，因而两侧刃的切削条件不同，磨损情况也不同。当滚刀的导程角 γ_0 不大时，左侧刃负前角

绝对值也较小，影响不大。但当 $\gamma_0>5°$时，就不宜采用直槽，而应采用螺旋槽。对于右螺旋滚刀，容屑槽应做成左螺旋，其螺旋角 β_k 等于滚刀的导程角 γ_0，即 $\beta_k=\gamma_0$，如图 9-11（b）所示。当容屑槽做成螺旋槽时，滚刀的前刀面是螺旋面，它在滚刀端剖面中的截线是直线，当此直线通过滚刀轴线时，则此滚刀称为螺旋槽零前角滚刀。用这样的滚刀加工齿轮时，其左、右两侧刃的前角都等于零。

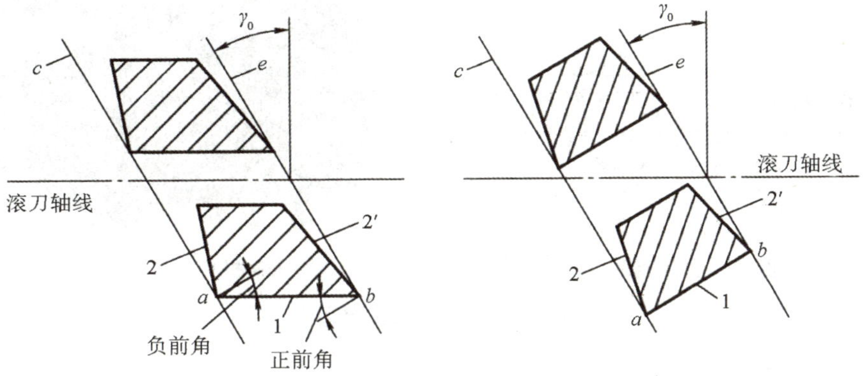

（a）直槽　　（b）螺旋槽

1—前刀面；2、2′—侧后刀面。

图 9-11　直槽和螺旋槽滚刀侧刃前角

（2）镶齿式滚刀

模数大于 10 的齿轮滚刀经常做成镶齿式的，图 9-12 所示为用机械装夹法固定高速钢刀条的滚刀。在刀体 1 上开出平行于滚刀轴线的直槽，槽的一面有 $5°{}^{0}_{-15'}$ 的斜面，刀条 2 的底部有 $5°{}^{+15'}_{0}$ 的斜面。在热处理后，刀槽与刀条的接触面均需磨过，然后把刀条沿半径方向压入刀槽内，并在滚刀的两头磨出刀条和刀体共有的两个圆柱形凸肩，再把套环 3 加热到 300 ℃后，套到凸肩上去。套环冷却后，孔径减小，因而紧紧地把刀条压在刀体上。当滚刀模数大于 22 时，还要用螺钉把套环压紧在刀体的端面上。

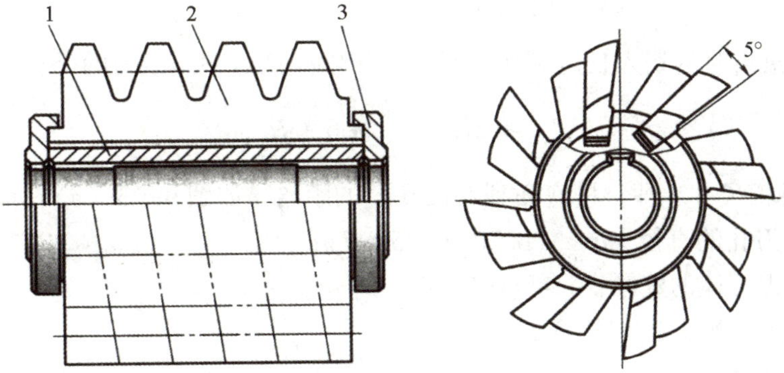

1—刀体；2—刀条；3—套环。

图 9-12　热套的镶齿式滚刀

图 9-13（a）所示为在刀体上焊有硬质合金刀片的、顶刃前角为-30°的括削滚刀，它是用来加工（括削）淬火以后的齿轮的，它可以纠正齿轮淬火后的变形误差，并能降低齿

面的表面粗糙度。图 9-13（b）所示为采用特制刀片的机夹硬质合金滚刀。一个左侧刃刀片、一个右侧刃刀片和一个顶刃刀片为一组，相当于整体滚刀的一个刀齿。这种滚刀由于左、右侧刃和顶刃是独立的刀片，滚齿时依次进入切削，减轻了整体滚刀一个刀齿的三个切削刃同时进入切削造成的冲击，使得切削过程较为平稳。

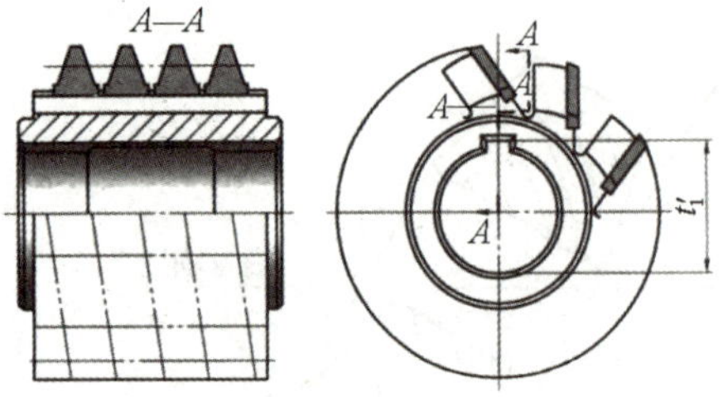

（a）镶齿硬质合金滚刀

（b）机夹硬质合金滚刀

图 9-13　硬质合金滚刀

2. 齿轮滚刀的直径

齿轮滚刀的直径大小是可以自由选定的。选直径大些会有下列优点。

① 当分度圆柱直径较大时，分度圆柱导程角 γ_0 就较小，这样能减少近似齿形滚刀的齿形误差（详见下节分析）。

② 滚齿时，在轴向进给量相同的情况下，能减小齿轮齿面上的轴向波纹度。

③ 能使刀齿的数目增多，从而减轻每个刀齿的切削负担，并有利于传出切削热和降低切削温度。

④ 能使滚刀的孔径加大，因而可采用较粗的心轴，提高心轴刚度，可以采用较大的切削用量滚齿。

但是如果滚刀直径过大，也有下列缺点。

① 不但浪费高速钢，而且滚刀的制造、刃磨和安装都不方便。

② 会使滚齿机刀架内部的传动零件受到较大的扭矩，切削时容易发生冲击振动，影响加工精度。

③ 会增加滚齿时的切入长度和切入时间，影响生产效率。滚刀的外径一般为

$$d_{a0} \geqslant 2\left(t_1' - \frac{d}{2} + \delta + H_k\right) \tag{9-26}$$

式中　t_1'——键槽尺寸，即键槽底面到对面孔壁的距离，如图 9-13（a）所示；

d——滚刀孔的直径，$d \approx (0.20 \sim 0.45)\, d_{a0}$；

δ——滚刀刀体的壁厚，$\delta \approx (0.25 \sim 0.30)\, d$；

H_k——容屑槽深度。

3. 齿轮滚刀的长度

齿轮滚刀的长度，无论对滚刀的设计者还是滚刀的使用者来说，都是应该重视的一个问题。滚刀的长度应能满足三项要求：①滚刀端头的刀齿不可负荷过重。②滚刀必须完整地包络出被加工齿轮的齿形。③为了使滚刀整个长度上的刀齿磨损均匀，减少滚刀的重磨次数，增加每两次重磨之间的使用寿命，滚刀还应有充分的“窜刀”长度。

根据第一项要求，在滚齿时，考虑滚刀开始碰到齿轮坯是在齿轮坯转入的一边的上端面外圆 E 点处（图9-14），所以这一边的最小长度应为

$$L_1 \approx \sqrt{(2r_a - h)h} + s_{n0} \tag{9-27}$$

式中　r_a 和 s_{n0}——齿轮的顶圆半径和滚刀的法向分度圆齿厚。

显然，L_1 是随齿轮外径（$2r_a$）增大而增大的。

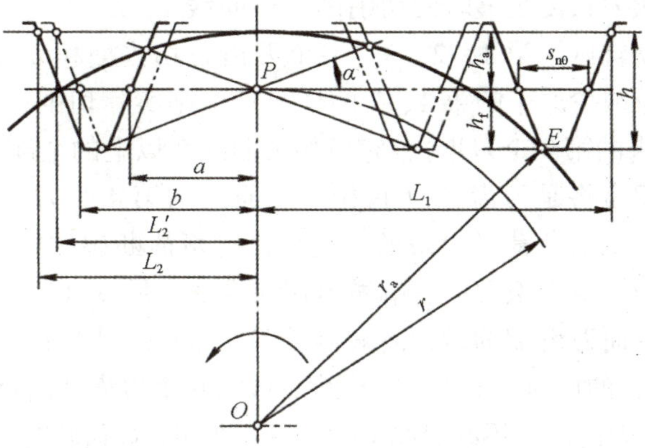

图9-14　滚刀的最小长度

根据第二项要求，在齿轮坯转入和转出的每边，滚刀都应有足够包络齿轮齿形所需的长度。在转入的一边，滚刀起包络作用的长度已包括在 L_1 之内，所以只需考虑在转出的一边滚刀起包络作用的长度 L_2，并考虑最后一个刀齿的必要厚度，有

$$L_2 = a + s_{n0} + h_a \tan\alpha = r(\tan\alpha_a - \tan\alpha) + s_{n0} + h_a \tan\alpha \tag{9-28}$$

式中　α——被加工齿轮的压力角；

α_a——被加工齿轮的齿顶圆压力角；

r——齿轮的分度圆半径。

L_2 是考虑齿轮牙齿左侧面齿顶最后切成的情形，若考虑右侧面齿根处最后切成的情形，则在齿轮坯转出的一边必须起包络作用的长度为

$$L_2' = b + h_a \tan\alpha = \frac{h_f}{\sin\alpha\cos\alpha} + h_a \tan\alpha \tag{9-29}$$

但因在一般情况下，$L_2 > L_2'$，所以满足上述的前两项要求的滚刀最小长度为（L_1+L_2）。按这样计算得到的长度，还应考虑下列因素而加以修正。

由于滚刀的刀齿是按螺旋线排列的，所以在滚刀的两头有几个不完整的（残缺的）刀齿，计算长度时，不应把它们计算在最小长度之内。

加工齿轮时，滚刀轴线与工件端面倾斜一定角度，因而滚刀的长度须相应地增长。但因 γ_0 一般不超过7°，这项修正的影响不超过0.6%，可以不予考虑。当加工斜齿齿轮时，滚刀轴线与工件端面的夹角往往较大，此时必须考虑增加滚刀的长度，或在滚刀的端部做出切削锥部。

以上讨论的是满足前面所讲的前两项要求的最小滚刀长度。在大批量生产中，为了减少换刀次数，普遍采用长度远大于（L_1+L_2）的滚刀。数控滚齿机在滚齿过程中可以自动连续“窜刀”，一把滚刀相当于几把滚刀，一次重磨可以加工很多件齿轮，大大节省了换刀时间。

4. 滚刀的切削锥部

当被加工齿轮的模数和直径较大时，按上述要求的滚刀长度也较大。假如滚刀的长度不够，如图 9-14 中在保证前述的第二项要求（即滚刀应完整地包络出齿轮的齿形）的前提下，滚刀右端的第一个刀齿不能落在齿轮坯外圆以外，则当滚刀沿工件轴线进给时，第一个刀齿的负荷必然很重，原因如下。

图 9-15（a）是滚刀长度足够时的切削图形，曲线 1，2，3，…分别表示各个刀齿切削时相对于工件的运动轨迹。第 1，2，3，…个刀齿各切去面积 a，b，c，…。如果滚刀长度不够，例如，假设缺少原来的第 1、2 两个刀齿，则实际切削齿槽的第 1 个刀齿将是刀齿 1′（它相当于原来的第 3 个刀齿），它应切去曲线 3 以上的全部面积（即 $a+b+c$）；实际切削齿槽的第二个刀齿将是刀齿 2′（它相当于原来的第 4 个刀齿），它应切去面积 d；其余类推。显然，刀齿 1′的负荷是很重的，这就是它可能断裂的主要原因。在此情况下，为了减轻刀齿 1′的负荷，应在滚刀的右端做出切削锥部（图 9-16），它使滚刀右端部的一些刀齿的齿顶高减小，而刀齿 1′的齿顶高减得最多。这样，刀齿 1′只切去面积 A［图 9-15（b）］，而它把原来较大的负荷（$a+b+c$）分给后边的几个刀齿共同负担了。圆柱部分的刀齿（除这部分的第一个刀齿外）不改变原来的负荷。在切直齿齿轮时，滚刀的切削锥部位于齿轮坯转入的一边，其长度等于滚刀的两个轴向齿距，锥角 $2\varphi_k=18°\sim30°$。

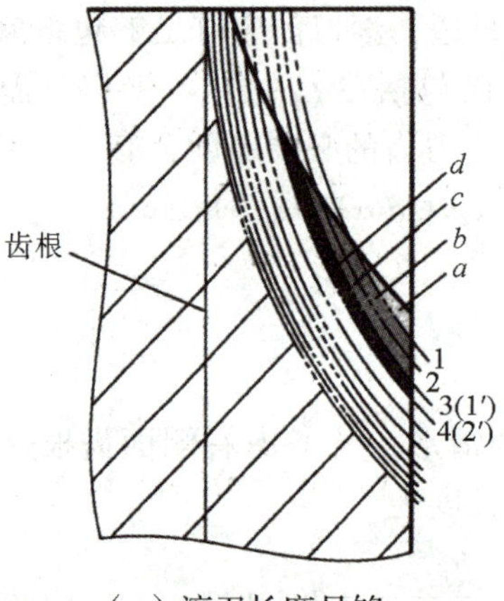

（a）滚刀长度足够　　（b）滚刀长度不足

图 9-15　滚刀长度对滚齿齿形的影响

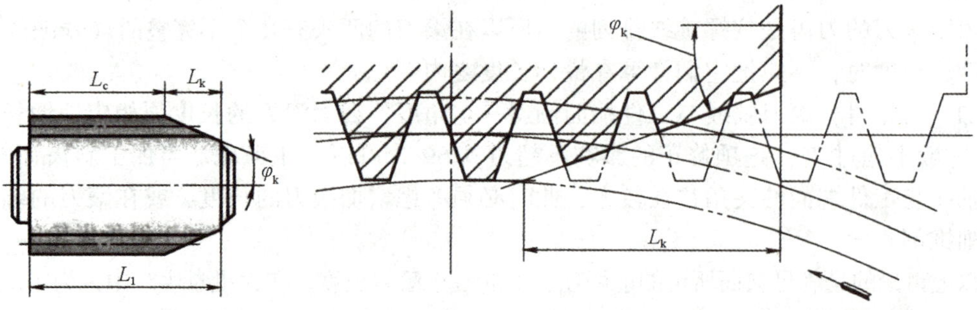

图 9-16　有切削锥部的滚刀（右螺旋滚刀）

切削螺旋角较大的齿轮时，滚刀的轴线倾斜得比较厉害。这时候，即使齿轮直径不很大，但要求滚刀的长度还是较大的，很可能因滚刀长度不够而使第一个刀齿过载，这就有必要做出切削锥部来。当滚刀的螺旋方向与齿轮的螺旋方向不同时，切削锥部位于齿轮坯转入的一边；反之，当螺旋方向相同时，则做在齿轮坯转出的一边。当齿轮螺旋角大于20°时，就应当在滚刀上做出切削锥部。

为了使滚刀轴线的安装倾斜角不太大，滚刀的螺旋方向应与被加工齿轮的螺旋方向相同。这样，切削锥部总是做在齿轮坯转出的一边。

9.3.3　阿基米德齿轮滚刀的齿形误差

生产中普遍使用的齿轮滚刀是阿基米德齿轮滚刀。它与渐开线滚刀相比，其齿形是有误差的。这个误差就是由于其基本蜗杆是阿基米德蜗杆，而不是渐开线蜗杆。当这两种蜗杆的模数、螺纹头数、分度圆柱直径、法向压力角、导程、齿厚和齿高等都分别相同时，那么唯一不同的就是齿形。以轴向齿形来说，渐开线蜗杆的轴向齿形是曲线（图9-17中的虚线），而阿基米德蜗杆的轴向齿形是直线（图9-17中的实线）。这两种齿形相切于分度圆柱面上。由此可知，若以渐开线滚刀的齿形为基准，则阿基米德齿轮滚刀的齿形在分度圆柱面上的误差为零，而越到齿顶和齿根误差就越大。图中的 $\Delta f_{x,\mathrm{a}}$ 和 $\Delta f_{x,\mathrm{i}}$ 分别为齿顶和齿根处的最大轴向齿形误差。

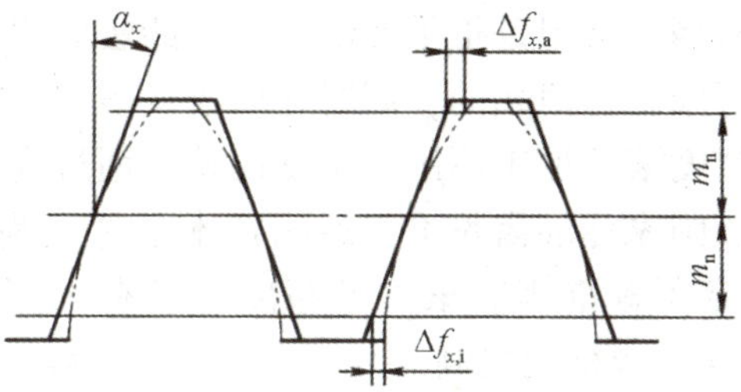

图9-17　渐开线滚刀与阿基米德齿轮滚刀的轴向齿形比较

用滚刀加工齿轮时，滚刀和工件相当于一对螺旋齿轮啮合，滚刀的齿形误差是沿其基圆柱切平面内的啮合线方向传递到工件上去的。这个切平面与渐开线基本蜗杆螺纹表面的交线是一条直线 A（图9-18），它与蜗杆端面的夹角等于基圆柱导程角 γ_b；而这个切平面与阿基米德基本蜗杆螺纹表面的交线是一条曲线 B，它与直线 A 在分度圆柱面上相切。图中的 $\Delta f_{\mathrm{n,a}}$ 和 $\Delta f_{\mathrm{n,i}}$ 分别为阿基米德齿轮滚刀在齿顶和齿根处的最大法向齿形误差。由计算可知，$\Delta f_{\mathrm{n,i}}>\Delta f_{\mathrm{n,a}}$，所以通常就把 $\Delta f_{\mathrm{n,i}}$ 称为阿基米德齿轮滚刀的齿形误差。

由计算可知，阿基米德齿轮滚刀基本蜗杆的分度圆柱导程角 γ_0 越小，则其齿形误差越小，如图9-19的曲线所示。所以精加工用的阿基米德齿轮滚刀通常做成较大的分度圆柱直径，目的就是使其导程角较小，从而减小滚刀的齿形误差。

由图9-17和图9-18可以看出，阿基米德蜗杆的螺纹在齿顶和齿根处都比渐开线蜗杆的螺纹宽一些，所以用阿基米德齿轮滚刀切出的齿轮齿形与正确的渐开线齿轮齿形相比，在齿顶和齿根处就窄一些，这就使得齿轮的齿顶部分以及齿根部分得到轻微的修形，因而对于高速重载齿轮能减轻啮合时的干涉和噪声。

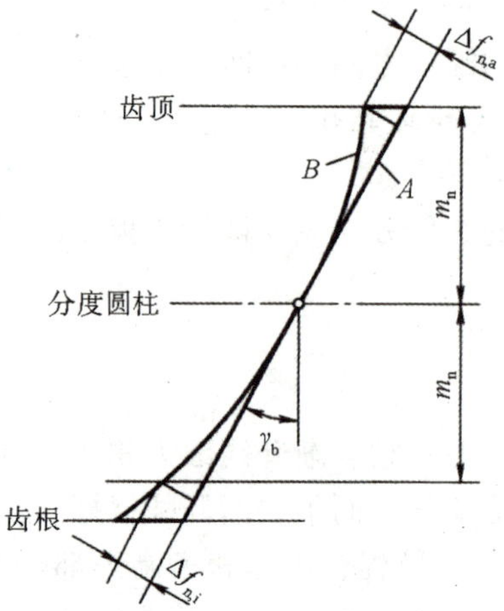

图 9-18　阿基米德齿轮滚刀齿形误差

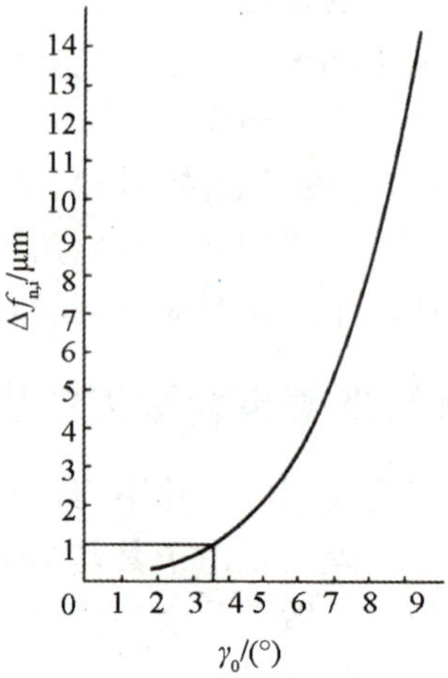

图 9-19　齿形误差与导程角的关系

9.3.4　齿轮滚刀的合理使用

1. 齿轮滚刀的选用和合理安装

在加工齿轮时，选用适当的滚刀是很重要的。滚刀的法向模数和法向压力角应选得与被加工齿轮的法向模数和法向压力角相同，同时还应注意滚刀的精度等级是否与齿轮要求的精度等级相匹配。用低精度滚刀加工不出高精度齿轮，用过高精度的滚刀加工一般精度要求的齿轮也是不合理的。国家标准齿轮滚刀通用技术条件《齿轮滚刀　通用技术条件》（GB/T 6084—2016）中规定了标准齿轮滚刀的精度等级有 4A 级、3A 级、2A 级、A 级、B 级、C 级和 D 级共 7 级，4A 级精度最高。

在不发生干涉的前提下，滚刀的心轴应选得尽可能短，以增强刚度和减小振动。滚刀安装在心轴上，应尽量靠近滚齿机的主轴孔一端，并要用千分表检查滚刀两端轴台的径向圆跳动量（图 9-20），它不应超过允许值，两端的跳动方向也应一致，以免滚刀轴线安装偏斜。

2. 滚刀的重磨

使用磨损了的滚刀滚齿时，会降低齿轮的齿形精度和恶化表面质量，还会加剧机床的振动。滚刀的磨损量超过一定值时就需要重磨前刀面，许用磨损量可以根据粗切、精切以及滚刀模数大小查阅相关齿轮加工工艺手册获得。滚刀的重磨精度对于滚刀的齿形精度有很大影响，必须十分重视。

直槽滚刀的前刀面是平面，可以用直母线的锥形砂轮来重磨。图 9-21 中所示为重磨（或刃磨）滚刀时砂轮的位置，需用样板来对准，使砂轮的锥面母线方向通过滚刀轴线。在数控滚刀刃磨机床上，砂轮的位置由数控系统精确定位，滚刀的轴向位置普遍采用测头测量来精确定位，可以实现精确刃磨。

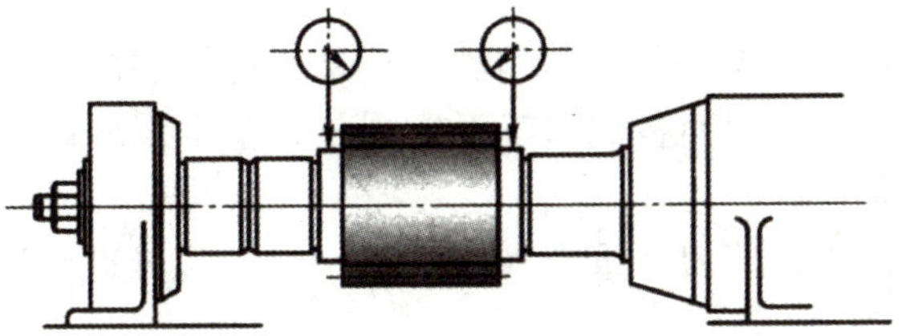

图 9-20　滚刀轴台径向圆跳动量的检查

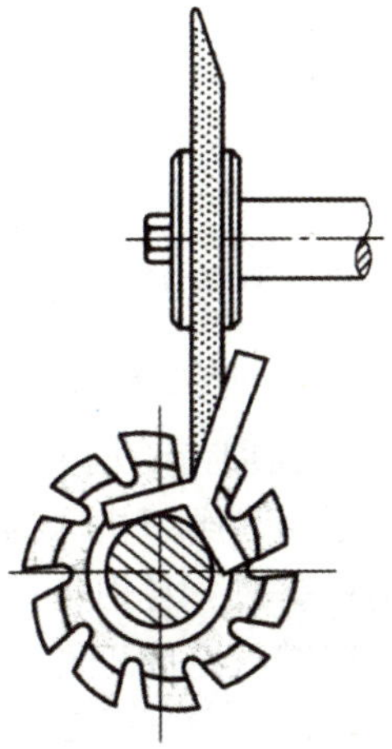

图 9-21　零前角滚刀刃磨时砂轮的相对位置

3. 重磨滚刀时产生的误差及其检验方法

重磨或刃磨滚刀时可能产生的误差主要有以下三项。

(1) 前刀面径向性误差

这是由于砂轮和滚刀的相对位置调整不准确而引起的。由于前刀面不通过滚刀轴线，如图 9-22 所示，使刀齿的齿形发生了畸变，从而导致加工出来的齿轮齿形也产生了误差。

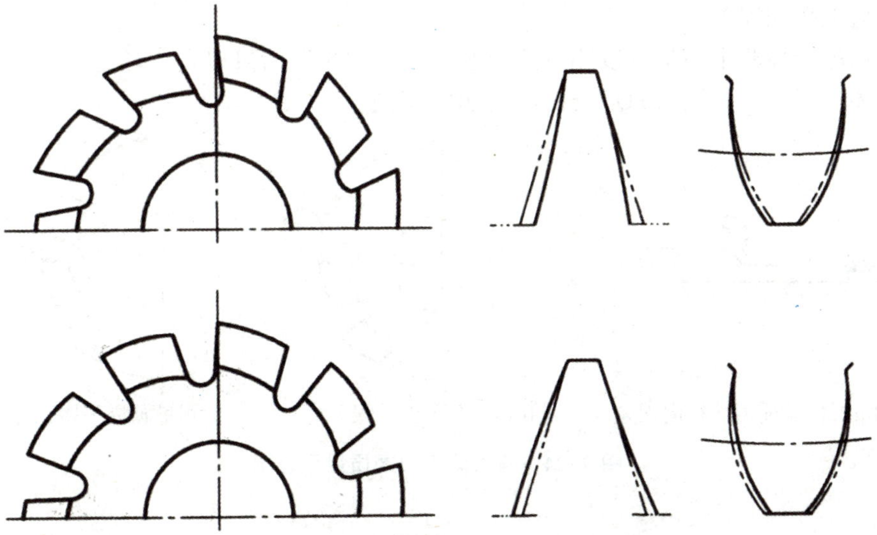

图 9-22　零前角滚刀的前角误差及其造成的工件齿形误差

(2) 前刀面与滚刀轴线的平行性误差

这是因为滚刀在磨刀机床上的安装误差引起的。这种误差会使滚刀各刀齿的侧刃依次而逐渐地离开正确的基本蜗杆表面，而顶刃的外径也形成锥度。这样的滚刀切出的齿轮齿形会向一侧歪斜，使齿的两侧齿形不对称，如图 9-23 所示。

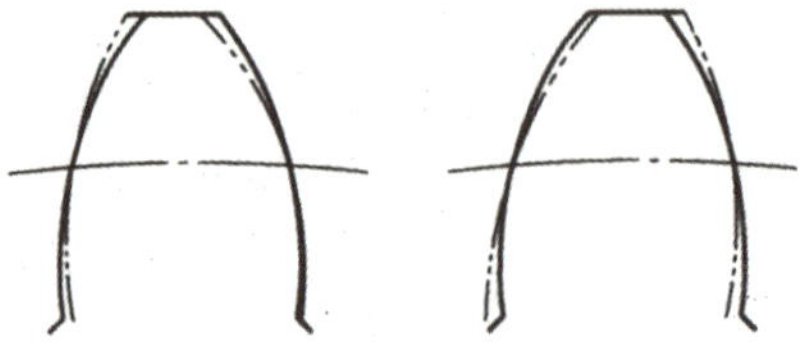

图 9-23　前刀面与滚刀轴线的平行性误差引起的工件齿形误差

（3）圆周齿距误差

这是因为磨刀机床的分度机构不准确而引起的。滚刀侧后刀面是经过铲磨的，当圆周齿距不相等时，各刀齿的齿厚就大小不均匀，因而各侧刃就不在同一个基本蜗杆的螺纹表面上，这样就造成工件上不规则的齿形误差。

由于这三项误差都影响滚刀的精度，所以滚刀在重磨（或刃磨）后，应对这些项目进行如下检验。

检验零前角滚刀的前刀面径向误差时，预先把千分表测头的位置用校正心轴调整好，心轴上的切口平面通过心轴中心，因而能保证测头对准滚刀中心，如图 9-24（a）所示。检验时，将千分表沿滚刀的半径方向移动，即可测出前刀面的径向性误差。

检查直槽滚刀前刀面与滚刀轴线的平行性误差时，只需将千分表沿滚刀的轴线方向移动即可，如图 9-24（b）所示。

图 9-24（c）是测量圆周齿距误差的情况。这项误差通常是以圆周齿距的最大累积误差表示的。测量方法与测量齿轮的累积误差相同，即先测出各齿的相邻圆周齿距误差，然后计算出最大累积误差。

一般的齿轮检测中心都可以测量滚刀精度，滚刀重磨后可以在齿轮检测中心方便准确地测量上述三项精度。测量原理与前面说明的相同。

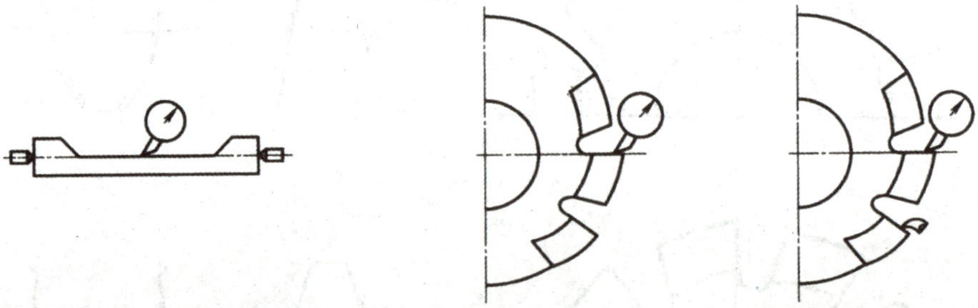

（a）检验前刀面径向误差　（b）检查平行性误差　（c）测量圆周齿距误差

图 9-24　检验滚刀刃磨质量示意图

任务 9.4　蜗轮滚刀

任务描述

李师傅继续讲解蜗轮滚刀。他解释说，蜗轮滚刀主要用于加工蜗轮，其结构和工作方式决定了加工质量和效率。李师傅详细介绍了蜗轮滚刀的结构和工作方式，以及阿基米德蜗轮滚刀的设计计算方法，并通过实际案例和计算公式，演示了这些内容。

任务分析

任务的目标是掌握蜗轮滚刀的结构和设计方法，特别是工作方式和阿基米德蜗轮滚刀的设计计算。通过学习，小张将能够理解蜗轮滚刀的工作原理，掌握其设计和使用技巧，从而提高加工质量和效率。

任务实施

9.4.1　蜗轮滚刀的结构和工作方式

蜗轮滚刀是加工蜗轮的主要刀具。从结构上来说，直径较大的蜗轮滚刀是在刀体内做出孔和轴向键槽，以孔定位套装在心轴上加工蜗轮；直径较小时，则在滚刀的端面上做出端面键槽，如图9-25（a）所示；而对于直径很小的蜗轮滚刀，考虑到强度和刚度的问题，就不能在刀体内做出孔，此时必须将滚刀做成连柄式，即滚刀与心轴连成一个整体，如图9-25（b）所示。

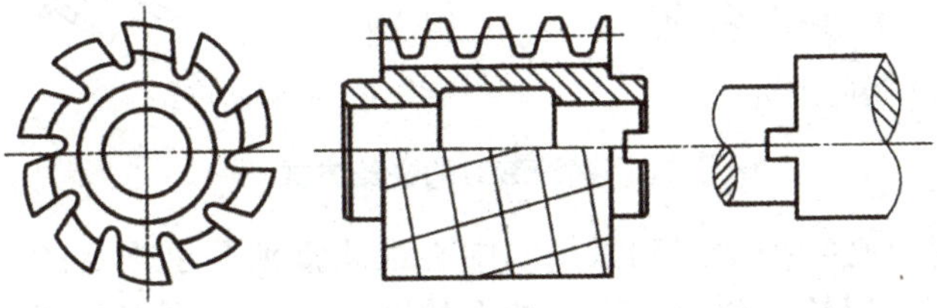
（a）套装式

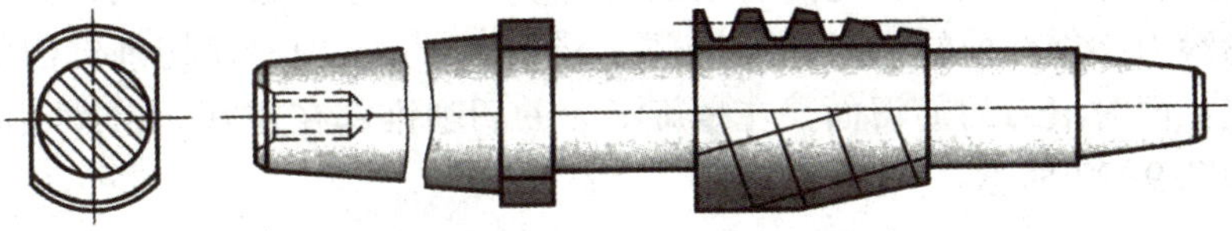
（b）连柄式

图9-25　套装式和连柄式蜗轮滚刀

蜗轮滚刀在外观上与齿轮滚刀很相似，但其工作方式和设计原理与齿轮滚刀有很大的差别。蜗轮滚刀在切削蜗轮时，模拟“工作蜗杆”（即与被加工蜗轮相啮合的蜗杆）与蜗轮的啮合过程，即滚刀与蜗轮的轴交角应等于工作蜗杆与蜗轮的轴交角；滚刀与蜗轮的中心距（当滚刀切出蜗轮全部齿形时的中心距）应等于工作蜗杆与蜗轮的啮合中心距；滚刀的轴线也应与工作蜗杆的轴线一样位于蜗轮的中间平面内。

从设计原理来说，齿轮滚刀的基本蜗杆形式可以自由选择，它可以采用渐开线蜗杆，也可以采用阿基米德蜗杆或法向直廓蜗杆，其直径的大小、螺纹头数的多少、螺旋方向是左是右等，理论上也都可以自由选择。但蜗轮滚刀却没有这些自由。由于它模拟工作蜗杆的作用，所以它的基本几何参数必须与工作蜗杆相同，只有个别参数（如外径等）可稍加变动。因此，如果说齿轮滚刀是加工相同模数和压力角的所有齿轮的通用刀具，那么蜗轮滚刀则是仅能加工一种蜗轮的专用刀具。

由于工作蜗杆的直径往往较小、螺纹头数较多，因而螺旋导程角较大，那么蜗轮滚刀也必须是这样。因此，为了使蜗轮滚刀的刀齿两侧刃有相同的切削角度（都是 0°），蜗轮滚刀的容屑槽大多做成螺旋槽。

蜗轮滚刀切削蜗轮时，可采用两种不同的进给方式：径向进给方式和切向进给方式，如图 9-26（a）和图 9-26（b）所示。用径向进给方式时，滚刀每转一周，蜗轮转过的齿数应等于滚刀的头数，这样就形成了展成运动。同时，滚刀沿着蜗轮半径方向进给，逐渐切入蜗轮材料，直到规定的中心距为止，滚刀再把工件切几圈，包络出蜗轮的完整齿形。用径向进给切削蜗轮时，滚刀每个刀齿是在相对于蜗轮轴线的一定位置切出齿形上一定的部位，因而蜗轮齿形是由有限的切线数包络出来的，往往两条包络切线之间的棱面高度较大，即蜗轮齿面的表面粗糙度较差。

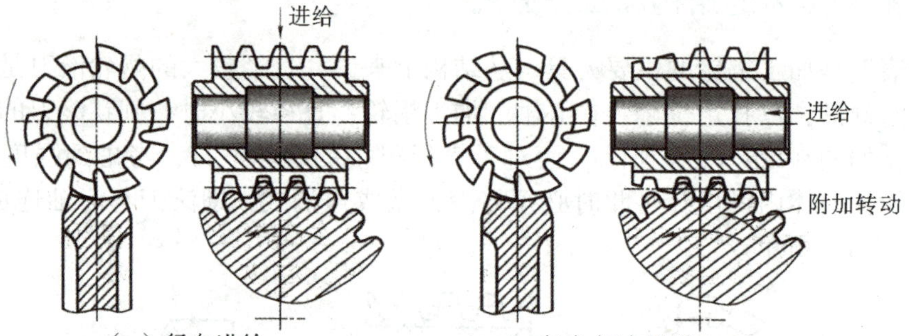

图 9-26　蜗轮滚刀的进给方式

用切向进给方式时，必须把滚刀和蜗轮的中心距调整到等于规定的中心距，而滚刀沿自己的轴线方向逐渐切入蜗轮。同时，需有如下的展成运动：滚刀每转一周，蜗轮除了要转过与滚刀头数相等的齿数外，还需有附加的转动。为了减轻第一个切入刀齿的负荷，切向进给的蜗轮滚刀必须在前端做有切削锥部，锥角 $\varphi_k = 11° \sim 13°$。切削锥部的位置，可按下述原则确定：面对滚刀的前刀面，左螺旋滚刀的切削锥部在左端，右螺旋滚刀的切削锥部在右端，如图 9-27 所示。

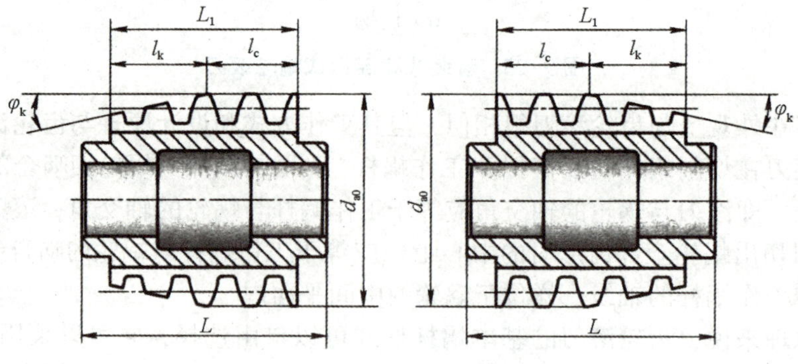

图 9-27　蜗轮滚刀的切削锥部

用切向进给方式加工蜗轮可以得到表面粗糙度值较低的加工表面，这是因为在切向进给时，包络蜗轮齿形的切线数目不仅与滚刀的刀齿数目有关，而且还与滚刀沿轴线方向的进给量大小有关。当滚刀切向进给时，每个刀齿在蜗轮上的造形点的位置是不断改变的，切向进给量越小，包络蜗轮齿形的切线数目就越多，因而得到的齿面表面粗糙度值越低。

此外，因切向进给滚刀有切削锥部，各刀齿的切削负荷比较均匀，因而滚刀的寿命也较长。但是切向进给方式的生产效率较低，而且用机械式滚齿机时需要专用的切向刀架，同时传动链也较长，使得齿面精度有所降低。

9.4.2 阿基米德蜗轮滚刀的设计计算

1. 滚刀基本参数和尺寸

如前所述，蜗轮滚刀的基本蜗杆必须符合工作蜗杆，不但蜗杆的类型要相同，而且它们的主要尺寸也应相同。阿基米德型的工作蜗杆是以轴向模数 m 和轴向压力角 α_x 表示的，所以阿基米德蜗轮滚刀也是以这两个参数来表示。此外，这种滚刀的下列参数也与工作蜗杆相同。

螺纹头数：

$$z_0 = z_1 \tag{9-30}$$

分度圆柱导程角：

$$\tan\gamma_0 = \tan\gamma_1 = \frac{z_1}{q} \tag{9-31}$$

轴向齿距：

$$p_{x0} = p_x = \pi m \tag{9-32}$$

法向齿距：

$$p_{n0} = \pi m \cos\gamma_0 \tag{9-33}$$

螺纹导程：

$$p_{z0} = p_{x0} z_1 = \pi m z_1 \tag{9-34}$$

分度圆柱直径：

$$d_0 = d_1 = qm \tag{9-35}$$

除此以外，蜗轮滚刀的螺旋方向也与工作蜗杆相同。

但是，蜗轮滚刀的外径和分度圆法向齿厚是不同于工作蜗杆的。这是因为精切蜗轮时，滚刀与蜗轮的中心距必须等于工作蜗杆与蜗轮的中心距，滚刀齿顶应当加高一些，以便对蜗轮齿根切深一些，使蜗轮与工作蜗杆啮合时有顶隙 c_{21}。此外，由于滚刀重磨后其外径会减小，这就使蜗轮的根圆直径增大，因而顶隙变小。为了不使顶隙变得太小，设计滚刀时应预先把滚刀外径再加大一些（半径加大 0.1 m），所以新滚刀的外径应为

$$d_{a0} = d_{a1} + 2(c_{21} + 0.1\ \mathrm{m}) \tag{9-36}$$

式中 d_{a1}——工作蜗杆的外径。

滚刀重磨到最后时，允许的最小外径为

$$d_{a0\min} = d_{a1} + c_{21} \tag{9-37}$$

这样，新滚刀的齿顶高为

$$h_{a0} = \frac{d_{a0} - d_0}{2} \tag{9-38}$$

全齿高为

$$h_0 = \frac{d_{a0} - d_{f0}}{2} \tag{9-39}$$

式中 d_{f0}——滚刀的根圆直径，它等于工作蜗杆的根圆柱直径。

滚刀重磨后，分度圆柱齿厚随之减小。在中心距不允许改变的条件下，这将使蜗轮的齿厚增大，因而侧向间隙减小，所以设计时也须将新滚刀的分度圆柱法向齿厚预先加大 Δs_{n0}。这样，新滚刀的分度圆柱法向齿厚为

$$s_{n0}=\frac{\pi m}{2}\cos\gamma_0+\Delta s_{n0} \tag{9-40}$$

式中 Δs_{n0}——按照蜗轮副的保证侧隙类别及蜗轮精度选取的最小减薄量 $\Delta_m s$ 数值的一半。

需要说明的是，按上述原理和方法设计的蜗轮滚刀加工出的蜗轮与蜗杆理论上是线接触的，即在蜗杆的每一个转角位置，蜗杆与蜗轮齿面都沿一条曲线相切接触。这种齿面对加工误差和蜗杆传动系统受力变形很敏感，容易产生偏载。所以，在传递动力的蜗杆传动中，往往采用"增径滚刀"，即滚刀基本蜗杆的分度圆直径大于工作蜗杆的分度圆直径，实现对蜗轮齿面的修形，降低对加工误差和受力变形的敏感性。用增径滚刀滚切蜗轮时滚刀与蜗轮的轴交角不等于工作蜗杆与蜗轮的轴交角，中心距也不等于工作蜗杆与蜗轮的中心距。这种滚刀的设计原理涉及更专业的内容，感兴趣的读者可以自行查阅相关资料进一步了解。

2. 滚刀的铲削量

滚刀的后角是由径向铲齿获得的。由于螺旋槽和直槽的滚刀，为了使其端剖面内能铲出顶刃后角 α_p，则铲削量 k 应为

$$k=\frac{\pi d_{a0}}{2}\tan\alpha_p \tag{9-41}$$

滚齿时，考虑滚刀顶刃的工作后角 α'_p 是在顶刃后刀面的螺纹方向较为合理，而 α'_p 与 α_p 的关系为

$$\tan\alpha_p\approx\tan\alpha'_p\cos\gamma_0 \tag{9-42}$$

将式（9-42）代入式（9-41），则得径向铲削量为

$$k\approx\frac{\pi d_{a0}}{z_k}\tan\alpha'_p\cos\gamma_0 \tag{9-43}$$

通常取 $\alpha'_p=10°\sim12°$。

3. 蜗轮滚刀的长度

径向进给滚刀的切削部分长度为

$$L_1=l_1+\pi m \tag{9-44}$$

式中 l_1——工作蜗杆螺纹部分的长度。

切向进给滚刀的切削部分长度为

$$L_1=l_k+l_c=(4.5\sim5)\pi m \tag{9-45}$$

式中 l_k——滚刀切削锥部的长度，$l_k=(2.5\sim3)\pi m$；

l_c——滚刀圆柱部分的长度，$l_c=2\pi m$。

套装滚刀的两端还需做有轴台，其作用与齿轮滚刀的轴台相同。

连柄滚刀的锥柄尺寸及支承轴的直径按滚齿机的装夹部分尺寸确定。为了装夹可靠，锥柄内做有拉紧用的内螺纹，并在锥柄大端铣出扁体，用以插入主轴孔中传递扭矩。滚刀切削部分与刀柄之间以及与支承轴之间都做有颈部，其半径应小于滚刀槽底的半径，以便铣刀铣容屑槽时能自由通过。颈部长度根据工件的最大直径确定，必须保证当滚刀切到蜗轮的全齿高时，蜗轮轮缘与滚齿机刀架左、右支架之间仍留有一定的间隙。连柄滚刀的总

长度是切削部分、刀柄、支承轴及两段颈部长度的总和。当决定切向进给的连柄滚刀的总长度时，还需考虑切向切入的长度。

4. 圆周齿数的选择

设计蜗轮滚刀时，如何选择其圆周齿数 z_k（即容屑槽数）是一个相当重要的问题。选得是否恰当，对于被加工的蜗轮齿形精度和表面粗糙度及滚刀刀齿的切削负荷都有很大的影响。这是由于蜗轮滚刀的直径一般较小，z_k 不可能很多；又因蜗轮滚刀往往是多头的，在包络蜗轮齿形的区域内，每个头上的刀齿数目是较少的；而用径向进给切削蜗轮时，滚刀上每个刀齿都是在一个固定的铅垂面内切削蜗轮（当轴交角为 90°时）。由于这些原因，包络蜗轮的切削刃数目就相对较少，齿形上的棱面高度就较大，因而齿形精度和表面粗糙度就较差。

（1）径向进给蜗轮滚刀的圆周齿数

前已述及，蜗轮滚刀的螺纹头数 z_0 应当等于工作蜗杆的螺纹头数 z_1。由于这一原因，在设计蜗杆副时，就应注意，当 $z_1 \geqslant 2$ 时，蜗轮的齿数 z_2 最好不是 z_1 的整数倍，或 z_2 与 z_1 没有公因数。这样，则蜗轮滚刀每条螺纹上的刀齿都能切削蜗轮的每个齿槽，因而包络蜗轮齿形的切削刃数目就增多了。

在 z_2 不是 z_1 的整数倍或 z_2 和 z_1 没有公因数的前提下，圆周齿数 z_k 不应与螺纹头数 z_0 有公因数。例如，当 $z_0=2$ 时，可取 $z_k=7$（或 9，11，…），而不可取 $z_k=8$（或 10，12，…）。这是因为当 $z_0=2$ 而 $z_k=7$（或 9，11，…）时，Ⅰ头上的刀齿 a，b，c，d，…分别地与Ⅱ头上的刀齿 a'，b'，c'，d'，…左右错开了，所以包络齿形的切削刃数目增加了一倍，如图 9-28（a）所示。而当 $z_0=2$，$z_k=8$（或 10，12，…）时，Ⅰ头上的刀齿 a，b，c，d，…分别地与Ⅱ头上的刀齿 a'，b'，c'，d'，…在滚刀的同一个端剖面内，所以 a 和 a'、b 和 b'、c 和 c'……是在蜗轮齿形的相同位置切削，不能使包络齿形的切削刃数目有所增加，如图 9-28（b）所示。

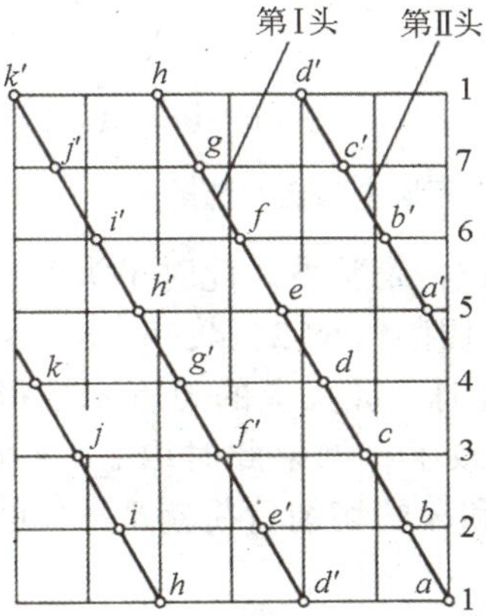

（a）z_2和z_1没有公因数

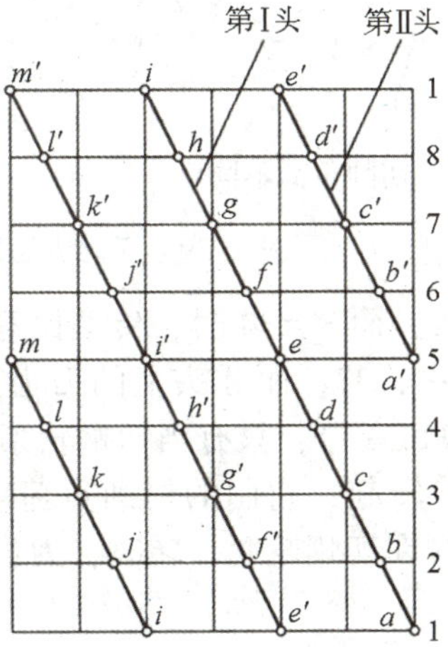

（b）z_2和z_1有公因数

图 9-28　径向进给蜗轮滚刀圆周齿数的选择

当 z_2 不是 z_1 的整数倍但 z_2 与 z_1 有公因数时，按上述原则确定圆周齿数，也能使包络齿形的切削刃数目增加一些。当 z_2 是 z_1 的整数倍时，按上述原则确定圆周齿数，就不可能增加包络齿形的切削刃数目，此时，唯一的办法就是尽可能地增加滚刀的圆周齿数。

（2）切向进给蜗轮滚刀的圆周齿数

用切向进给蜗轮滚刀切削时，包络蜗轮齿形的切削刃数目与切向进给量的大小有关，进给量越小，包络齿形的切削刃数目越多，齿面的表面粗糙度值越低。设计这种滚刀时，圆周齿数主要是考虑刀齿的切削负荷而定。确定的原则是当蜗杆副的传动比（z_2/z_1）为分数时，圆周齿数 z_k 应为滚刀头数 z_0 的整数倍，或者它们有公因数；而当传动比是整数时，两个头上的刀齿互相调换切削上述的各个齿槽。

如果 $z_0=2$，而取 $z_k=7$（或 9，11，…），则两个头上序号相同的刀齿不是在滚刀的相同端剖面内，而是左右错开了。图 9-28（a）表示Ⅱ头上的刀齿偏在Ⅰ头上序号相同的刀齿的左边，即靠近锥部大端的一边，因而Ⅱ头上的刀齿 a' 的齿顶半径就大于Ⅰ头上的刀齿 a 的齿顶半径（其余类推）。在切蜗轮的第一转时，Ⅰ头上的刀齿切齿槽 1，3，5，7，…，33 的深度和宽度较小，Ⅱ头上的刀齿切齿槽 2，4，6，8，…，32 的深度和宽度较大，如图 9-29（a）所示。当切削第二转时，两个头上的刀齿调换切削上述的各齿槽，所以Ⅱ头上的刀齿切齿槽 1，3，5，7，…，33，但这些齿槽原来切得较浅和较窄，所以Ⅱ头上的刀齿 a' 的切削负荷突然增大，而且当滚刀继续进给切入蜗轮时，Ⅱ头上的刀齿 a' 的切削条件总比Ⅰ头上的刀齿 a 为差，磨损较严重，降低了滚刀的寿命。

由于切向进给滚刀有切削锥部，而锥部上各刀齿的齿顶半径是不同的。但是，当 $z_0=2$，$z_k=8$（或 10，12，…）时，两个头上序号相同的刀齿是在滚刀的相同端剖面内，所以Ⅰ头上的刀齿 a 和Ⅱ头上的刀齿 a' 有相同的齿顶半径（其余类推），因而两个头上的刀齿切削的深度和宽度相同，也就是切削负荷相同，如图 9-29（b）所示。

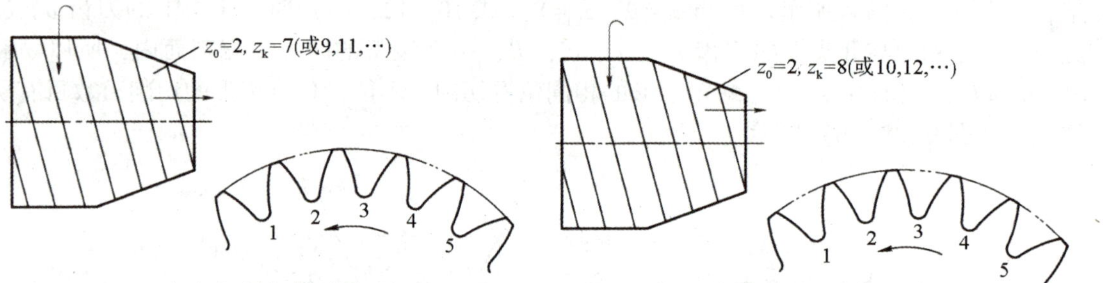

（a）切削负荷不同　　（b）切削负荷相同

图 9-29　切向进给蜗轮滚刀圆周齿数的选择

如果 $z_0=z_1=2$，而 $z_2=34$ 时，传动比等于 17，是整数。此时Ⅰ头上的刀齿始终切削齿槽 1，3，5，7，…，33，而Ⅱ头上的刀齿始终切削齿槽 2，4，6，8，…，34。此时，即使 $z_k=7$（或 9，11，…），只有当切蜗轮第一转时，Ⅱ头上的刀齿 a' 切得比Ⅰ头上的刀齿 a 为重，从切第二转起，它们的切削负荷就一致了。如果此时取 $z_k=8$（或 10，12，…）就更好，因为这样在切蜗轮第一转时，刀齿 a' 和 a 的切削负荷就是一样的。

任务 9.5　剃　齿　刀

任务描述

最后，李师傅讲解了剃齿刀。他解释说，剃齿刀主要用于精加工齿轮，提高齿轮的表面质量和精度。李师傅详细介绍了剃齿刀的类型和用途、剃齿切削速度、盘形剃齿刀的结构、剃齿刀的齿形修正，以及剃齿余量形式和剃前刀具的选择，并通过实际操作和案例分析，演示了这些内容。

任务分析

任务的重点在于掌握剃齿刀的类型、切削速度、结构和齿形修正，特别是剃齿余量形式和剃前刀具的选择。通过学习，小张将能够理解剃齿刀的工作原理，掌握其设计和使用技巧，从而提高齿轮的表面质量和精度，优化加工过程。

任务实施

9.5.1　剃齿刀的类型和用途

剃齿刀是精加工直齿或斜齿圆柱齿轮的刀具。剃齿工艺广泛应用在汽车和拖拉机制造等大批量制造行业。齿轮在被剃之前，需要先用插齿刀或齿轮滚刀切出齿槽，并在齿侧面留有剃齿余量。常用的高速钢剃齿刀能剃削硬度低于 35 HRC 的齿面，剃后齿轮精度可达 6~8 级，表面粗糙度可达 0.4~0.6 μm。剃齿生产率高，1~3 min 就可剃一个汽车齿轮。正常使用的盘形剃齿刀一次重磨后约可加工 2 000 个齿轮，每把剃齿刀约可加工上万个齿轮。

根据外形，剃齿刀可分为齿条形剃齿刀、盘形剃齿刀和蜗杆形剃齿刀（图 9-30）。在这些剃齿刀的齿面上，开出许多小槽以形成切削刃和容屑槽。齿条形剃齿刀是由许多刀齿装配而成的，结构较为复杂而且主运动是往复运动，限制了剃削速度的提高，如图 9-30（a）所示。这种剃齿刀已很少使用。现在生产中应用最普遍的是盘形剃齿刀，下面将着重讲述这种剃齿刀，如图 9-30（b）所示。蜗杆形剃齿刀可用来加工蜗轮和齿轮，如图 9-30（c）所示。加工蜗轮的称为蜗轮剃齿刀，由其切削刃形成的基本蜗杆应与被剃蜗轮的工作蜗杆一致。加工齿轮的称为蜗杆形齿轮剃齿刀，其基本蜗杆的选择原则与滚刀相似。这种齿轮剃齿刀主要用于大型齿轮滚齿后直接在滚齿机上进行剃齿，以提高齿轮的加工精度和减小表面粗糙度。

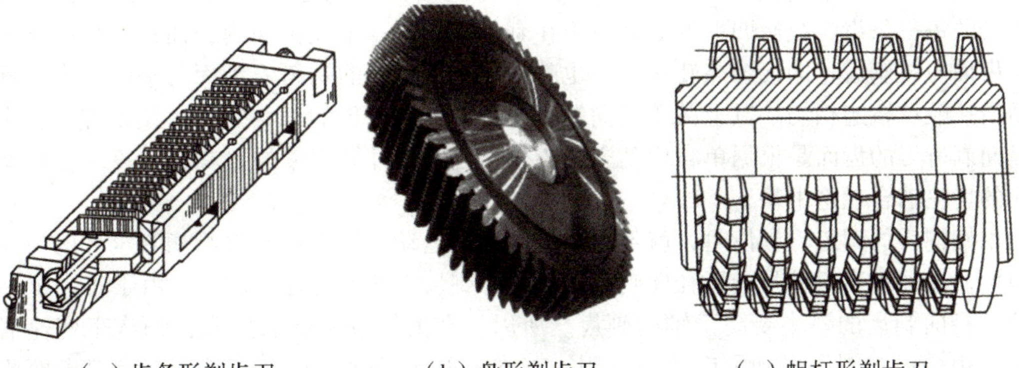

（a）齿条形剃齿刀　　（b）盘形剃齿刀　　（c）蜗杆形剃齿刀

图 9-30　各种类型的剃齿刀

用盘形剃齿刀（以下简称剃齿刀）加工齿轮时，剃齿刀 1 装在机床主轴上，被剃齿轮

2装在心轴上，顶在机床工作台上的两顶尖间，能自由地转动（图9-31）。机床主轴与工件心轴交错成一个角度Σ。剃齿刀和工件之间没有传动链联系，被剃齿轮的转动是由剃齿刀带动的，所以剃齿过程类似于交错轴传动的螺旋齿轮啮合过程。在剃齿啮合过程中，剃齿刀齿面和工件齿面间产生相对滑动速度。由于剃齿刀齿面上有许多切削刃，所以工件齿面沿剃齿刀齿面滑动时，就被剃下极细的切屑来。

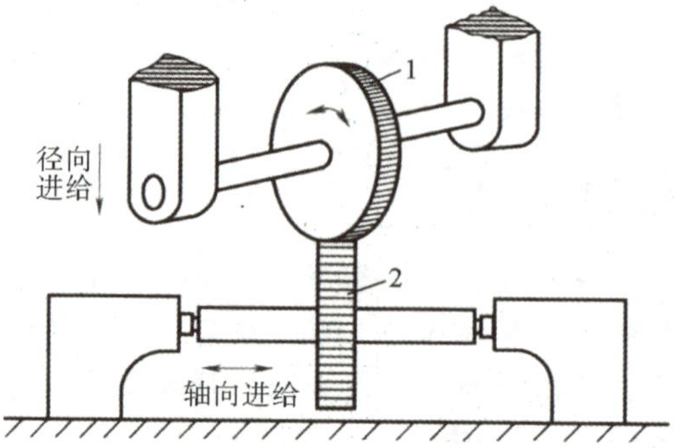

1—剃齿刀；2—被剃齿轮。

图9-31　盘形剃齿刀的工作原理

用盘形剃齿刀剃齿常用的工艺方法有轴向剃齿和径向剃齿。下面分别说明这两种工艺方法的特点和对所用剃齿刀的要求。

如果把剃齿刀的齿面做成渐开螺旋面，剃齿过程就是两个渐开线齿轮进行交错轴间的螺旋齿轮啮合，理论上在每一瞬间剃齿刀齿面与被剃齿轮齿面都是点接触。当工件是直齿轮时，它齿面上的接触点轨迹在某一端面上；而当工件是斜齿轮时，它齿面上的接触点轨迹是一条倾斜的曲线，则如图9-32（a）所示。但实际上，当剃齿刀上的刀齿压入齿轮的齿槽时，齿轮的齿面在接触点处产生弹性变形，所以剃齿刀与工件的齿面是沿椭圆形小面积接触的。在工件的旋转过程中，椭圆形接触面沿着齿面上的理论接触点轨迹移动，因而剃齿刀从工件齿面上剃去了 *abcd* 剃削区内的一层金属。为了剃出全齿面，机床工作台必须带着被剃齿轮沿其轴线方向相对于剃齿刀做轴向进给运动（图9-31），这样剃削区就会逐渐扩大到整个齿面。在工件的一个往复行程后，剃齿刀相对于工件做径向进给，使中心距逐渐减小，直到切除全部的齿厚余量为止。这种剃齿工艺就是轴向剃齿，相应的剃齿刀就是盘形轴向剃齿刀。

盘形轴向剃齿刀与被剃齿轮齿面为点接触，剃齿过程需要轴向进给运动，影响生产效率。如果把剃齿刀齿面在渐开螺旋面的基础上加以修正，使剃齿刀齿面与被剃齿轮齿面成为线接触，如图9-32（b）所示。修正的方法类似于齿轮的齿向修形，不同的是齿轮一般修“鼓形”，而剃齿刀要修“凹形”，即齿两端要多出材料来；另一个不同点是，具有不同直径的每一条齿向线修凹形的最低点不在剃齿刀的同一个端截面内，而是在轴向剃齿刀理论齿面与被剃齿轮的接触点轨迹上。也就是说，修正后的剃齿刀齿面与轴向剃齿刀理论齿面沿接触点轨迹相切。以上关于径向剃齿刀齿面形成原理的说明是为了便于理解，实际中径向剃齿刀的齿面是根据单自由度空间齿轮啮合原理计算出来的（具体计算方法可参考专业的齿轮啮合理论书籍）。

用修整后的剃齿刀剃齿时，就不需要轴向进给运动，只需径向进给切除全部的齿厚余量即可。这种剃齿刀就是盘形径向剃齿刀，这种剃齿工艺就是径向剃齿。由于省去了轴向进给，径向剃齿的效率要高于轴向剃齿。所以，在大批量生产的场合，如汽车变速器齿轮加工中，径向剃齿得到了广泛的应用，基本上取代了轴向剃齿。两种剃齿刀齿面比较见图9-33。

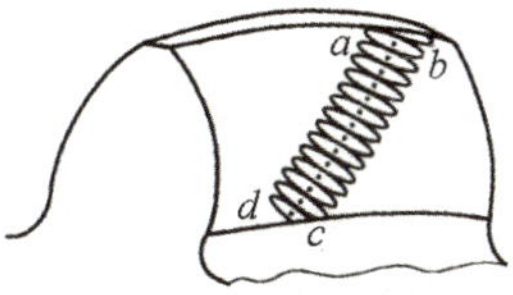

（a）轴向剃齿

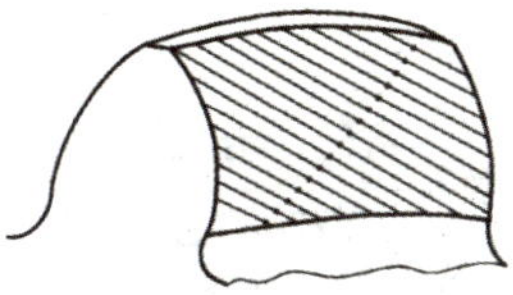

（b）径向剃齿

图 9-32 剃齿刀与工件齿面的接触

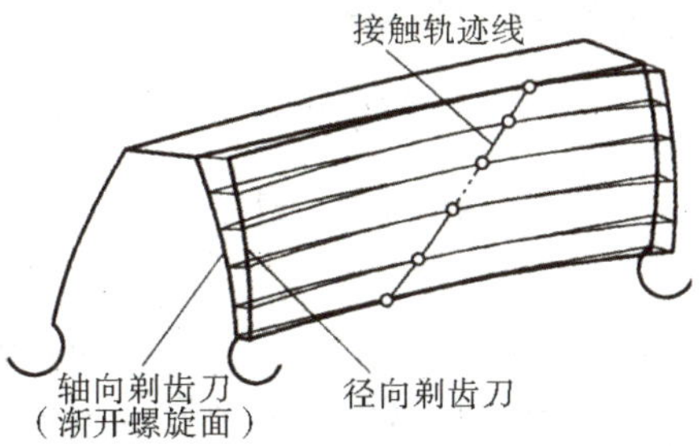

图 9-33 径向剃齿刀齿面与轴向剃齿刀齿面比较

9.5.2 剃齿切削速度

剃齿刀和工件的轴交角为

$$\Sigma=\beta_1\pm\beta_0 \tag{9-46}$$

式中 β_1 和 β_0——工件和剃齿刀节圆柱上的螺旋角。当两者的螺旋方向相同时取加号，相反时取减号。

图 9-34 中表示了用左旋剃齿刀 1 加工右旋齿轮 2 的情形。剃齿时的切削速度一般是指剃齿刀和工件在啮合节点处的相对滑移速度。在图 9-34 中，剃齿刀在啮合节点的圆周速度（m/s）为

$$v_0=\frac{\pi d_0 n_0}{1\ 000}$$

式中 d_0——剃齿刀的分度圆直径（mm）；

n_0——剃齿刀的转速（r/s）。

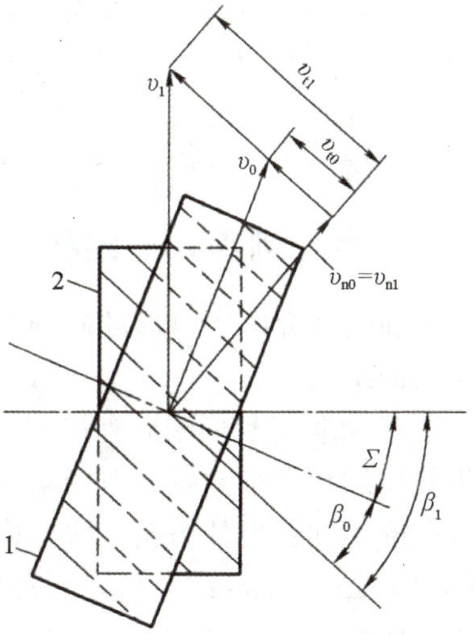

1—左旋剃齿刀；2—右旋齿轮。

图 9-34 剃齿时的切削速度

速度 v_0 可分解为法向（垂直于节点螺旋线切线方向）速度 v_{n0} 和切向（平行于节点螺旋线切线方向）速度 v_{t0}，二者分别为

$$v_{n0}=v_0\cos\beta_0,\quad v_{t0}=v_0\sin\beta_0$$

同理，齿轮在啮合节点的圆周速度 v_1 也可以分解为

$$v_{n1}=v_1\cos\beta_1,\quad v_{t1}=v_1\sin\beta_1$$

齿轮和剃齿刀在啮合节点的法向分速度应相等，即

$$v_{n0}=v_{n1} \tag{9-47}$$

所以

$$v_1=v_0\frac{\cos\beta_0}{\cos\beta_1} \tag{9-48}$$

剃齿刀与齿轮在啮合节点的相对滑移速度为切向分速度之差，即

$$v=v_{t1}\pm v_{n1} \tag{9-49}$$

将式（9-47）、式（9-48）代入式（9-49）得

$$v=v_1\sin\beta_1\ \pm v_0\sin\beta_0=\frac{v_0}{\cos\beta_1}(\sin\beta_1\cos\beta_0\ \pm\cos\beta_1\sin\beta_0)$$

将式（9-46）代入得

$$v=\frac{v_0}{\cos\beta_1}\sin\Sigma=\frac{\pi d_0 n_0\sin\Sigma}{1\ 000\cos\beta_1}\tag{9-50}$$

式（9-41）仅表示了剃齿刀齿面和工件齿面在啮合节点处的相对滑移速度。在其他各点啮合时，相对滑移速度是变化的。剃齿刀名义直径和齿数相同时，被剃齿轮的齿数不同，齿顶、齿根和节点处的滑移速度也不同。根据分析计算可知，齿数 10 的被剃齿轮，在齿根处的相对滑移速度（即切削速度）约为节点处的两倍，在齿顶处的相对滑移速度约为节点处的三倍。随着被剃齿轮齿数增加，这个差别会逐渐变小。

由式（9-50）可知，轴交角 Σ 越大，切削速度也越大，但随 Σ 角增大，会加大纵向走刀力，减小剃齿刀和工件齿面间的接触椭圆面积，削弱了剃齿刀的导向作用，这样容易发生振动，降低加工表面的精度，加大加工表面的表面粗糙度。因此 Σ 角也不能太大，一般为 10°~20°。加工双联齿轮时，为了剃出其中小齿轮的全部齿宽而不致使剃齿刀碰到大齿轮或台肩，可以允许 $\Sigma=5°$。

9.5.3　盘形剃齿刀的结构

前面已经介绍了盘形轴向剃齿刀和盘形径向剃齿刀的工作原理，现在简单介绍这两种剃齿刀的结构。

国家标准《盘形轴向剃齿刀》（GB/T 14333—2008）中规定了法向模数 1~8 mm 的圆柱齿轮用的盘形轴向剃齿刀的结构尺寸和技术要求。规定了两个精度等级 A 级和 B 级，以适应剃削不同精度的齿轮。法向模数 1~1.5 mm 的剃齿刀，公称分度圆直径 $d=85$ mm；法向模数 1.25~6 mm 的剃齿刀，公称分度圆直径 $d=180$ mm；法向模数 2~8 mm 的剃齿刀，公称分度圆直径 $d=240$ mm。工作部分硬度当用普通高速钢制造时为 63~66 HRC，用高性能高速钢制造时为 64 HRC 以上。

以容屑槽的形状来分，盘形轴向剃齿刀可分为不通槽和环形通槽两种。图 9-35（a）为不通槽剃齿刀。在刀齿的两个侧面上开了许多容屑槽，但左、右两个侧面上的容屑槽并不相通。槽底通常做成渐开线形状，并大致与剃齿刀齿侧面平行。这种容屑槽是用梳齿刀插成的。为了使梳齿刀能够退刀，在剃齿刀的齿根处制有退刀小孔或退刀螺旋沟槽，如图 9-35（a）所示。闭槽剃齿刀用钝后，重磨刀齿侧面（轴向剃齿刀为渐开螺旋面，径向剃齿刀是对渐开螺旋面做凹形修正后的曲面），齿顶也要按照磨刀表的要求相应地磨去一些，这样可使齿顶不至于变尖，而又能剃出齿轮上要求的渐开线最低点。这种剃齿刀的重磨就等于磨一把新剃齿刀，同时插制容屑槽和钻退刀小孔，或铣削退刀螺旋沟槽等工艺也较费事。这种容屑槽形式一般用于法向模数 $m_n\geqslant 1.75$ 的剃齿刀。

图 9-35（b）是环形通槽剃齿刀，其圆周上有圆环形或螺旋形的容屑槽，槽的轴向截形是矩形或梯形。这种剃齿刀用钝后，重磨容屑槽的侧面，重磨后剃齿刀的齿形尺寸不变。与闭槽剃齿刀相比，通槽剃齿刀的重磨较方便。但因这种容屑槽不能做得太深，所以只能用于法向模数 $m_n<1.75$ 的剃齿刀。

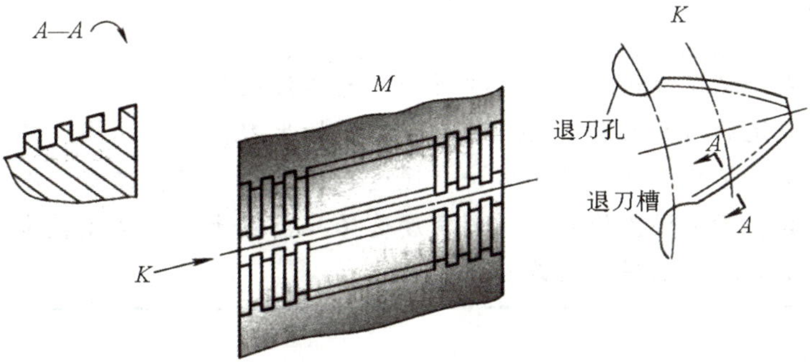

（a）不通槽

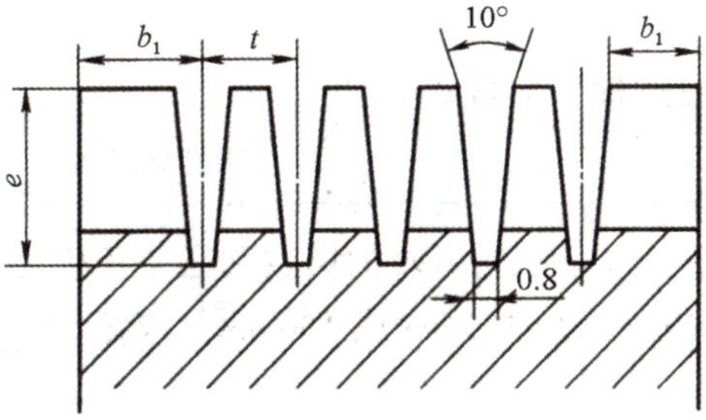

（b）环形通槽

图 9-35　剃齿刀

国家标准《盘形径向剃齿刀》（GB/T 21950—2008）中规定了法向模数 1.25~5 mm 的圆柱齿轮用的盘形径向剃齿刀的结构尺寸和技术要求。规定了两个精度等级 A 级和 B 级，以适应剃削不同精度的齿轮。公称分度圆直径有 $d=180$ mm 和 $d=240$ mm 两种。工作部分硬度当用普通高速钢制造时为 63~66 HRC，用高性能高速钢制造时为 64 HRC 以上。

剃齿刀的公称直径可根据剃削齿轮的模数和所使用的机床来选择。

盘形径向剃齿刀的孔径为 63.5 mm 或 100 mm，这样可以使用较粗的剃齿机心轴，以承受较大的剃齿背向力。

标准剃齿刀的齿数取成质数，如 37、41、43、53、59、61、67、73 等，这样可使剃齿刀的齿数与工件齿数没有公因数，以免剃齿刀的齿距误差复映到所剃齿轮上去。在选择剃齿刀齿数时，还必须使它与工件啮合的重合度尽可能大，极端情况下也要大于 1。

国家标准 GB/T 14333—2008 和 GB/T 21950—2008 中未对剃齿刀的螺旋角做出规定。在设计或选用标准剃齿刀时，剃齿刀的分度圆螺旋角的旋向和大小，应保证剃齿刀与工件的轴交角 Σ 在前述的容许范围内。

需要说明的是，由于剃齿中会出现剃齿“中凹”现象，在汽车变速器齿轮大批量制造中，几乎所有齿轮都要设计制造专用剃齿刀，以满足剃齿精度要求，并获得较长的剃齿刀寿命。

项目小结

本项目首先介绍了齿轮刀具的主要类型，包括按被加工齿轮类型和工作原理的分类，这对选择合适的刀具至关重要。其次介绍了插齿刀、齿轮滚刀、蜗轮滚刀和剃齿刀等刀具的结构、工作原理和使用方法。通过本项目的学习，读者能够掌握各种齿轮刀具的设计计算、齿形误差修正、切削角度选择和合理使用等关键技术，为实际的齿轮加工提供坚实的理论基础和实践指导。

项目工单

1. 项目实施记录

根据本项目的学习过程，完成表9-1。

表9-1　项目实施记录表

姓名		学号	
班级		指导教师	
遇到的难点			
学到的重点			
新的发现			

2. 考核评价

根据任务完成情况，填写表9-2。

表9-2　考核评价表

项目名称	评价内容	满分/分	评分/分		
			自评	互评	师评
职业素养考核项目 40%	穿戴规范、整洁	8			
	安全意识、责任意识及服从意识强	8			
	积极参加教学活动，按时完成任务工单	8			
	团队合作、沟通能力强	8			
	劳动纪律良好	8			

续表

<table>
<tr><th rowspan="2">项目名称</th><th rowspan="2" colspan="2">评价内容</th><th rowspan="2">满分/分</th><th colspan="3">评分/分</th></tr>
<tr><th>自评</th><th>互评</th><th>师评</th></tr>
<tr><td rowspan="4">专业能力
考核项目 60%</td><td colspan="2">专业知识查找及时、准确</td><td>12</td><td></td><td></td><td></td></tr>
<tr><td colspan="2">操作符合规范</td><td>18</td><td></td><td></td><td></td></tr>
<tr><td colspan="2">态度认真，学习效率高</td><td>12</td><td></td><td></td><td></td></tr>
<tr><td colspan="2">充分认识齿轮刀具的结构与性质</td><td>18</td><td></td><td></td><td></td></tr>
<tr><td colspan="3">合计</td><td>100</td><td></td><td></td><td></td></tr>
<tr><td rowspan="2">总评</td><td rowspan="2">自评(20%)+互评(20%)+
师评(60%)=</td><td>综合等级</td><td colspan="4" rowspan="2">指导教师（签名）：</td></tr>
<tr><td></td></tr>
</table>

课后练习

一、填空题

1. 成形齿轮刀具的________与被加工的________剖面内的槽型相同。
2. 直齿插齿刀分为________插齿刀、________插齿刀和________插齿刀。
3. 基本蜗杆的螺纹表面若是渐开螺旋面，则称为________，而这样的滚刀称为渐开线滚刀。
4. 蜗轮滚刀切削蜗轮时，可采用两种不同的进给方式：________方式和________方式。
5. 在剃齿刀的齿形曲线不经修正的条件下，只要适当增加剃齿时的________，就可以减轻或消除被剃齿轮齿形________。

二、简答题

1. 齿轮刀具按被加工的齿轮类型分为哪几类？
2. 修正齿形误差的方法是什么？
3. 大直径的齿轮滚刀有哪些优点？

项目10　数控刀具与工具系统

项目导读

数控刀具与工具系统是现代机械加工中提高生产效率和加工精度的关键技术之一。数控刀具的性能直接影响到加工质量、生产效率和成本控制。本项目将系统介绍数控刀具的特点与可靠性、刀具尺寸寿命及尺寸自动补偿技术，以及数控工具系统的分类和应用。通过本项目的学习，学生将全面掌握数控刀具的基本知识和使用方法，能够根据具体的加工需求选择合适的刀具和工具系统，并能够进行合理的工艺设计和参数选择。

学习目标

知识目标

1. 了解数控刀具的特点，掌握数控刀具的基本特征和优势，理解其在现代机械加工中的重要性。

2. 掌握刀具的可靠性，学习刀具可靠性的基本概念和评估方法，了解提高刀具可靠性的措施。

3. 理解刀具尺寸寿命的概念，掌握刀具尺寸寿命的定义、计算方法和影响因素。

4. 掌握尺寸自动补偿技术，学习尺寸自动补偿的原理和方法，了解其在数控加工中的应用。

5. 熟悉数控刀具的工具系统，了解车削类和镗铣类数控工具系统的组成、特点和应用，掌握其选择和使用方法。

能力目标

1. 能够选择和使用合适的数控刀具，根据加工需求，合理选取不同类型的数控刀具。

2. 能够应用尺寸自动补偿技术，掌握尺寸自动补偿的方法，提高加工精度和生产效率。

3. 能够选择和使用数控工具系统，根据加工要求，合理选择和使用车削类和镗铣类数控工具系统。

4. 具备解决数控刀具使用中问题的能力，能够应用所学知识，对数控刀具使用过程中出现的问题进行分析和解决。

素质目标

1. 在数控刀具的选择、使用和维护过程中，注重细节，确保准确无误。
2. 通过实际操作和练习，提高数控刀具的使用技能。
3. 在团队合作中，有效沟通和协作，共同完成数控加工任务。
4. 鼓励学生在数控刀具的应用中提出创新性的解决方案，提高加工效率和质量。

思政目标

培养学生诚实守信、认真负责的职业道德观念，确保生产过程中的质量和安全。引导学生追求卓越、精益求精的工匠精神，不断提升自身技能水平，为国家的工业发展贡献力量。在操作数控刀具和工具系统时，严格遵守安全规范，确保自身和他人的安全。关注数控刀具和工具系统在使用过程中的环保问题，推动绿色制造和可持续发展。

任务 10.1　数控刀具的特点与可靠性

任务描述

机械学徒小王在数控车间实习时，对数控刀具有了浓厚的兴趣。他的师傅陈师傅决定从数控刀具的特点与可靠性开始教起。陈师傅拿起一把数控刀具，解释说："数控刀具具有显著的特点和高可靠性，这直接影响着数控加工的精度和效率。"他详细介绍了数控刀具的几个特点，包括高精度、高效率、高稳定性等，并讨论了刀具可靠性的重要性和评估方法。陈师傅通过实际案例解释了高可靠性的数控刀具如何提高加工质量和效率。

任务分析

任务的重点在于理解数控刀具的特点，特别是高精度、高效率和稳定性等特点，以及这些特点对加工精度和效率的影响。通过学习，小王将能够理解数控刀具的工作原理，掌握其特点和可靠性评估方法，从而在实际加工中选择和使用高可靠性的数控刀具。

任务实施

10.1.1 数控刀具的特点

数控刀具的特点

自20世纪80年代以来，计算机控制自动加工技术获得高速发展。为适应新的潮流，工具生产者的业务范围由过去单纯的刀具生产扩展为工具系统、工具识别系统、刀具几何检测/刀具状态监控系统，以及刀具管理系统的开发与生产，以满足数控机床（CNC）、加工中心（MC）、柔性制造单元（FMC）、柔性制造系统（FMS）和智能制造系统（IMS）等的加工和管理要求，促使整个自动化加工过程生产质量和效率的提高。因此，以上自动化加工装备用的刀具统称为数控刀具，其研究已扩展到包括刀具识别技术、检测/监控技术、生产管理与仓储物流技术在内的现代刀具技术，面向刀具的全生命周期管理（PLM）。对刀具总的要求是具有可靠、高效、耐久和经济等特点，概括起来有如下几个方面。

1. 可靠性高

自动化加工的基本前提就是刀具应有高的可靠性，加工中不会轻易发生意外的损坏。刀具的性能一定要稳定可靠，同一批刀具的切削性能和寿命不得有较大差异。

2. 切削性能好，适应高速切削要求

为提高生产效率，现在的数控机床向着高速、高刚度和大功率发展。如中等规格的加工中心，其主轴最高转速一般为8 000～12 000 r/min，有的高达40 000 r/min（用于小直径磨头的主轴转速更高），工作进给速度可达30 m/min以上。因此现代刀具必须要有能实现高速切削、较大进给量和较高寿命的性能，对于数控机床，应尽量采用高效先进刀具。采用的高速钢刀具也以粉末冶金制材工艺高速钢为主，而且对其整体磨制后需要再经涂层，以保证刀具寿命高，又稳定可靠。目前数控机床上已大量使用涂层硬质合金刀具、陶瓷刀具和超硬刀具等采用高性能材料的刀具，它们能在最佳切削速度下工作，充分发挥数控机床的效能。

3. 刀具能实现快速更换

经过机外对刀仪预调尺寸的刀具，通过机械手的夹持操作，能与机床快速、准确地接合和脱开。连接刀具的刀柄、刀杆、接杆和装夹刀头的刀夹等辅助工具称为工具系统，现代工具系统的结构应满足自动化加工的要求。

4. 高精度

为适应自动化加工的精度和快速自动更换刀具的要求，刀具及其装夹结构也必须具有很高的精度，能保证在机床上的安装精度（通常在0.005 mm以内）和重复定位精度。数控车床使用的可转位刀片一般具有较高精度，其刀体加工精度也高。如果是精密数控车床，其刀架的安装与运动精度也高，同时要求选用精密级可转位车刀，其所配用的刀片应有更高的精度和更好的精度保持性，可以选用精化刀具，以保证高要求的刀尖位置精度。对于数控机床用的整体刀具也具有高精度的要求。例如，有些立铣刀的径向尺寸精度高达0.005 mm，以满足精密零件的加工要求。伴随先进制造技术的发展，具有数字化、智能化功能的生产线或车间都配有专门的对刀仪，以实现刀具上机床使用前的几何尺寸参数精确测量。

5. 复合程度高

复合程度高，以减少刀具数量，降低刀具管理难度。在自动化加工过程中，为充分发挥昂贵设备的利用率，要求发展和使用多种复合刀具，如钻-扩、扩-铰、扩-镗等，使原来需要多道工序、几把刀具才能完成的工序，在一道工序中，由一把刀具完成，以提高生产效率，保证加工精度。图 10-1 给出的是两类加工孔用复合刀具。

（a）　　　　（b）

图 10-1　加工孔用复合刀具

6. 配备刀具状态监测装置

这种装置，随时将刀具状态（磨损或破损）的监测结果输入计算机，以便及时统计剩余使用寿命，发出调整或更换刀具的管控指令，以保证工作循环的正常进行与加工质量。该装置的性能必须稳定可靠，防止意外事故，避免不必要的损失。

10.1.2　刀具的可靠性

刀具的可靠性是自动化加工系统的重要因素之一，如果刀具的可靠性差，将会增加换刀时间，或者产生废品，损坏机床与设备，甚至造成人员伤亡。所谓刀具的可靠性是指刀具在规定的切削条件下和在规定的切削时间内，完成规定的切削工作的能力。

由于刀具材料和工件材料性能的分散性，所用机床和工艺系统的动、静态性能差别，以及毛坯余量和装夹误差等其他条件的变化，刀具的磨损或破损对寿命的影响都存在随机性。因此刀具的可靠性既有一定的数量特征，又具有随机性的特点。所以，一般采用概率论和数理统计的方法来对刀具的可靠性指标进行定量的描述。通常用可靠度作为刀具可靠性的一个评价指标。所谓刀具的可靠度，是指刀具在规定的条件下和在规定的时间内，完成确定的切削工作的概率，亦即刀具不损坏的概率，常用 $R(t)$ 来表示。它与在规定的条件下和在规定的时间内刀具的不可靠度或损坏概率 $F(t)$ 的关系为

$$R(t)+F(t)=1 \tag{10-1}$$

刀具损坏概率密度函数为

$$f(t)=F'(t)=-R'(t)$$

则刀具可靠度为

$$R(t)=1-\int_0^t f(t)\,\mathrm{d}t \tag{10-2}$$

式中，$f(t)$ 是表示刀具寿命随机分布性质的函数。

新刀具和重磨过的刀具的损坏特点是不同的，因此可用刀具切削到 t 时刻后，单位时间

内发生损坏的概率，即损坏率 λ（t）来表示刀具损坏的特点，它与可靠度有如下的关系：

$$R(t)=\frac{f(t)}{\lambda(t)} \tag{10-3}$$

另一种非常重要的可靠性指标是刀具可靠寿命 t_r，它是刀具在达到规定的可靠度 r 之前所能切削的时间，即 $R(t_r)=r$ 时刀具可靠寿命为

$$t_r=R^{-1}(r) \tag{10-4}$$

可利用上述各关系式来进行刀具可靠性的评价。

刀具损坏的主要原因是磨损和破损，而且两者相互影响。对于单刃刀具，刀具可靠度的一般式为

$$R(t)=R_\omega(t)R_F(t) \tag{10-5}$$

对于多刃刀具，当一齿或几齿损坏时，即视为整把刀具损坏，则刀具可靠度为

$$R(t)=[R_\omega(t)R_F(t)]^Z \tag{10-6}$$

式中　Z——刀齿数；

$R_\omega(t)$、$R_F(t)$——不发生磨损与破损的刀具可靠度，如果在某具体条件下刀具是以磨损或破损为主，则可以略去另一种的影响。

评价刀具可靠度，先要通过具体切削试验或从工厂收集大量的关于不同条件下刀具寿命分布函数的参数数据，然后进行计算。理论计算的可靠度表明，在不同的刀具可靠度情况下，刀具的可靠寿命是不同的。要求的可靠度越高，刀具的可靠寿命就越低。随着切削速度的增大，在保证相同的可靠寿命情况下，刀具可靠度下降。

刀具可靠性极其重要，但对其分析比较复杂，要评价和预报刀具可靠性需要进行大数据分析。目前在工程中，大多数是以工厂本身长期积累和统计的平均刀具可靠寿命与经验大数据为依据，预定某一可靠度要求，进行试调试验，到时强制换刀。如不合适，再行修改，以保证刀具可靠性。使用的刀片或刀具大多经过无损检测、磨削、研磨等方法，消除表面缺陷，以提高刀具可靠性。

任务 10.2　刀具尺寸寿命及尺寸自动补偿

任务描述

在了解了数控刀具的特点与可靠性后，陈师傅继续讲解刀具的尺寸寿命及尺寸自动补偿。他解释说，刀具的尺寸寿命决定了刀具的使用时间，而尺寸自动补偿则可以有效延长刀具的使用寿命。陈师傅详细介绍了刀具尺寸寿命的定义和影响因素、尺寸自动补偿的原理和方法，并通过实际案例演示了尺寸自动补偿的应用效果。

任务分析

任务的目标是掌握刀具尺寸寿命的计算方法，特别是影响因素和尺寸自动补偿的原理与应用。通过学习，小王将能够理解刀具尺寸寿命的影响因素，掌握尺寸自动补偿的方法和技巧，从而延长刀具的使用寿命，提高加工效率。

任务实施

10.2.1　刀具尺寸寿命

刀具磨损会使被加工零件尺寸改变，表面粗糙度值增大。精加工时，当工件尺寸超出规定的公差带时，必须调整或更换刀具。尺寸寿命是指刀具切削时，工件尺寸不超出公差带范围的实际切削时间。只有精加工刀具才考虑尺寸寿命。

确定刀具尺寸寿命一般是用数理统计方法。以圆柱面加工为例，开始使用新的刀具加工时，工件尺寸分散范围为 Δk，而使用磨钝了（但没有达到磨钝标准）的刀具加工时，工件尺寸分散范围为 Δf。由于刀具不断磨损，尺寸分散范围不断扩大，同时工件实际径向尺寸也逐渐变大。同时，刀具磨损使切削力增加，造成工艺系统产生一定的弹性变形量 Δe，增加了加工误差。由于刀具调整误差，使工件尺寸分散范围 Δk 和 Δf 的中心偏移了一个 Δ 值，要保证加工精度，使工件尺寸落在公差范围内，故圆柱面加工必须满足下列关系：

$$B + \Delta_e + \frac{\Delta_k}{2} + \frac{\Delta_f}{2} + \Delta \leqslant \delta \tag{10-7}$$

式中　B——刀具径向磨损量；

δ——工件最大和最小半径的差。

由此可见，工件实际尺寸的变化，即刀具尺寸寿命取决于刀具的磨损、工艺系统的弹性变形量、工件尺寸分散范围和刀具的调整误差等，其中加工圆柱面工件实际尺寸主要取决于刀具径向磨损量，即沿工件径向的刀具磨损的大小。

生产实际中，一般通过合理选用刀具材料与结构、减少刀具磨损量、增加加工系统刚度、减少弹性变形、采用在线调整刀具、提高调整精度等措施来提高精加工刀具的尺寸寿命。

10.2.2　尺寸自动补偿

1. 尺寸自动补偿系统

在自动化加工中，对于精加工，多采用加工过程中的尺寸控制系统，即尺寸自动补偿系统（尺寸误差补偿系统）来提高加工精度和刀具尺寸寿命。所谓尺寸自动补偿系统，是对加工过程中的工件已加工表面尺寸进行自动误差检测和处理，使之转化为控制信息，以控制补偿执行装置，使刀具按预定的数值在某一方向上（很多情况下是沿着径向或轴向）产生微量位移，以补偿刀具磨损等原因所造成的工件尺寸的变化，从而提高加工精度。因此，尺寸自动补偿系统是由自动测量装置、控制装置和补偿执行装置三部分硬件和误差信息采集与处理软件组成。图 10-2 所示为车刀尺寸自动补偿系统。

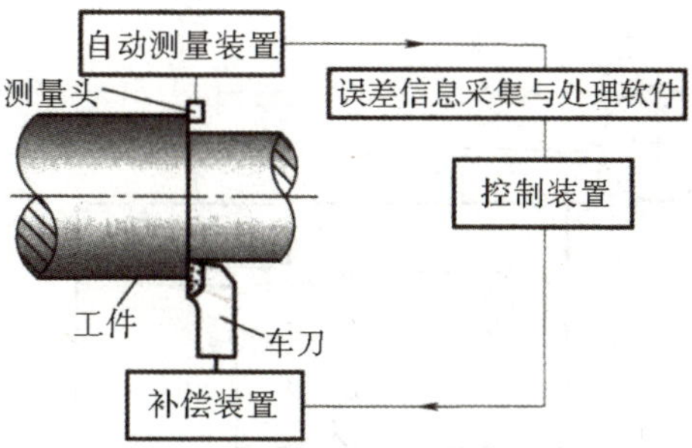

图 10-2　车刀尺寸自动补偿系统

尺寸自动补偿可分为直接补偿和间接补偿。以工件的实测误差为依据进行误差补偿来提高加工精度，称为直接补偿；仅对机床执行部件的位置坐标误差进行补偿，称为间接补偿。闭环、半闭环控制的数控机床中包含了完整的误差补偿系统，其中大部分仅对机床传动及定位误差进行补偿，因此属于间接补偿。

2. 尺寸补偿执行装置

由于尺寸补偿系统都是用于精加工的，补偿量又是微量的，要达到补偿的效果，关键在于补偿装置的工作性能。它的基本要求如下。

① 能保证补偿精度与补偿范围。

② 具有良好的频率响应特性和良好的稳定性。

③ 具有足够的刚度。

④ 装置结构应紧凑，组成的零件尽可能少，所占空间小，以利于装置的合理布置。

⑤ 要防止由于切削液或切屑的影响所造成的不利影响。

⑥ 具有控制简单和成本低廉的特点。

由于加工误差是在刀具和工件的相对运动中发生的，因此补偿执行装置应能直接将补偿运动传给刀具或工件，否则传动系统误差、机械惯性、接触变形和热变形等引起的误差会影响补偿的效果。通常可把刀具安装在补偿执行装置的可动件上，或者把补偿运动直接传递给工件而不经过中间环节。

3. 补偿执行装置结构

补偿执行装置的结构形式很多。图 10-3 所示为车床加工用的一种补偿刀架。车刀 2 安装在刀架 3 上，4 为压电晶体补偿元件。这种刀架的补偿原理是利用某些压电晶体的电伸缩特性，在直流电压（一般为 0~300 V）作用下，压电晶体补偿元件 4 伸长，使刀架 3 产生弹性变形带动车刀向左移一个微位移，达到尺寸补偿目的。补偿量要根据所用压电晶体的电压和位移关系而定。

图 10-4 所示为一种镗刀压电晶体补偿装置。图中镗刀 7 利用坚固螺钉 10 固定在套筒 8 中，调整螺钉 11 用于调整镗刀位置。通交流电或脉冲直流电时，压电晶体管 3 在每个交流电的正半波（或脉冲直流电的每一个脉冲）时伸长，克服弹性胀套 5 与压板 6 之间的螺形弹簧 9 的弹力，将固定镗刀的套筒顶出，使镗刀获得径向微量位移。在每个交流电的负半波（或脉冲直流电的两脉冲之间）时，压电晶体管 3 缩短。但由于圆柱弹簧 1 的作用，楔块 2 随时向左移动，顶紧缩短的压电晶体管 3，因而镗刀不会退回，完成补偿作用。如果持续通电，则镗刀继续做径向微量位移，补偿量取决于持续通电时间。当镗刀已经磨损到必须换刀时，则将所有调整元件重新复位待用。

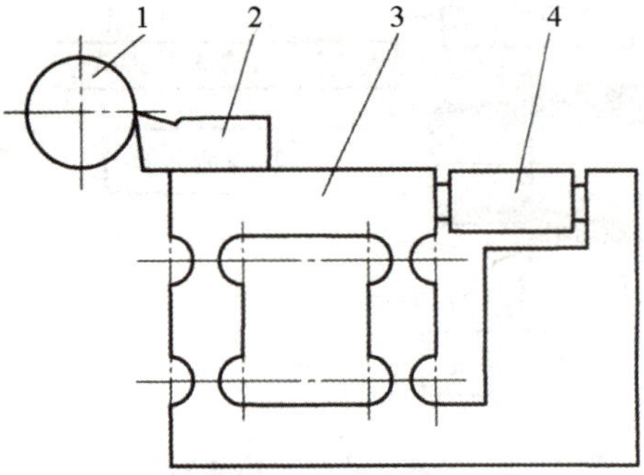

1—工件；2—车刀；3—刀架；
4—压电晶体补偿元件。

图 10-3　补偿刀架

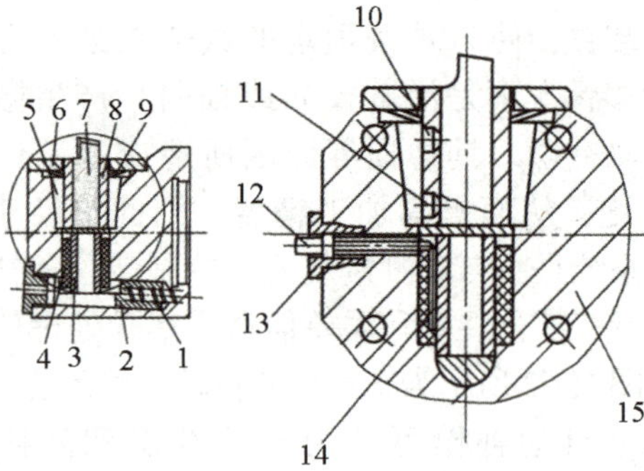

1—圆柱弹簧；2—楔块；3—压电晶体管；4—绝缘套；5—弹性胀套；6—压板；7—镗刀；8—套筒；9—螺形弹簧；10—坚固螺钉；11—调整螺钉；12—插头；13—绝缘螺塞；14—弹簧触片；15—镗杆。

图 10-4　镗刀压电晶体补偿装置

安装在绝缘套 4 内的弹簧触片 14 压向压电晶体管 3，并与之绝缘，另一端用导线使其与装在镗杆 15 外部的插头 12 连接起来，此插头装入镗杆中的绝缘螺塞 13 内。导线与弹簧触片及其与压电晶体管之间的接触必须良好。这三者均置于绝缘套中，以保证它们与外部绝缘。

压电晶体补偿装置具有结构简单和成本低等优点，适应于精加工，使用时要特别注意避免污染及切削液的影响。

任务 10.3　数控刀具的工具系统

任务描述

最后，陈师傅讲解了数控刀具的工具系统。他解释说，车削类和镗铣类数控工具系统的选择和配置直接影响加工质量和效率。陈师傅详细介绍了车削类数控工具系统的组成和特点，以及镗铣类数控工具系统的组成和特点，并通过实际案例和操作演示了这些工具系统的应用场景和配置方法。

任务分析

任务的重点在于掌握数控刀具的工具系统，特别是车削类和镗铣类数控工具系统的组成和特点。通过学习，小王将能够理解车削类和镗铣类数控工具系统的结构，掌握其选择和配置方法，从而优化加工过程，提高加工质量和效率。

任务实施

数控刀具的工具系统是指用来联结机床主轴与刀具之间的辅助系统。它除了刀具之外，还包括实现刀具快换所必需的定位、夹持、拉紧、动力传递和刀具保护等部分。在数控加工中，使用的刀具种类多，要求换刀迅速。为此，通过标准化、系列化和模块化来提高其通用化程度，且也便于刀具组装、预调、使用和管理。因此，研究用较少种类的刀具满足多种工件的加工需求，建立包括刀具、刀夹、刀座和刀柄等工具结构体系和标准，是数控加工基础。为此不少国家和公司都制定了自己的标准和体系。

数控刀具的工具系统按用途可分为车削类数控工具系统和镗铣类数控工具系统；按结构可分为整体式工具系统和模块式工具系统。

10.3.1　车削类数控工具系统

车削类数控工具系统的组成和结构与下列因素有关。

1. 机床刀架的结构形式

常见数控车床刀架的结构形式如图 10-5 所示。机床刀架的结构形式不同，刀具与机床刀架之间的刀夹、刀座也就不同。

（a）四方刀架

（b）径向装刀盘形刀架

（c）轴向装刀盘形刀架

图 10-5　常见数控车床刀架形式

2. 刀具类型

刀具类型不同，所需的刀夹就不同。例如钻头和车刀的刀夹就不同。

3. 工具系统中有无动力驱动

有动力驱动的刀夹与无动力驱动的刀夹的结构显然不同，图 10-6 所示为动力驱动的钻夹头。

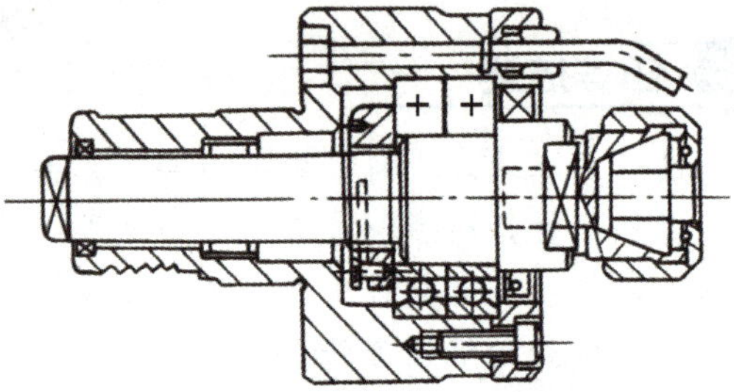

图 10-6　动力驱动的钻夹头

CZG 整体式车削类数控工具系统在我国已较普及使用（图 10-7），它相当于德国标准 DIN69880。

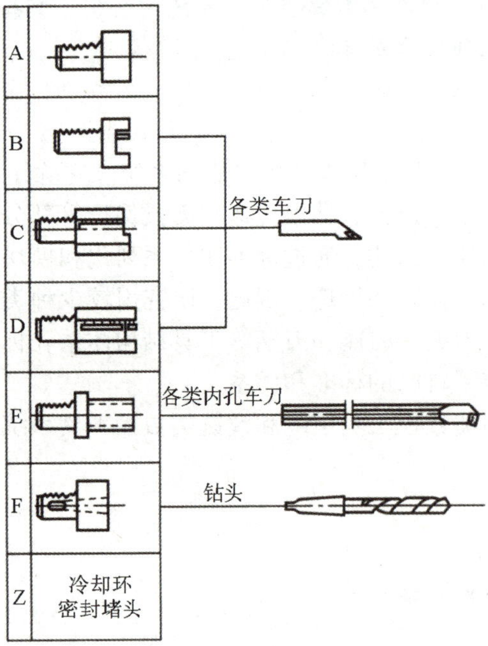

（a）非动力刀夹组合形式

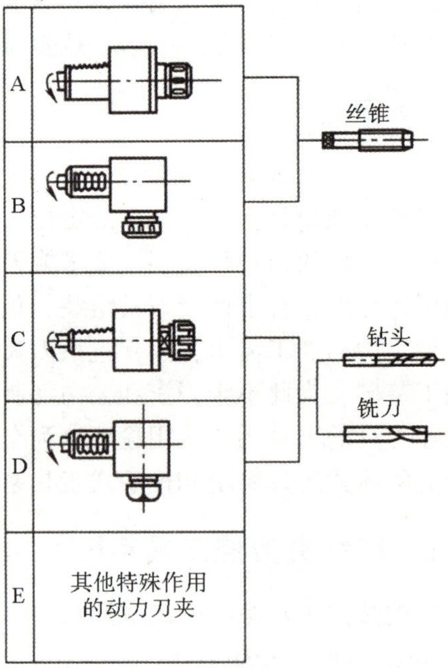

（b）动力刀夹组合形式

图 10-7　CZG 车削类数控工具系统（DIN69880）

CZG 车削工具系统与数控车床刀架联结的柄部是由一个圆柱和法兰组成。在圆柱的削平部分铣有与其轴线垂直的齿纹。在数控机床的圆盘刀架的轴向设有安装刀夹柄部的圆柱孔，在圆盘刀架的径向安装着一个由内六角螺栓驱动的可移动楔形齿条，该齿条与刀夹柄部上的齿纹相啮合，并沿刀柄轴向有一定错位。由于存在这个错位，当旋转内六角螺栓，楔形齿条移动，在径向压紧刀夹柄部的同时，使柄部的法兰紧密地贴紧在刀架的端面上，并产生足够的拉紧力。

CZC 车削工具系统具有装卸简便、快捷、刀夹重复定位精度高，联结刚性高等优点。

目前许多国外公司研制开发了只更换刀头模块的模块式车削工具系统。现以 Sandvik 结构为例（图 10-8）简要地说明其工作原理。

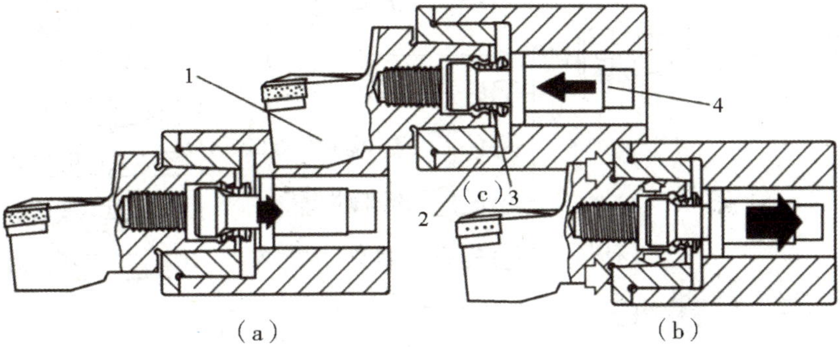

1—带有椭圆三角短锥接柄的刀头模块；2—刀柄；3—涨环；4—拉杆。

图 10-8　Sandvik 模块式车削工具系统

当拉杆 4 向后移动，前方的涨环 3 端部由拉杆头部锥面推动，涨环 3 拉刀头模块向后移动，将刀头模块锁定在刀柄 2 上，如图 10-8（b）所示。当拉杆 4 向前移动，涨环 3 与拉杆头部锥面接触点的直径减小，涨环直径缩小，涨环 3 外缘周边和刀头模块内沟槽分离，拉杆 4 将刀头模块推出，如图 10-8（c）所示。拉杆可以通过液压装置自动驱动，也可以通过螺栓或凸轮手动驱动。该系统换刀迅速，能获得很高的重复定位精度（±2 μm）和联结刚性。

10.3.2　镗铣类数控工具系统

镗铣类数控工具系统采用 7∶24 锥柄与机床联接。它具有不自锁、换刀方便、定心精度高等优点。它可分为整体式和模块式两大类。

1. 整体式镗铣类工具系统

这类工具系统的柄部与夹持刀具的工作部分连成一体，不同品种和规格的工作部分都必须带有与机床主轴联结的柄部。

图 10-9 所示为我国整体式镗铣类工具系统 TSG82 工具系统图，它展示了 TSG82 工具系统中各种工具的组合形式，供选用时参考。它包含刀柄、多种接杆和少量刀具，可进行加工平面、斜面、沟槽、铣削、钻孔、铰孔、镗孔和攻螺纹等工序。其特点是结构简单、使用方便、装卸灵活、更换迅速，在国内已得到广泛使用。

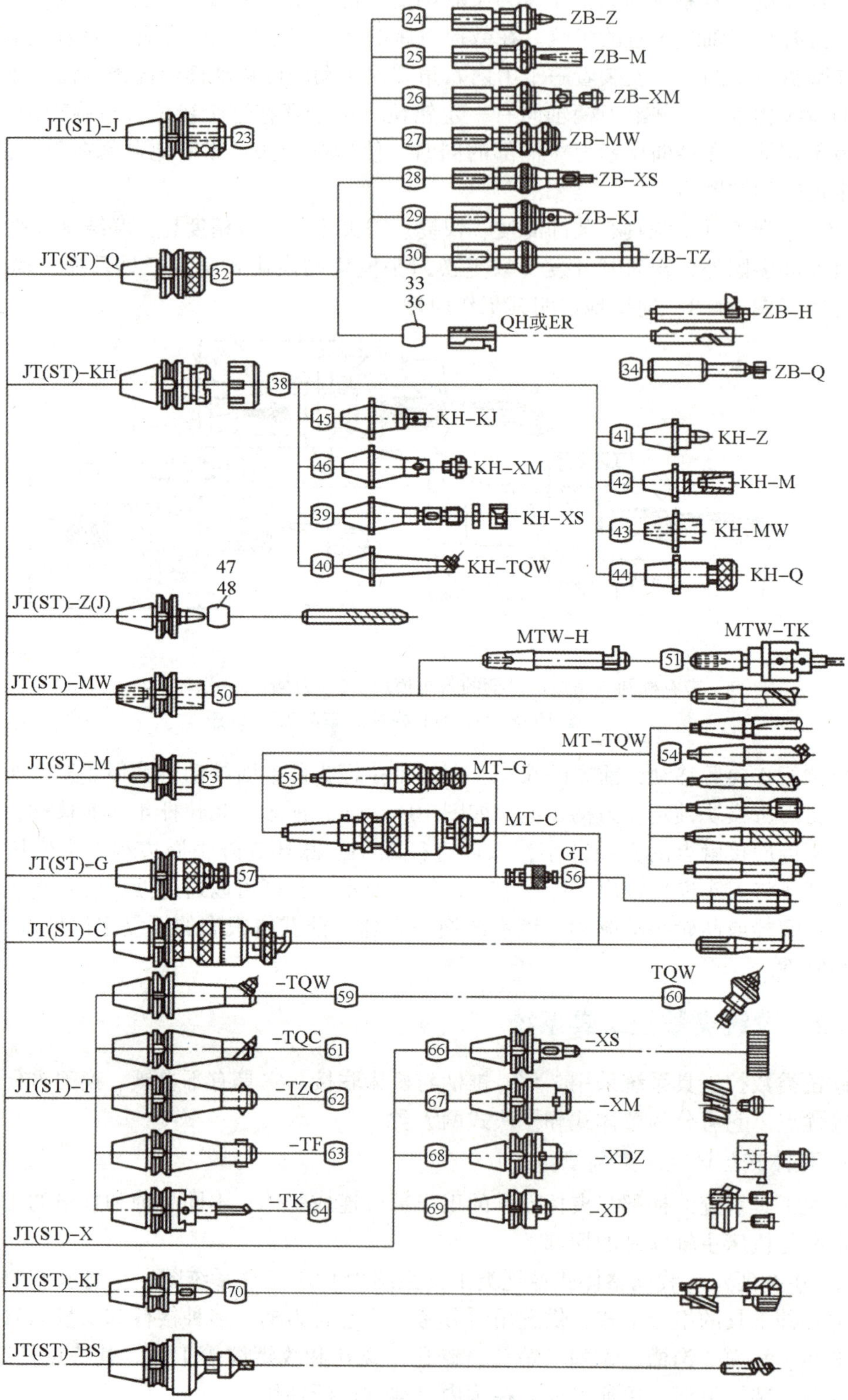

图 10-9　TSG82 工具系统图

TSG82 工具系统中各种工具柄部的形式、代号和意义分别见表 10-1 和表 10-2。

表 10-1　TSG82 工具系统工具柄部的形式

柄部的形式		柄部的尺寸	
代号	代号的意义	代号的意义	举例
JT	加工中心机床用锥柄柄部，带机械手夹持槽	ISO 锥度号	50
ST	一般数控机床用锥柄柄部，无机械手夹持槽	ISO 锥度号	40
MTW	无扁尾莫氏锥柄	莫氏锥度号	3
MT	有扁尾莫氏锥柄	莫氏锥度号	1
ZB	直柄接杆	直径尺寸	32
KH	7：24 锥度的锥柄接杆	锥柄的锥度号	45

表 10-2　TSG82 工具系统工具的代号和意义

代号	代号的意义	代号	代号的意义	代号	代号的意义
J	装接长杆用刀柄	C	切内槽工具	TZC	直角型粗镗刀
QH 或 ER	弹簧夹头	KJ	用于装扩、铰刀	TF	浮动镗刀
KH	7：24 锥度快换夹头	BS	倍速夹头	TK	可调镗刀
Z（J）	用于装钻夹头（贾氏锥度加注 J）	H	倒锪端面刀	X	用于装铣削刀具
		T	镗孔刀具	XS	装三面刃铣刀用
MW	装无扁尾莫氏锥柄刀具	TZ	直角镗刀	XM	装面铣刀用
M	装带扁尾莫氏锥柄刀具	TQW	倾斜式微调镗刀	XDZ	装直角面铣刀用
G	攻螺纹夹头	TQC	倾斜式粗镗刀	XD	装面铣刀用

TSG82 工具系统中各种工具的型号由汉语拼音字母和数字组成。分前、后两段，在两段之间用“—”相连，其表示方法如下：

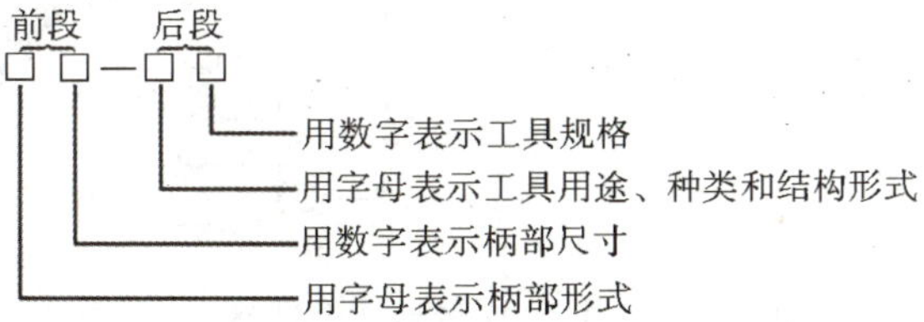

例如：

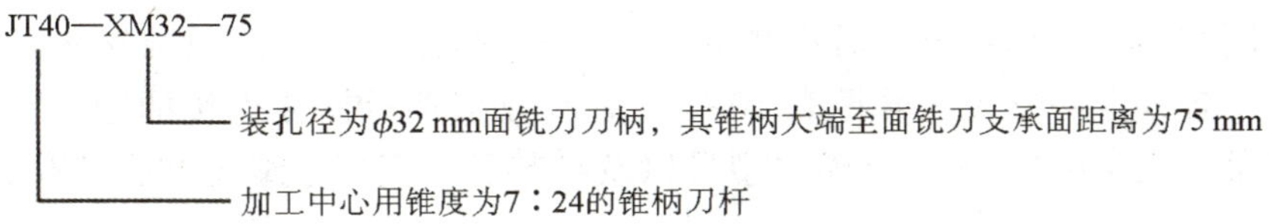

2. 模块式镗铣类工具系统

随着数控机床的普及使用，工具的需求量迅速增加。为了便于生产和管理，缩短生产周期，减少工具的储备量，工具系统的发展趋向是模块化。20 世纪 80 年代以来，许多国内外公司相继开发了模块式镗铣类工具系统。如图 10-10 所示，模块式工具系统的柄部和工作部分分开，制成主柄模块、中间模块和工作模块三大系列化模块。然后用各种模块组成不同用途、不同规格的模块式工具系统。

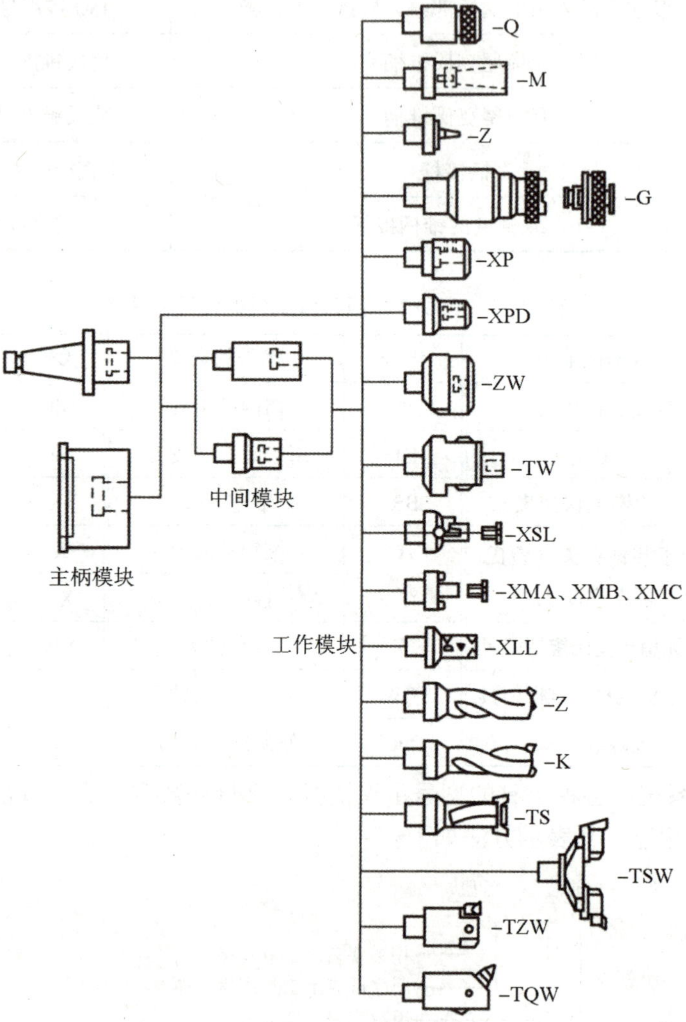

图 10-10　TMG21 模块式镗铣类工具系统

镗铣类模块式工具系统的名称用汉语拼音词组的字头命名，统称 TMG 系统。为了区别各种不同结构的工具系统，需在 TMG 之后加上两位数字。前位数字表示模块连接的定心方式，各种定心方式代号见表 10-3。后位数字表示模块连接的锁紧方式。各种锁紧方式代号见表 10-4。各工具模块型号以及拼装后刀柄型号编写方法见有关标准。

表 10-3 定心方式代号

前位数字代号	模块连接的定心方式
1	短圆锥定心
2	单圆柱面定心
3	双键定心
4	端齿啮合定心
5	双圆柱面定心

表 10-4 锁紧方式代号

后位数字代号	模块连接的锁紧方式
0	中心螺钉拉紧
1	径向销钉锁紧
2	径向楔块锁紧
3	径向双头螺栓锁紧
4	径向单侧螺钉锁紧
5	径向两螺钉垂直方向锁紧
6	螺纹联接锁紧

（1）圆柱定心径向销钉锁紧式工具系统（TMG21）

我国工厂生产的 TMG21 模块式工具系统的连接结构如图 10-11 所示。模块之间采用圆柱插入孔内来定心。定位圆柱的横向有锥端滑销 3。定位孔两侧有内锥端固定螺钉和外锥端紧固螺钉，其轴线与滑销轴线偏离一定距离。模块的定位圆柱插入孔后，用力拧紧外锥端紧固螺钉，此时，紧固螺钉和固定螺钉的内、外锥面使滑销带动刀具模块向右移动，使贴合面贴紧，并产生巨大正压力，使模块与模块紧密地连接起来。

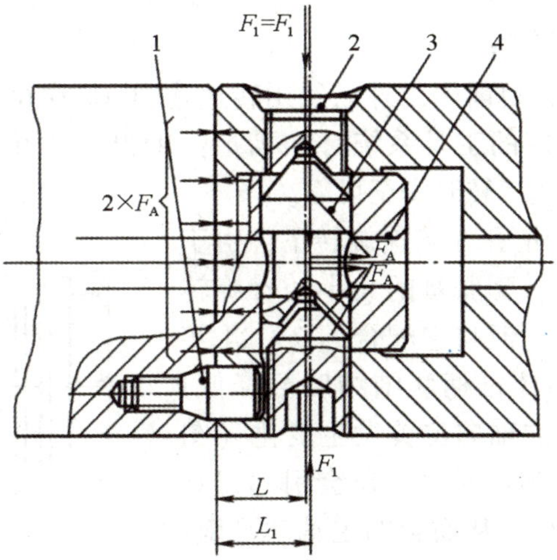

1—定位销；2—固定螺钉；3—锥端滑销；4—紧固螺钉。

图 10-11 圆柱定心径向销钉锁紧结构

TMG21 工具系统有下列特点：

① 模块之间采用径向锁紧，更换刀具或工作模块时，不必卸下整套工具，特别适用于重型数控镗铣床。

② 采用精密的孔和轴配合来定位，同时轴向力使端面紧密贴合，增加了刀柄刚性。但刀柄精度取决于轴和孔的配合间隙，以及结合端面的轴向跳动，这两项制造允差极小，因而制造困难。

③ 配合圆柱的前端有直径略小的鼓形导入部分，便于组装时插入孔内。

（2）圆锥定心轴向螺栓拉紧式工具系统（TMG10）

TMG10 模块式工具系统的连接结构如图 10-12 所示。

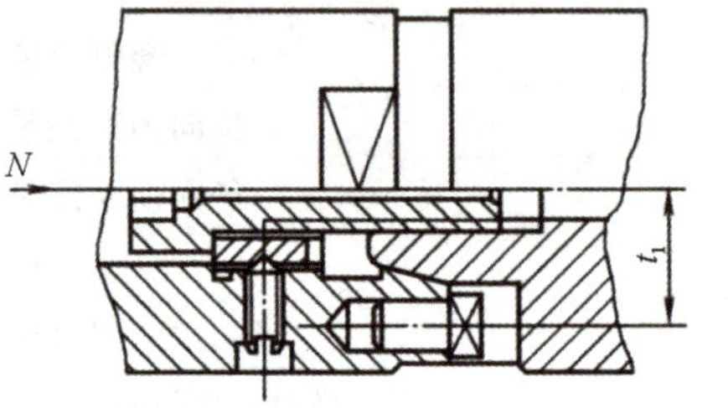

图 10-12　圆锥定心轴向螺栓拉紧式工具系统

由图 10-12 可知，TMG10 工具系统具有以下特点。

① 该系统模块之间采用短锥定心，中心螺栓轴向拉紧结构。拉紧后，除锥面接触外，端面还紧密贴合。因而定心精度高，联结刚度好。

② 模块的拆装不方便。更换工作模块时，必须把所有的连接模块全部拆卸下来。

③ 这种结构在制造过程中，即使超差也可以修复。

TMG10 工具系统结构简单，生产成本比 TMG21 工具系统低，适用于中小型数控镗铣床及加工中心。

3. 高速铣削用的工具系统

高速铣削有许多优点，目前国内外已使用转速达 20 000~60 000 r/min 的高速加工中心。因此，高速加工所使用的工具系统必须满足：①很高的几何精度和装夹重复精度；②很高的装夹刚度；③高速运转时安全可靠。

传统主轴的 7∶4 前端锥孔在高速旋转下，由于离心力的作用会发生膨胀，膨胀量的大小随着旋转半径与转速的增大而增大。但与它配合的 7∶24 实心刀柄则膨胀量较小，因此锥柄联结刚度会降低，在拉杆拉力作用下，刀具的轴向位置发生变化（图 10-13）。主轴锥孔呈喇叭口状扩张，还会引起刀具和夹紧机构质量中心的偏离，从而影响主轴动平衡。由上述可知，主轴与刀柄联结存在的主要问题是联结刚度、精度、动平衡等性能变差。目前改进的最佳途径是将原来仅靠锥面定位改为锥面与端面同时定位。这种方案最具代表性的是德国 HSK 刀柄、美国的 KM 刀柄及日本的 BiG-plus 刀柄。

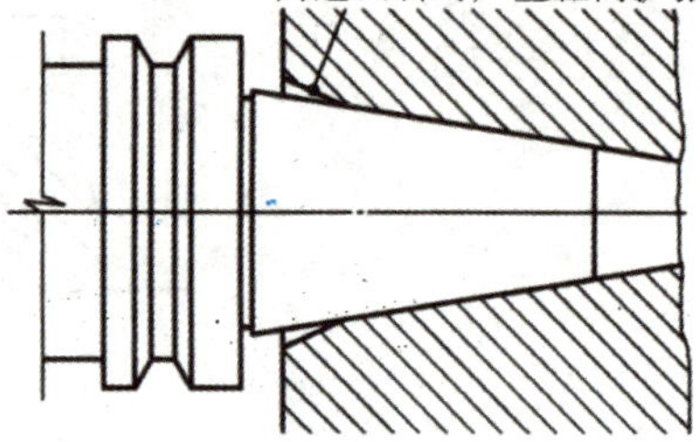

图 10-13　在高速运转中离心力使主轴锥孔扩张

德国 HSK 双面定位型空心刀柄是一种典型的 1∶10 短锥面工具系统（图 10-14）。HSK 刀柄由锥面和端面共同实现定位和夹紧。其主要优点是：①采用锥面和端面过定位的结合方式，提高了结合刚度；②锥部短，采用空心结构，质量轻，自动换刀快；③采用 1∶10 锥度，楔紧效果较好，故有较强的抗扭能力；④有较高安装精度。因此这种刀柄的应用日益广泛。但这种结构的缺点是：与现在的主轴结构和刀柄不兼容；制造工艺难度大、制造成本高。

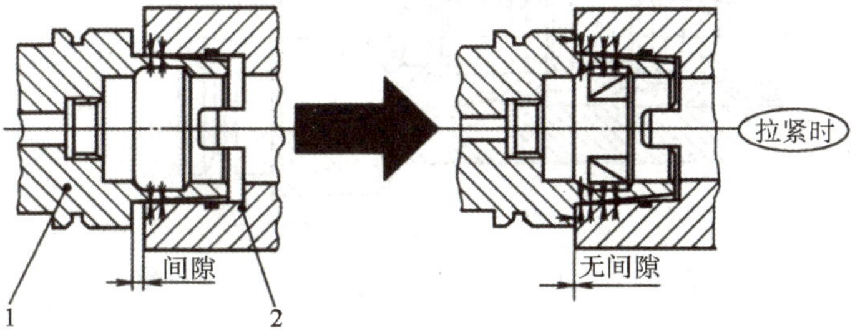

1—HSK 刀柄；2—主轴。

图 10-14　HSK 刀柄与主轴联接结构的工作原理

图 10-15 所示为美国的 KM 刀柄，采用 1∶10 短锥配合，锥柄长度仅为 7∶24 锥柄长度 1/3，部分解决了锥面与端面同时定位而产生的干涉问题。刀柄为空心结构，当拉杆轴向移动时，拉杆上圆弧槽推动钢球径向凸出，卡在刀柄槽内，使刀柄一起轴向移动。在拉杆轴向拉力作用下，短锥可径向收缩，实现端面与锥面同时接触定位。锥度配合部分有较大过盈量（0. 02~0. 05 mm），所需的加工精度比 7∶24 长锥配合所需的精度低。锥柄直径较小，在高速旋转时的扩张小，高速性能好。它的主要缺点：①它与传统的 7∶24 锥柄联结不兼容；②短锥的自锁会使换刀困难；③锥柄是空心的，夹紧需由刀柄的法兰实现，这样增加了刀具悬伸量，削弱了联结刚度。

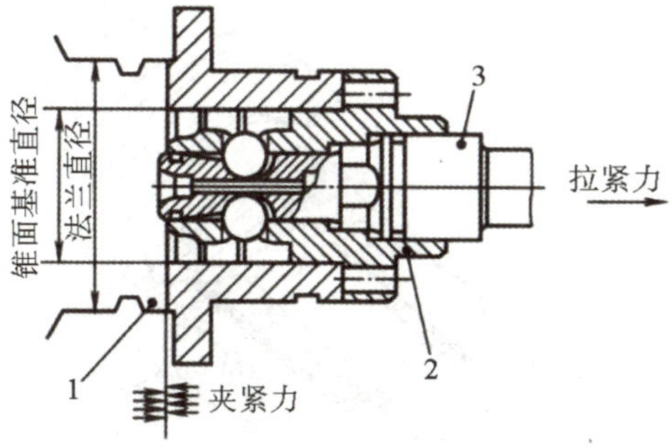

1—KM 刀柄；2—主轴；3—拉杆。

图 10-15　KM 刀柄与主轴联结结构

日本的 BiG-PLUS 刀柄的锥度仍然为 7∶24（图 10-16）。将刀柄装入主轴时，端面的间隙为（0. 02±0. 005）mm。锁紧后，利用主轴内孔的弹性膨胀，使刀柄端面贴紧，（图 10-16 上半部），刚性增强；同时使振动衰减效果提高，轴向尺寸稳定。普通 BT 刀柄端面不贴紧，有空隙（图 10-16 下半部）。它能迅速推广应用的一个原因是它和普通刀柄之间有互换性。它所允许的极限转速为 40 000 r/min。由于是过定位安装，必须严格控制锥面基准线与法兰端面的轴向位置精度，与它配合的主轴也须控制这一轴向精度，因此制造困难。

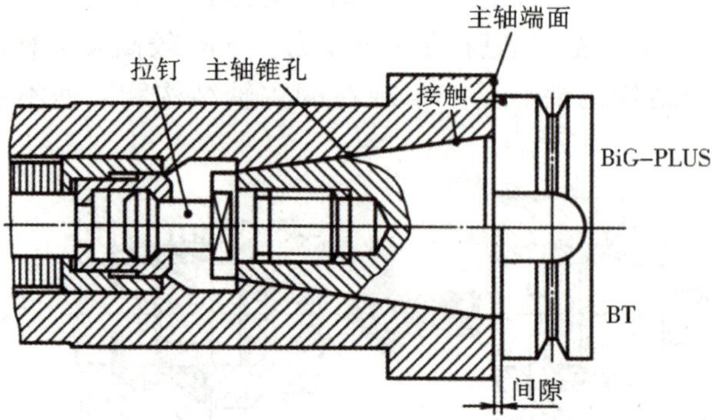

图 10-16　BiG-PLUS 刀柄与 BT 刀柄的比较

在加工中心进行高速切削时，不平衡工具系统会产生很大离心力，使机床和刀具振动。其结果一方面影响工件的加工精度和表面质量；另一方面影响主轴轴承和刀具使用寿命。所以高速铣削用的工具系统都应进行动平衡。目前还没有制定专门的平衡标准，一般要达到 G2.5 或 G6.5 平衡指标。

高速铣削时，刀具的旋转速度高，无论从保证精度方面考虑，还是从操作安全方面考虑，对它的装夹技术都有很高的要求。原来工具系统的弹簧夹头、螺钉等传统的刀具装夹方法已不能满足高速加工需要。为此德国 Schunk 等公司开发了高精度液压夹头，如图 10-17 所示。通过使用内六角螺栓扳手拧紧加压螺栓 1，提高油腔 2 内的油压，促使油腔内壁 3 均匀径向膨胀，从而起到夹紧刀具 5 的作用。这种夹头具有精度高（定位精度≤3 μm）、传递转矩大、结构对称性好、外形尺寸小等优点，是高速铣削不可缺少的辅助工具。

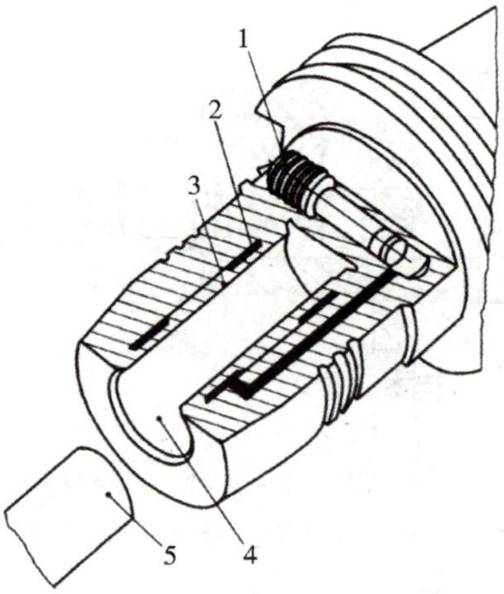

1—加压螺栓；2—油腔；3—油腔内壁；4—装刀孔；5—刀具。

图 10-17　高精度液压夹头

热装夹头是继液压夹头之后开发出的另一种新型夹头。它是一种无夹紧元件的夹头，夹紧力比液压夹头大，可传递更大的转矩，并且结构对称性好，更适合模具的高速铣削。

项目小结

本项目首先介绍了数控刀具的特点及其可靠性，认识到这些因素对加工精度和效率的重要性。其次介绍了刀具尺寸寿命及尺寸自动补偿技术，这些技术有助于提高生产效率和降低成本。最后，深入了解了车削类和镗铣类数控工具系统，以及不同工具系统的应用和选择方法，为实际生产中的刀具管理与优化提供了理论基础。通过本项目的学习，读者能够全面了解数控刀具与工具系统的关键知识。

项目工单

1. 项目实施记录

根据本项目的学习过程，完成表 10-5。

表 10-5　项目实施记录表

姓名		学号	
班级		指导教师	
遇到的难点			
学到的重点			
新的发现			

2. 考核评价

根据任务完成情况，填写表 10-6。

表 10-6　考核评价表

项目名称	评价内容	满分/分	评分/分		
			自评	互评	师评
职业素养考核项目 40%	穿戴规范、整洁	8			
	安全意识、责任意识及服从意识强	8			
	积极参加教学活动，按时完成任务工单	8			
	团队合作、沟通能力强	8			
	劳动纪律良好	8			

续表

项目名称	评价内容		满分/分	评分/分		
				自评	互评	师评
专业能力考核项目 60%	专业知识查找及时、准确		12			
	操作符合规范		18			
	态度认真，学习效率高		12			
	充分了解数控刀具与工具系统		18			
合计			100			
总评	自评(20%)+互评(20%)+师评(60%)=	综合等级	指导教师(签名)：			

课后练习

一、填空题

1. 由于刀具材料和工件材料性能的________，所用机床和工艺系统的________，以及________和________等其他条件的变化，刀具的磨损或破损对寿命的影响都存在随机性。

2. 刀具损坏的主要原因是________和________，而且两者相互影响。

3. 尺寸自动补偿系统是由________、________和________三部分硬件和误差信息采集与处理软件组成。

4. CZC 车削工具系统具有________、快捷、刀夹重复定位________，联结刚性高等优点。

5. 高速加工所使用的工具系统必须满足：①很高的________和装夹重复精度；②很高的装夹刚度；③高速运转时________。

二、简答题

1. 数控机床对刀具总的要求是什么？

2. 什么是尺寸自动补偿系统？

3. 简单介绍一下整体式镗铣类工具系统。

参 考 文 献

[1] 陈劲松，杜玉玲. 机械制造技术[M]. 北京：北京大学出版社，2024.
[2] 蒋森春. 机械加工基础入门[M]. 3 版. 北京：机械工业出版社，2024.
[3] 张国艳，陈强. 金属切削加工技术[M]. 北京：机械工业出版社，2024.
[4] 余承辉. 金属切削机床[M]. 4 版. 大连：大连理工大学出版社，2024.
[5] 安虎平，安德麟. 机械制造装备设计[M]. 成都：西南交通大学出版社，2023.
[6] 谌惟. 机械制造技术[M]. 大连：大连理工大学出版社，2023.
[7] 马术文. 机械制造工艺学[M]. 成都：西南交通大学出版社，2023.
[8] 夏云才，朱宇. 金属切削原理与刀具[M]. 北京：机械工业出版社，2022.